国家制造业信息化
三维 CAD 认证规划教材

Creo Parametric 曲面设计与 KeyShot 实时渲染

张安鹏　靳美艳　编著

北京航空航天大学出版社

内容简介

全面、系统地介绍使用 Creo Parametric 软件进行曲面设计的方法和技巧,并详细介绍了 Key-Shot 软件的实时渲染功能。Creo Parametric 用于造型,KeyShot 用于渲染,用户将两个软件结合起来用于工业设计,将会提高产品设计的效率和表现力。

书中应用大量案例对 Creo Parametric 的曲面功能以及曲面建模的方法进行介绍,内容包括作为曲面构建基础的点、线、面,曲面的构建思路与拆面技巧以及各种高级曲面的创建方式;对 Key-Shot 渲染软件也进行了详细介绍。KeyShot 渲染软件通过接口程序嵌入 Creo Parametric 软件后,Creo Parametric 中的模型即可通过接口程序进行实时渲染。

本书附学习光盘一张,包括书中所有案例的视频录像及源文件。

本书适合产品结构设计人员、大(中)专院校工业与机械设计专业师生使用,同时也可作为社会各类相关专业培训机构和学校的教学参考书。

图书在版编目(CIP)数据

Creo Parametric 曲面设计与 KeyShot 实时渲染 / 张安鹏,靳美艳编著. -- 北京 : 北京航空航天大学出版社,2014.7

ISBN 978 - 7 - 5124 - 1551 - 5

Ⅰ. ①C… Ⅱ. ①张… ②靳… Ⅲ. ①曲面—机械设计—计算机辅助设计—应用软件 Ⅳ. ①TH122

中国版本图书馆 CIP 数据核字(2014)第 119515 号

版权所有,侵权必究。

Creo Parametric 曲面设计与 KeyShot 实时渲染

张安鹏　靳美艳　编著

责任编辑　王　实

*

北京航空航天大学出版社出版发行

北京市海淀区学院路 37 号(邮编 100191)　http://www.buaapress.com.cn
发行部电话:(010)82317024　传真:(010)82328026
读者信箱:bhpress@263.net　邮购电话:(010)82316524
涿州市新华印刷有限公司印装　各地书店经销

*

开本:710×1 000　1/16　印张:27.25　字数:581 千字
2014 年 7 月第 1 版　2014 年 7 月第 1 次印刷　印数:4 000 册
ISBN 978 - 7 - 5124 - 1551 - 5　定价:54.00 元(含 DVD 光盘 1 张)

若本书有倒页、脱页、缺页等印装质量问题,请与本社发行部联系调换。联系电话:(010)82317024

前　言

Creo 是美国 PTC 公司于 2010 年 10 月推出的 CAD 设计软件包，是 PTC 公司闪电计划所推出的第一个产品。

Creo 是整合了 PTC 公司的三个软件 Pro/Engineer 的参数化技术、CoCreate 的直接建模技术和 ProductView 的三维可视化技术的新型 CAD 设计软件包，针对不同的任务应用将采用更为简单化的子应用方式，所有子应用采用统一的文件格式。Creo 的目的在于解决目前 CAD 系统难用及多 CAD 系统数据共用等问题。

Creo 是一个可伸缩的套件，集成了多个可互操作的应用程序，功能覆盖整个产品开发领域。Creo 的产品设计应用程序使企业中的每个人都能使用最适合自己的工具，并可以全面参与产品的开发过程。除了 Creo Parametric 软件之外，还有多个独立的应用程序在 2D 和 3D CAD 建模、分析及可视化方面提供了新的功能。Creo 还提供了空前的互操作性，可确保在内部和外部团队之间轻松共享数据。

KeyShot 渲染软件是一个具有互动性的光线追踪与全域光渲染程序，无须复杂的设定即可产生相片般真实的 3D 渲染影像。通过接口程序，KeyShot 软件可以无缝集成在 Creo Parametric 软件中，Creo Parametric 软件中的模型也可以随时导入 KeyShot 软件中进行渲染。

本书全面、系统介绍了使用 Creo Parametric 软件进行曲面设计的方法和技巧，并详细地讲解了 KeyShot 软件的实时渲染功能。Creo Parametric 用于造型，KeyShot 用于渲染，用户将这两个软件结合起来用于工业设计，将会提高产品设计的效率和表现力。

全书共分 9 章，应用大量案例对 Creo Parametric 的曲面功能以及曲面建模的方法进行了介绍，内容包括作为曲面构建基础的点、线、面，曲面的构建思路与拆面技巧以及各种高级曲面创建方式；并对 KeyShot 软件中的材质、贴图、相机及环境等渲染参数进行了详细介绍。讲解详细，条理清晰。

本书内容包括：

第 1 章　曲面设计基础

书中附赠学习光盘一张，其中包括本书所有案例的视频录像及源文件。

本书适合产品结构设计人员、大（中）专院校工业与机械设计专业师生使用，同时也可作为社会各类相关专业培训机构和学校的教学参考书。

本书由张安鹏、靳美艳主编。参编人员有：魏超、王妍琴、李永松（第 1 章），吴龙斌、李红霞、马佳宾（第 2 章），王颖、张友坤、范月萍（第 3 章），吴金霞、吕强、靳美艳（第 4 章），张安雷、马志远（第 5 章），康可鑫、朱小旭（第 6 章），王慧、秦子岳、信文文（第 7 章），齐华杰、秦淑伶（第 8 章），张琦、唐永健（第 9 章）。全书由张安鹏负责统稿。

由于作者经验和水平所限，加上编著本书的时间仓促，对于书中存在的不足之处，恳请广大读者批评指正。

电子邮箱：zhang_an_peng@163.com。

作　者

2014 年 1 月

目　　录

第1章 曲面设计基础

曲面是一种没有厚度、质量、界限的薄膜。一般对较规则的 3D 零件来说,实体特征提供了迅速且方便的造型建立方式。但对于复杂度较高的造型设计,仅使用实体特征来建立 3D 模型就显得很困难了,这是因为实体特征的造型建立方式较为固定化(如仅能使用拉伸、旋转、扫描、混合等方式来建立实体特征的造型),因此曲面特征应运而生,提供了非常弹性化的方式来建立单一曲面,然后将许多单一曲面集成为完整且没有间隙的曲面模型,通过封闭曲面转化为实体或者加厚曲面成为实体,来达到设计的目的。它有别于实体造型,但是也与它密切相关。曲面造型是一种用曲面表达实体形状的造型方法。曲面特征的建立方式除了与实体特征相同的拉伸、旋转、扫描、混合等方式外,也可由点建立为曲线,再由曲线建立为曲面。此外,曲面间也有很高的操作性,例如曲面的合并(merge)、修剪(trim)、延伸(extend)等(实体特征缺乏该类特征)。由于曲面特征的使用较为弹性化,因此其操作技巧性也较高。

1.1 曲面相关概念

在学习曲面设计的过程中会提到很多曲面设计中特有的名词。

➤ 曲面:没有厚度的造型特征,有助于设计非常复杂无规则的形状,如图 1-1 所示。

图 1-1 曲 面

➤ 实体曲面:单击实体特征的表面,将会选中实体曲面,在单个实体曲面上右击,弹出快捷菜单,选择"实体曲面"选项,将会选中实体特征所有表面,如图 1-2 所示。

图 1-2 实体表面

➤ 基准曲面:可做参照的无限大曲面,如图 1-3 所示。

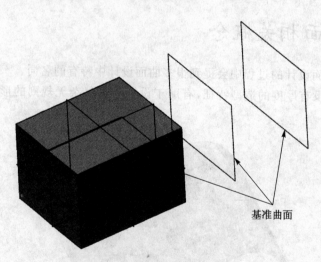

基准曲面

图 1-3 基准曲面

➤ 面组:一个或者多个曲面连接的集合。要创建面组需要合并至少一条公共边界的多个曲面,如图 1-4 所示。

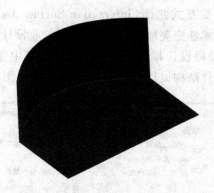

图 1-4　面　组

1.2　曲面的分类

根据 Creo 中创建曲面的方式不同,可以将曲面分为三大类:基本曲面、造型曲面和自由式曲面。

> 基本曲面:创建方式简单,可以利用 Creo 基础特征工具直接创建的曲面。该类曲面的创建方式较为简单,可以构建造型简单的曲面模型。该造型方法可以构建以下几种类型的曲面:拉伸曲面、旋转曲面、扫描曲面、混合曲面及填充曲面。基本曲面创建环境如图 1-5 所示。

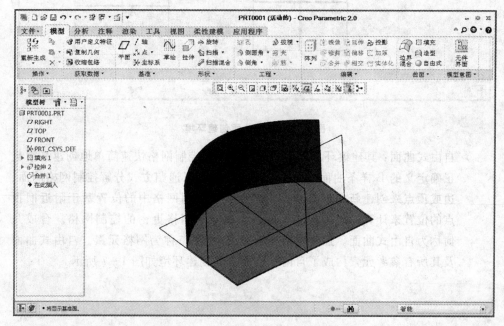

图 1-5　基本曲面创建环境

> 造型曲面：也称交互式曲面（Interactive Surface Design eXtension，ISDX）。它将艺术性和技术性完美地结合在一起，将工业设计的自由曲面造型工具并入设计环境中，使得设计师能在同一个设计环境中完成产品设计，避免了外形结构设计与部件结构设计的脱节，其创建环境如图 1−6 所示。

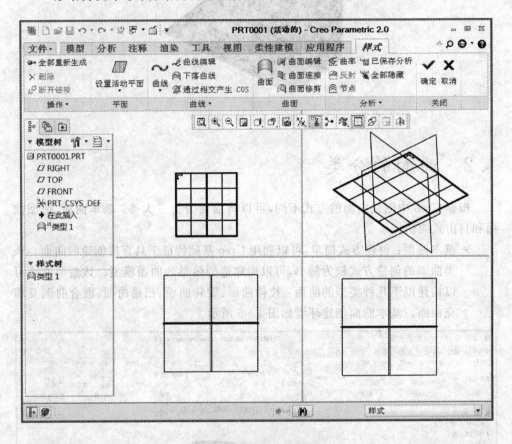

图 1−6 造型曲面创建环境

> 自由式曲面：其建模环境提供了使用多边形控制网格快速简单地创建光滑且正确定义的 B 样条曲面的命令。可以操控和以递归方式分解控制网格的面、边或顶点来创建新的顶点和面。新顶点在控制网格中的位置基于附近旧顶点的位置来计算。此过程会生成一个比原始网格更密的控制网格。合成几何称为自由式曲面。控制网格上的面、边或顶点称为网格元素。自由式曲面及其所有参考元素构成了自由式特征。其创建环境如图 1−7 所示。

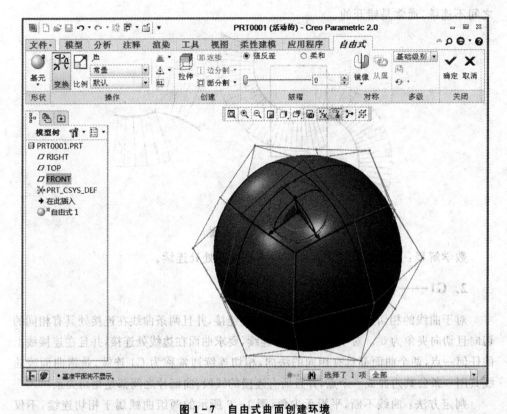

图 1-7　自由式曲面创建环境

1.3　曲线、曲面的连续性

在曲面设计过程中,往往追求高质量的曲面。这就需要对曲率的问题进行探讨,通过正确的方法和技巧才能创建高质量的曲面。首先明确一点,要想创建高质量的曲面,需要同时具有高质量的曲线作为架构,才能构造出符合设计意向的曲面。

下面介绍曲面、曲线的连续性。在曲面的造型过程中,经常需要关注曲线和曲面的连续性问题。曲线的连续性通常是指曲线之间端点的连续,而曲面的连续性通常是指曲面边线之间的连续。G0、G1、G2 和 G3 是描述曲面、曲线的连续方式和平滑程度的。

1. G0——位置连续

G0 连续是指曲面或曲线共用一条公共边界或一个点。曲线无断点,曲面相接处无裂缝。

判定方法:曲线不断,但有角,如图 1-8 所示;图中所示的两组线都是位置连续,它们只是端点重合,而连接处的切线方向与曲率均不一致。G0 连续的曲面没有窟窿或裂缝,但有棱。如图 1-8 所示的斑马线在连接处毫不相关,各走各的,线与线之间不连续,通常是错开的。

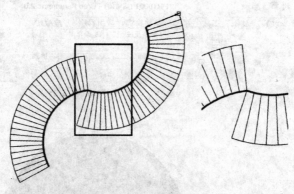

图 1-8　G0 连续

数学解释:曲线或任意平面与该曲面的交线处处连续。

2. G1——相切连续

对于曲线的相切连续,要求曲线在端点处连接,并且两条曲线在连接处具有相同的切向且切向夹角为 0°。对于曲面的相切连续,要求曲面在边线处连接,并且在连接线上的任何一点,两个曲面都具有相同的法向,相切连续通常称为 G1 连续,是指曲面或曲线共用一条公共边界或一个点,并且所有连接的线段、曲面片之间都是相切关系。

判定方法:曲线不断,平滑无尖角,图 1-9 所示的两组曲线属于相切连续,不仅在连接处端点重合,而且切线方向一致(可以看到相连的两条线段梳子图的刺在接触点位置是在一条直线上);曲面相切连续,没有棱角。

数学解释:曲线或任意平面与该曲面的交线处处连续,且一阶导数连续。

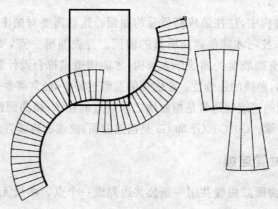

图 1-9　G1 连续

3. G2——曲率连续

对于曲线的曲率连续,要求在 G1 连续的基础上,曲线在接点处的曲率具有相同的方向,以及曲率大小相同。

判定方法:对曲线做曲率分析,曲率曲线连续无断点。图 1-10 中的两组曲线属于曲率连续,它不但符合上述两种连续性特征,而且在接点处的曲率也是相同的。如图 1-10 所示,两条曲线相交处的梳子图的齿长度和方向都是一致的(可以为 0)。对曲面做斑马线分析,所有斑马线平滑,没有尖角。

数学解释:曲线或任意平面与该曲面的交线处处连续,且二阶导数连续。

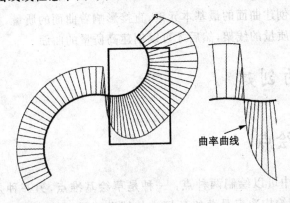

曲率曲线

图 1-10　G2 连续

4. G3——曲率变化率连续

G3 连续不仅具有上述连续的特征,而且在接点处曲率的变化率也是连续的,这使得曲率的变化更加平滑。

判定方法:对曲线做曲率分析,曲率曲线连续,且平滑无尖角。图 1-11 中两组曲线的连续性属于曲率变化率连续。曲率的变化率可以用一个一次方程表示为一条直线。

数学解释:曲线或任意平面与该曲面的交线处处连续,且三阶导数连续。

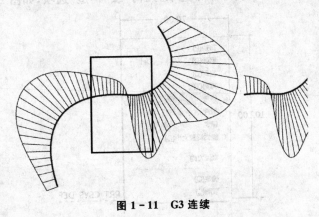

图 1-11　G3 连续

第2章 点与线的创建

点与线都是创建曲面的最基本元素，直接影响着曲面的质量，在创建曲面过程中首先是要搭建高质量的线架，然后才可以创建高质量的曲面。

2.1 点的创建

2.1.1 草绘点

在草绘环境中可以绘制两种点：一种是草绘基准点，另一种是草绘构造点，如图2-1所示。草绘构造点是草绘环境中的辅助工具，无法在草绘环境以外作为参考。草绘基准点可以将特征及信息传达到草绘环境之外。

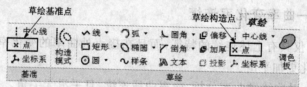

图 2-1 草绘点

在绘制的过程中，要将构造图元的状态更改为基准图元的状态（或者相反），可右击构造点或者基准点，在快捷菜单中选取"几何"或"构造"选项，如图2-2所示。

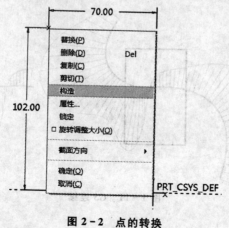

图 2-2 点的转换

2.1.2　基准点

基准点可以辅助某些特征定义参数,辅助创建空间曲线和曲面,还可以辅助创建其他基准特征等。在零件模式下,单击"模型"选项卡"基准"区域中的"点"下三角按钮 ,如图 2-3 所示。

单击"点"下三角按钮后将打开"基准点"对话框,如图 2-4 所示,选取点、线或面等参照,并设置相关参数,单击"确定"按钮,即可创建一个基准点。

根据所选放置参照的不同,可将创建一般基准点的方法分为以下几种,如图 2-5 所示。

当在线上或者边上创建基准点时,有三种方法:比率法、实数法和参照法。

图 2-3　基准点

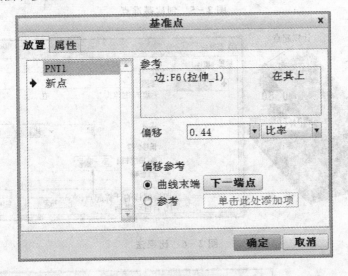

图 2-4　"基准点"对话框

比率法:根据新建基准点到线段某个端点的长度与线段总长的比值来确定基准点的位置,如图 2-6 右图所示。

实数法:根据新的基准点到线段某一个端点的实际长度来确定基准点的位置。将图 2-6 中的"比率"选项改为"实数"即可。

参照法:新建的基准点还是落在线段上,但会与选定的参照有特定的偏移距离,如图 2-7 右图所示。

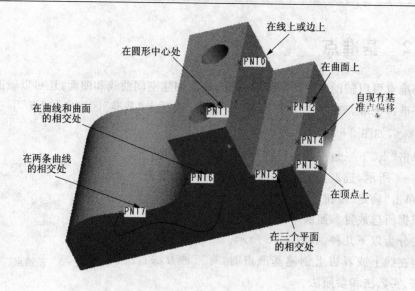

图 2-5 创建基准点

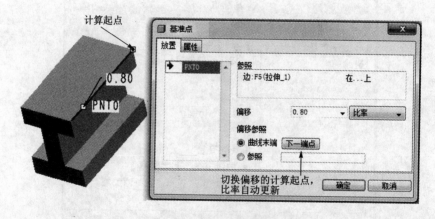

图 2-6 比率法

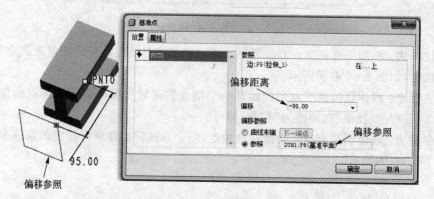

图 2-7 参照法

2.2 曲线的创建

曲线的创建方法多种多样,根据自己的需要选择适当的创建方式,曲线的创建质量将会直接影响创建曲面的质量。

2.2.1 草绘曲线

单击"模型"选项卡"基准"区域中的"草绘"按钮,选择一个放置草图的平面即可进入草图工作界面。在草绘环境中使用"线"、"弧"、"样条"等命令可直接绘制曲线,该曲线都为平面曲线,如图 2 - 8 所示。

草绘曲线可以由一个或多个草绘段以及一个或多个开放或封闭的环组成。但是,将草绘曲线用于其他特征通常限定在开放或封闭环的单个曲线(它可以由许多段组成)。

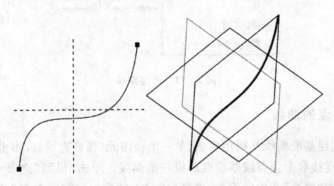

图 2 - 8 绘制曲线

草绘曲线中,曲线的连接需要使用"相切"和"相等"约束。"相切"约束可以让两条曲线保持相切关系,即 G1 连续,使用 T 符号标示,如图 2 - 9 所示。"相等"约束让两条曲线曲率相等,在连接点处曲率相等,即 G2 连续,使用 C 符号标示,如图 2 - 10 所示。

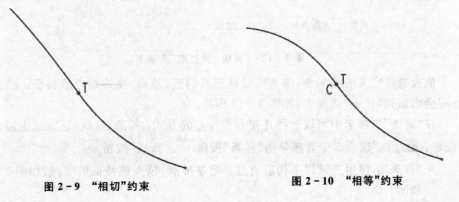

图 2 - 9 "相切"约束   图 2 - 10 "相等"约束

2.2.2 基准曲线

基准曲线是创建曲面过程中使用频率最高的曲面命令,熟练掌握基准曲面的创建方法与技巧会提高创建曲面造型的效率和质量。

基准曲线的用途有三种:① 作为扫描特征的轨迹线;② 作为边界曲面的边界线;③ 定义制造程序的切削路径。对于曲面的创建来说前两种用途最为重要。

单击"模型"选项卡,选择"基准"下的"曲线"选项,即可看到三种曲线的创建方式,如图 2-11 所示。

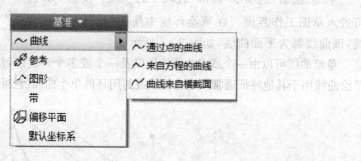

图 2-11 曲线菜单

1. 通过点的曲线

通过点创建基准曲线是指用样条、单一半径图元(弧或直线)或多重半径图元(弧或直线)依次连接数个顶点或基准点形成一条曲线。单击"模型"选项卡中"基准"下三角按钮,单击"曲线"旁边的箭头,选择"通过点的曲线"选项,打开"曲线:通过点"选项卡,如图 2-12 所示。

图 2-12 "曲线:通过点"选项卡

依次选择定义曲线的点,该点可以是现有的点、顶点、曲线端点或特征。选择的点将会添加到"放置"选项卡,如图 2-13 所示。

在"放置"选项卡中可以选择连接到前一点的方式:样条、直线,该方式也可以在"曲线:通过点"选项卡中直接单击"样条"按钮 、"直线"按钮 。

➤ "样条":使用三维样条构造通过选定基准点、顶点或特征的曲线,如图 2-14 所示。

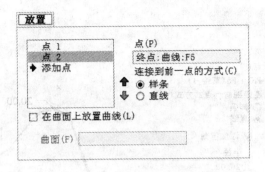

图 2 - 13　"放置"选项卡

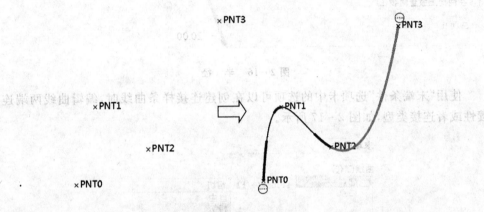

图 2 - 14　样条曲线

➢ "直线"：使用一条直线来构造通过基准点或特征的曲线，如图 2 - 15 所示。

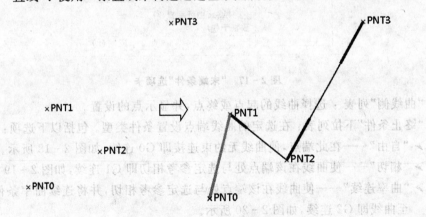

图 2 - 15　直　线

选择"直线"方式后，在"曲线：通过点"选项卡中将会显示出"半径"按钮，选中后可以在文本框中输入半径值。同样在"放置"选项卡中有相同的选项，如图 2 - 16 所示。

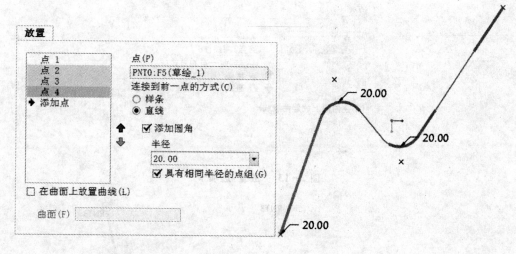

图 2-16　半　径

使用"末端条件"选项卡中的选项可以在创建连接样条曲线时，编辑曲线两端连续性或者连接类型，如图 2-17 所示。

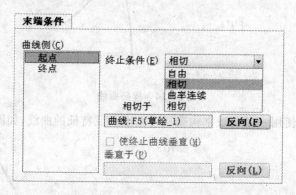

图 2-17　"末端条件"选项卡

"曲线侧"列表：选择曲线的起点或终点，并显示点的设置。

"终止条件"下拉列表：在选定的曲线端点设置条件类型。包括以下选项：

➢ "自由"——在此端点，使曲线无约束连接即 G0 连续，如图 2-18 所示。

➢ "相切"——使曲线在该端点处与选定参考相切即 G1 连续，如图 2-19 所示。

➢ "曲率连续"——使曲线在该端点处与选定参考相切，并将连续曲率条件应用至曲线即 G2 连续，如图 2-20 所示。

➢ "相切"——该选项应该翻译为"垂直"，即使曲线端点垂直于选定边，如图 2-21 所示。

"相切于"或者"垂直于"收集器：显示选定参考，包括轴、边、曲线、平面或曲面。

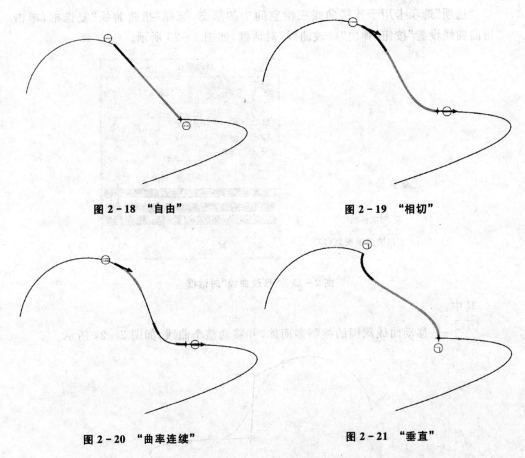

图 2 - 18　"自由"　　　　　　　　　　图 2 - 19　"相切"

图 2 - 20　"曲率连续"　　　　　　　图 2 - 21　"垂直"

"反向"按钮：将相切方向或垂直方向反向到参考的另一侧,如图 2 - 22 所示。

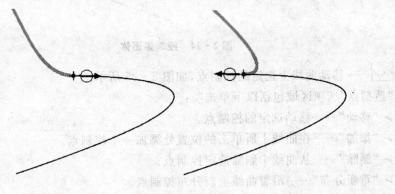

图 2 - 22　反向连接

　　"使终止曲线垂直"复选框：当选定的参考是曲面或平面时,使曲线端点垂直于选定边。

"选项"选项卡用于连接曲线三维空间中的形态,选择"扭曲曲线"复选框,单击"扭曲曲线设置"按钮,弹出"修改曲线"对话框,如图 2-23 所示。

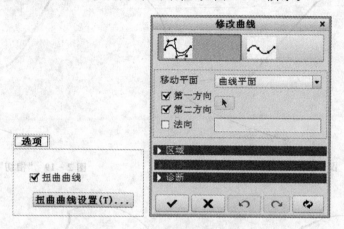

图 2-23 "修改曲线"对话框

其中:

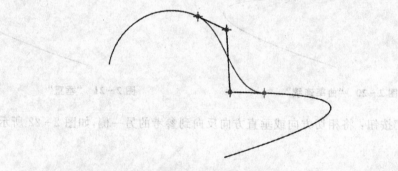——移动曲线周围的控制多面体,并移动整个曲线,如图 2-24 所示。

图 2-24 控制多面体

——移动曲线上选定的控制点,如图 2-25 所示。

"造型点"选项区域包括以下单选项:

➤ "移动"——移动选定的控制点。

➤ "添加"——在曲线上所单击的位置处添加一个控制点。

➤ "删除"——从曲线中删除选定控制点。

➤ "重新分布"——沿着曲线重新分布控制点。

从"移动平面"下拉列表中选择移动平面类型:

➤ "曲线平面"——移动平面经由曲线在移动点处创建的法向或切向矢量。

➤ "定义的平面"——移动平面平行于参考平面。使用该选项时须选择参考平面。

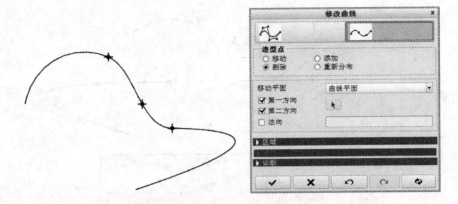

图2-25 控制点

➢ "视图平面"——移动平面平行于屏幕。

要限制曲线的移动范围,请展开"区域"部分,选择"区域"复选框。在下拉列表中选择相应的区域类型,如图2-26所示。

图2-26 "区域"下拉列表

其中:

➢ "局部"——只移动选定点。

➢ "平滑区域"——将点的运动应用到符合平滑规则的指定区域内的所有点。

➢ "线性区域"——将点的运动应用到符合线性规则的指定区域内的所有点。

➢ "恒定区域"——以相同距离移动指定区域中的所有点。

拖动曲线上的点即可扭曲曲线,如果需要精确或者细微地调整曲线,可以展开"修改曲线"中的"滑块"部分,然后拖动滑块或在方向框中输入一个值,如图2-27所示。

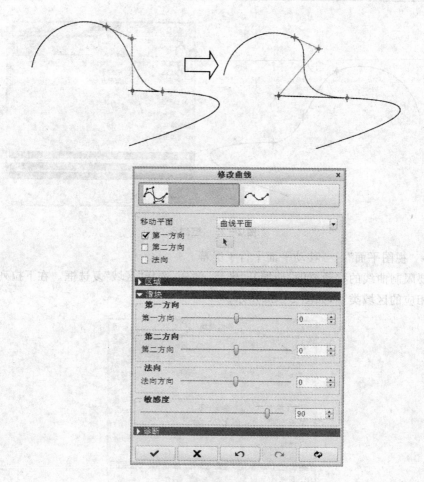

图 2-27 "滑块"区域

要分析曲线,可以展开"诊断"部分,选择要执行的分析;要在图形窗口中显示或隐藏分析,单击 按钮,如图 2-28 所示。

要更改分析的显示设置,单击"设置"按钮,打开"显示设置"对话框,调整设置,然后单击"确定"按钮,如图 2-29 所示。

要更改计算设置,单击"计算"按钮,打开"计算"对话框,调整设置,然后单击"确定"按钮,如图 2-30 所示。

2. 来自方程的曲线

只要曲线不自交,就可以通过"曲线:从方程"选项卡由方程创建基准曲线。创建这类曲线时,须先选择参照坐标系,再选择坐标类型,包括笛卡尔坐标系、柱坐标系或球坐标系,如图 2-31 所示,然后在记事本中输入数学方程。

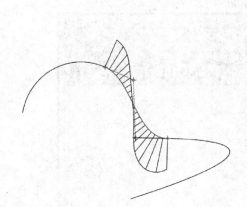

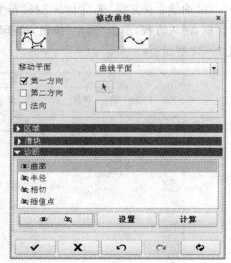

图 2 - 28　隐藏显示分析

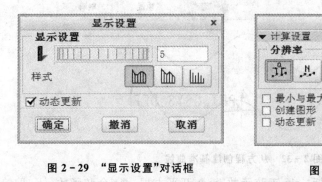

图 2 - 29　"显示设置"对话框

图 2 - 30　"计算"对话框

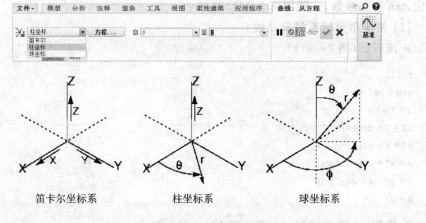

笛卡尔坐标系　　　　柱坐标系　　　　球坐标系

图 2 - 31　坐标系

在"曲线：从方程"选项卡中选择"笛卡尔"坐标系，单击"方程"按钮，弹出"方程"对话框，输入方程，单击"确定"按钮，选择绘图环境中的坐标系，单击"确定"按钮，如图 2－32 所示。

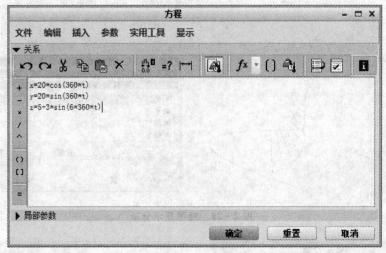

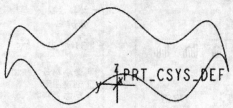

图 2－32　从方程创建基准曲线

方程式中的常用函数包括：sin 正弦函数，sqrt 开平方根，cos 余弦函数，abs 取绝对值，tan 正切函数，pi 圆周率 3.1415926…

（1）笛卡尔坐标系经典曲线

➤ 渐开线（图 2－33）

r = 1

ang = 360 * t

s = 2 * pi * r * t

x0 = s * cos(ang)

y0 = s * sin(ang)

x = x0 + s * sin(ang)

y = y0 − s * cos(ang)

z = 0

➤ 螺旋线（图 2－34）

x = 4 * cos (t * (5 * 360))

$y = 4 * \sin(t * (5 * 360))$

$z = 10 * t$

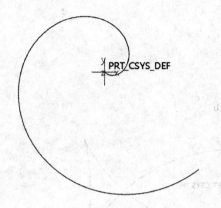

图 2-33　渐开线

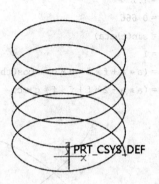

图 2-34　螺旋线

➤ 双弧外摆线（图 2-35）

$l = 2.5$

$b = 2.5$

$x = 3 * b * \cos(t * 360) + l * \cos(3 * t * 360)$

$y = 3 * b * \sin(t * 360) + l * \sin(3 * t * 360)$

➤ 星行线（图 2-36）

$a = 5$

$x = a * (\cos(t * 360))^3$

$y = a * (\sin(t * 360))^3$

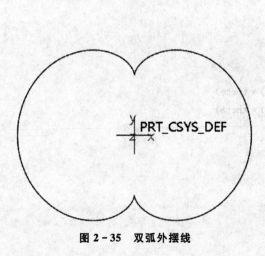

图 2-35　双弧外摆线

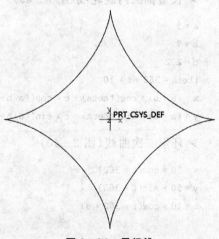

图 2-36　星行线

21

➤ Talbot 曲线（图 2 - 37）

theta = t * 360

a = 1.1

b = 0.666

c = sin(theta)

f = 1

x = (a * a + f * f * c * c) * cos(theta)/a

y = (a * a - 2 * f + f * f * c * c) * sin(theta)/b

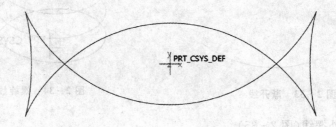

图 2 - 37　Talbot 曲线

➤ 外摆线（图 2 - 38）

theta = t * 720 * 5

b = 8

a = 5

x = (a + b) * cos(theta) - b * cos((a/b + 1) * theta)

y = (a + b) * sin(theta) - b * sin((a/b + 1) * theta)

z = 0

➤ 长短幅圆内旋轮线（图 2 - 39）

a = 5

b = 7

c = 2.2

theta = 360 * t * 10

x = (a - b) * cos(theta) + c * cos((a/b - 1) * theta)

y = (a - b) * sin(theta) - c * sin((a/b - 1) * theta)

➤ 环形二次曲线（图 2 - 40）

x = 50 * cos(t * 360)

y = 50 * sin(t * 360)

z = 10 * cos(t * 360 * 8)

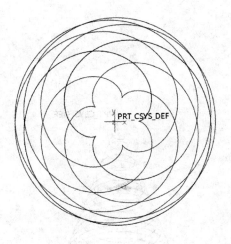

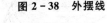

图 2 - 38　外摆线

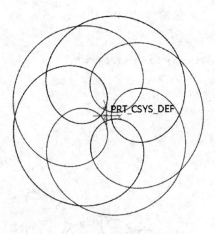

图 2 - 39　长短幅圆内旋轮线

➢ **蝴蝶结曲线**(图 2 - 41)

x = 200 * t * sin(t * 3600)

y = 250 * t * cos(t * 3600)

z = 300 * t * sin(t * 1800)

(2) 柱坐标系经典曲线

➢ **碟形弹簧**1(图 2 - 42)

r = 5

theta = t * 3600

z = (sin(3.5 * theta - 90)) + 24 * t

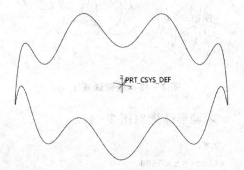

图 2 - 40　环形二次曲线

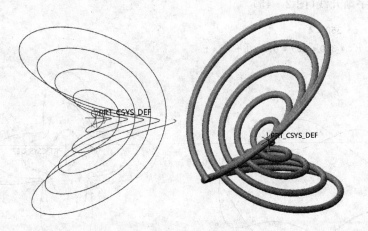

图 2 - 41　蝴蝶结曲线

23

➤ 螺旋线（图 2 - 43）

r = t

theta = 10 + t * (20 * 360)

z = t * 3

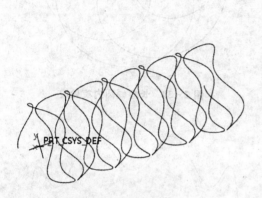

图 2 - 42　碟形弹簧 1

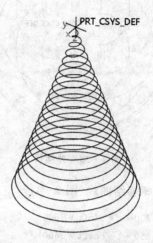

图 2 - 43　螺旋线

➤ 碟形弹簧 2（图 2 - 44）

r = 5

theta = t * 3600

z = (sin(3.5 * theta − 90)) + 24

➤ 十字渐开线（图 2 - 45）

theta = t * 360 * 4

r = (cos(t * 360 * 16) * 0.5 * t + 1) * t

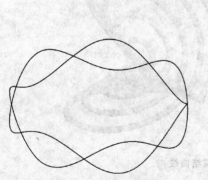

图 2 - 44　碟形弹簧 2

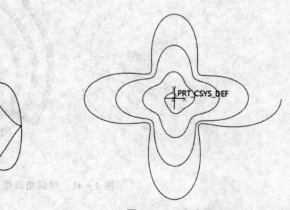

图 2 - 45　十字渐开线

(3) 球坐标系经典曲线

➤ **球面螺旋线**（图 2 - 46）

rho = 4

theta = t * 180

phi = t * 360 * 20

➤ **桃形曲线**（图 2 - 47）

rho = t^3 + t * (t + 1)

theta = t * 360

phi = t^2 * 360 * 10 * 10

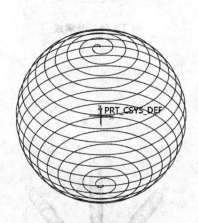

图 2 - 46　球面螺旋线

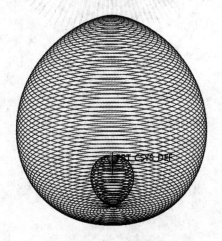

图 2 - 47　桃形曲线

➤ **蝶线**（图 2 - 48）

rho = 4 * sin(t * 360) + 6 * cos(t * 360^2)

theta = t * 360

phi = log(1 + t * 360) * t * 360

➤ **漩涡线**（图 2 - 49）

rho = t * 20^2

theta = t * log(30) * 60

phi = t * 7200

➤ **罩形线**（图 2 - 50）

rho = 4

theta = t * 60

phi = t * 360 * 10

图 2-48　蝶　线

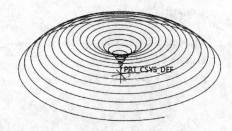

图 2-49　漩涡线

➢ 花瓣线（图 2-51）

rho = t * 20

theta = t * 360 * 90

phi = t * 360 * 10

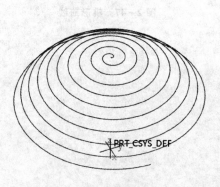

图 2-50　罩形线

图 2-51　花瓣线

3. 曲线来自横截面

利用横截面与零件模型的相交边界来创建基准曲线,在创建时,系统将提供模型中所有可用的截面名称列表,选取一个截面,系统将自动生成基准曲线,如图 2-52所示。

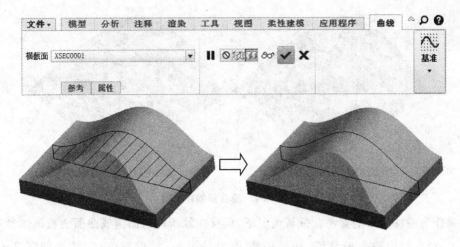

图 2-52　使用横截面

2.2.3　偏移曲线

使用"偏移"工具,在指定的方向上偏移一条曲线或曲面的单侧边。选择一条曲线,单击"模型"选项卡中"编辑"区域的"偏移"按钮 ⬚偏移 ,弹出"偏移"选项卡,如图 2-53 所示。

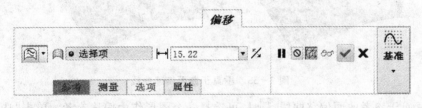

图 2-53　"偏移"选项卡

偏移曲线有三种类型:

➤ ⬚ "沿曲面":沿参考曲面偏移曲线。

选择一条曲线,单击"模型"选项卡中"编辑"区域的"偏移"按钮 ⬚偏移 ,弹出"偏移"选项卡,选择"沿曲面"选项 ⬚ ,单击"参考面组"收集器并选择一个面组或曲面作为偏移曲线的参考。默认情况下,偏移曲线所在的面组或曲面会被选作参考。在 ⊢⊣ 文本框中输入偏移值,如果需要,单击 % 以反转偏移方向,结果如图 2-54 所示。

➤ ⬚ "垂直于曲面":垂直于参考曲面偏移曲线。

选择一条曲线,单击"模型"选项卡中"编辑"区域的"偏移"按钮 ⬚偏移 ,弹出"偏移"选项卡,选择"垂直于曲面"选项 ⬚ ,单击"参考面组"收集器并选择一个面组或曲

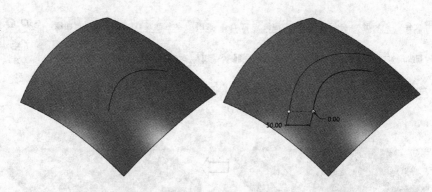

图 2-54　沿曲面偏移曲线

面来作为偏移曲线的参考。默认情况下,偏移曲线所在的面组或曲面会被选作参考。在 ⊬ 文本框中输入偏移值,如果需要,单击 ⅍ 以反转偏移方向,结果如图 2-55 所示。

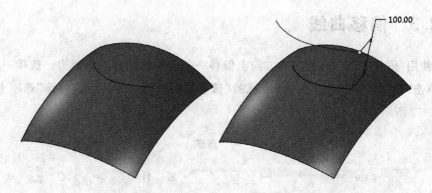

图 2-55　垂直于曲面偏移曲线

垂直于参考曲面偏移曲线 ⌇ 时,可选择一个图形作为偏移参考。单击“选项”选项卡中,激活“图形”收集器,并选择图形或暂停“偏移曲线”工具,然后创建一个图形。默认图形(单位图形)是值为 1 的恒定线,如图 2-56 所示。

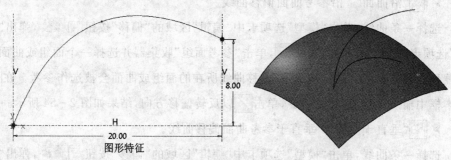

图 2-56　使用图形特征偏移

➤ 　"风扇曲线"：在参考曲面上的两条参考曲线之间均匀地偏移指定数量的曲线。仅当将 enable_offset_fan_curve 配置选项设置为 yes 时,用于扇类型曲线的选项才可用。默认情况下,enable_offset_fan_curve 被设置为 no。

选择一条曲线,单击"模型"选项卡中"编辑"区域的"偏移"按钮　偏移,弹出"偏移"选项卡,选择"风扇曲面"选项　,单击"参考面组"收集器并选择一个面组或曲面来作为偏移曲线的参考。单击"第二参考曲线"收集器,然后选择第二条曲线作为参考。在　文本框中输入偏移值,如果需要,在 23 文本框中,输入要创建的曲线数目,如图 2 - 57 所示。

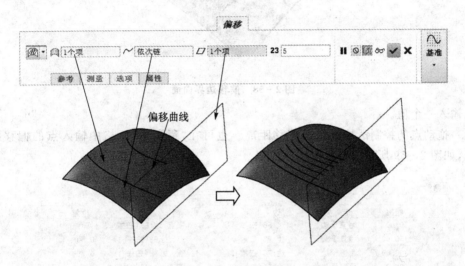

图 2 - 57　偏移风扇曲线

"偏移"命令除了可以偏移曲线外,还可以偏移边界曲线,即曲面的边界。

选择一条单侧边（例如,面组的边）,单击"模型"选项卡中"编辑"区域的"偏移"按钮　偏移,此边被突出显示,打开"偏移"选项卡。选定的曲线会出现在"参考"选项卡的"边界边"收集器中。

拖动控制滑块更改偏移距离,也可在值文本框中输入值,或双击尺寸并输入新的值。单击　反向偏移方向,如图 2 - 58 所示。

在偏移边界曲线时可以创建可变偏移曲线。

选择一条单侧边（例如,面组的边）,单击"模型"选项卡中"编辑"区域的"偏移"按钮　偏移,此边被突出显示,打开"偏移"选项卡,单击"测量"选项卡。

在表中右击,然后从快捷菜单中选择"添加"选项,将点或顶点添加到选定边链上。在选定的边链上出现一个点。

将该点拖动到所需位置。控制滑块不在顶点上时,也可在"位置"单元格中为该

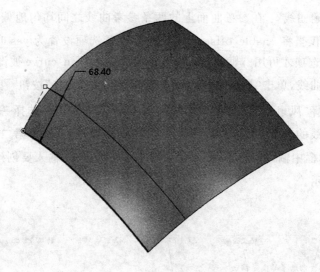

图 2-58　偏移边界曲面

点输入一个值。

拖动点的控制滑块以更改偏移距离。也可在"距离"单元格中输入点的偏移距离,如图 2-59 所示。

点	距离	距离类型	边	参考	位置
1	70.00	垂直于边	边:F8(扫描_1)	顶点:边:F8(扫描_1)	终点1
2	100.00	垂直于边	边:F8(扫描_1)	点:边:F8(扫描_1)	0.50
3	100.00	垂直于边	边:F8(扫描_1)	点:边:F8(扫描_1)	0.75
4	50.00	垂直于边	边:F8(扫描_1)	顶点:边:F8(扫描_1)	终点2

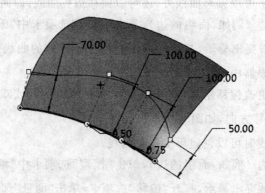

图 2-59　可变偏移边界曲线

2.2.4　相交曲线

使用"相交"工具,可在曲面与其他曲面或基准平面相交处创建曲线,即相交曲线;也可在两个草绘或草绘后的基准曲线(被拉伸后成为曲面)相交的位置创建曲线,即投影曲线。

1. 相交曲线

曲面只能与其他曲面或基准平面相交,按住 Ctrl 键,选择两个相交曲面,单击"模型"选项卡中"编辑"区域的"相交"按钮 相交,即可产生相交曲线,如图 2-60 所示。

2. 投影曲线

投影曲线可以理解为在两个草绘

图 2-60　相交曲线

或草绘后的基准曲线被拉伸后成为曲面相交位置的交线,也可以理解为以两条草绘曲线为相交曲线的两个方向上的投影。按住 Ctrl 键,选择两条曲线,单击"模型"选项卡中"编辑"区域的"相交"按钮 相交,即可产生相交曲线,如图 2-61 所示。

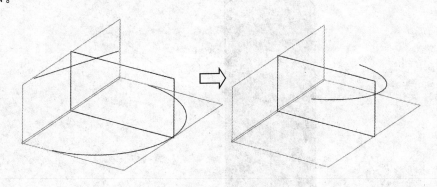

图 2-61　投影曲线

2.2.5　包络曲线

包络特征就是把平面的曲线包络到选择的实体表面或面组上的一个指令。它在创建各类型曲面和复合表面上的曲线上广泛应用。

创建“包络”特征之前要先创建需要包络到的实体或者面组，该实体或面组必须由可延展曲面组成。可延展曲面是可在平面上展平而不会造成扭曲的一种曲面，如图 2-62 所示。

单击“模型”选项卡“编辑”下三角按钮，选择“包络”选项，打开“包络”选项卡，单击“参考”选项卡中“草绘”区域的“定义”按钮，选择草绘平面绘制草图，如图 2-63 所示。注意在绘制草图时要添加一个坐标系作为包络的起点。

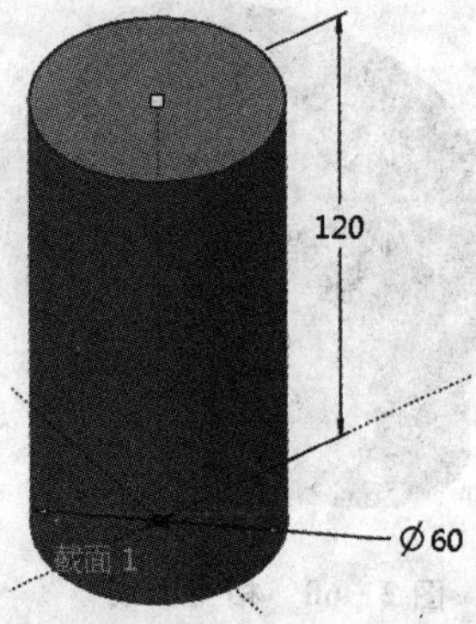

图 2-62 创建实体

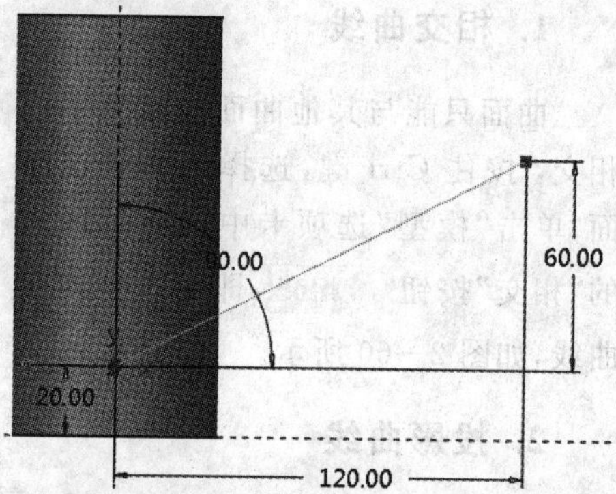

图 2-63 绘制草图

绘制完草图后退出草绘环境，结果如图 2-64 所示。单击箭头可以改变包络方向。

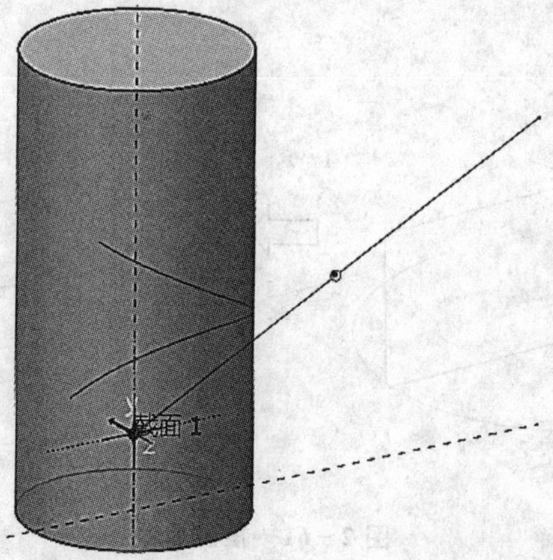

图 2-64 创建包络曲线

除了一般的草绘图元可以创建包络曲线外，文字图元也是可以的，如图 2-65 所示。

单击“包络”选项卡中的“选项”按钮，打开“选项”选项卡，如图 2-66 所示。

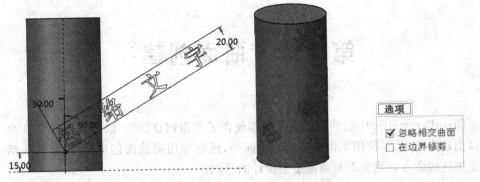

图 2-65　包络文字　　　　　　　　　图 2-66　"选项"选项卡

> "忽略相交曲面"　包络单独的曲线时,选择"忽略相交曲面"复选项忽略所有的相交曲面。如果不选择此复选项,则单独的曲线将被包络到相交曲面上。在默认情况下选择此复选项,如图 2-67 所示。

> "在边界修剪"　选择"在边界修剪"复选项可修剪曲线中无法包络的部分。

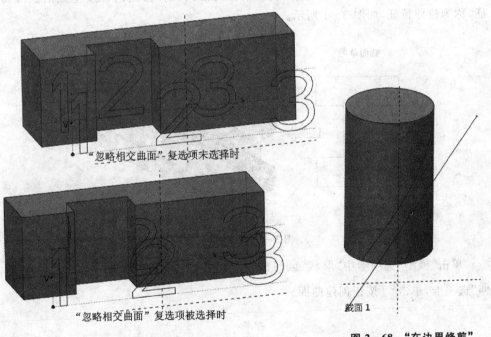

"忽略相交曲面"-复选项未选择时

"忽略相交曲面"复选项被选择时

截面 1

图 2-67　"忽略相交曲面"　　　　　　图 2-68　"在边界修剪"

第3章　曲面创建

Creo Parametric 中的实体创建命令都包含了曲面创建功能,既可以创建实体也可以创建曲面,除了使用实体命令创建曲面外,还有专用的曲面创建命令,熟练灵活地使用这些命令创建曲面是曲面造型设计的基础。

"拉伸"和"旋转"是实体设计中最常用的特征,熟练掌握拉伸实体特征和旋转实体特征的创建技巧是综合运用各种设计方法进行三维建模的基础。

3.1　拉伸曲面

将绘制的二维截面沿着该截面所在平面的法向拉伸指定的深度生成的三维特征,称为拉伸特征,如图 3-1 所示。

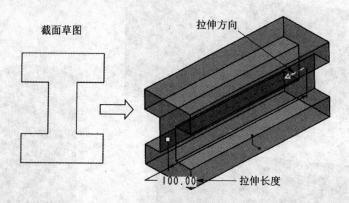

图 3-1　拉伸特征

单击"模型"选项卡中"形状"区域的"拉伸"按钮 ，打开如图 3-2 所示的"拉伸"选项卡,单击 按钮创建曲面。

图 3-2　拉伸特征操控板

：切换拉伸方向。

 ：暂停当前的特征命令,去执行其他操作。

 ：预览生成的特征。

 ：确定当前特征的创建。

 ：取消当前特征的创建。

确定拉伸深度的图标选项如下：

 ：用户给定的拉伸深度值,不能小于或等于0。

 ：按给定的拉伸深度值,沿草绘平面两侧对称拉伸。

 ：拉伸到下一个面。

 ：拉伸通过所有的面。

 ：拉伸通过指定的面。

 ：拉伸到指定的基准点/顶点、曲线、平面或曲面。

单击"放置"标签,打开"放置"选项卡,如图3-3所示,单击"草绘"区域的"定义"按钮,选择"草绘"平面,进入草绘环境绘制二维截面草图。

单击"选项"标签,打开如图3-4所示的选项卡。在"深度"区域的"侧1""侧2"栏,为两侧拉伸时,可分别设定每一侧的拉伸深度以及方式。

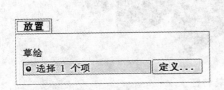

图3-3 "放置"选项卡

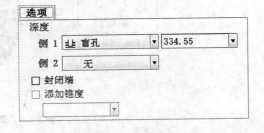

图3-4 选项特征操控板

➤ "封闭端"复选项：当创建曲面拉伸特征且拉伸截面为封闭轮廓时,该项才被激活,以确定曲面拉伸特征的端面是封闭的还是开放的。

➤ "添加锥度"复选项：给拉伸特征添加一个拔模角度即锥度,角度范围是 $-30°\sim30°$。

在"拉伸"选项卡中,单击 按钮,再单击 按钮,便可使用创建的拉伸曲面切割已存在的曲面,如图3-5所示。

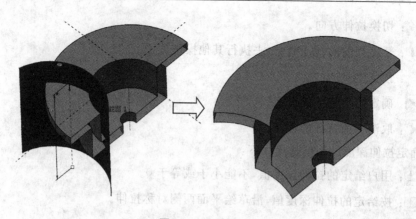

图 3-5　切割曲面

3.2　旋转曲面

将绘制的二维截面绕着给定轴线旋转指定角度生成的三维特征,称为旋转特征,如图 3-6 所示。

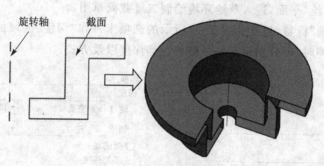

图 3-6　旋转特征

单击"模型"选项卡中"形状"区域的"旋转"按钮 ↺旋转,打开如图 3-7 所示的"旋转"选项卡,单击 ◻ 按钮创建曲面。

图 3-7　"旋转"特征操控板

⊥:指定一个旋转角度。

日:按指定旋转角度,以草绘平面为分界向两侧对称旋转。

：旋转到指定的点、曲线、平面。

单击"放置"标签,在打开的选项卡中单击"定义"按钮,弹出"草绘"对话框,在绘图区选取放置二维草图的平面,单击"草绘"按钮,进入草绘环境绘制草图,绘制截面以及旋转轴,完成后单击草绘环境中的"确定"按钮 。

注意:在草绘环境中的绘图区域右击,在弹出的快捷菜单中选择"旋转轴"选项,便可直接绘制。如果在草绘环境中指定中心线为旋转轴,则需要右击中心线,在弹出的快捷菜单中选择"指定旋转轴"选项。

在"旋转"选项卡中的文本框中输入旋转角度,单击"确定"按钮 ,完成旋转曲面特征的创建。

在"旋转"选项卡,单击 按钮,再单击按钮 ,便可使用创建的旋转曲面切割已存在曲面,如图 3-8 所示。

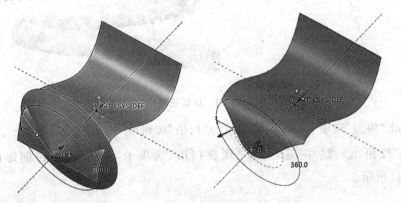

图 3-8　裁剪曲面

3.3　填充曲面

使用"填充"工具按钮 ,可利用边界创建平整曲面特征。

单击"模型"选项卡中"曲面"区域的"填充"按钮 填充,打开"填充"选项卡,可以选择现有的"草绘"特征,也可以选择草绘平面,创建草绘特征,两种方法都可以,但是草绘特征基于平整的闭环草绘截面,如图 3-9 所示。

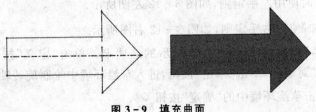

图 3-9　填充曲面

3.4 螺旋扫描曲面

螺旋扫描是用来创建螺旋状造型的指令,通常用于创建弹簧、螺纹等造型,螺旋扫描特征是一个特殊类型的扫描特征,特殊的地方在于其扫描轨迹是有规律的螺旋线,如图 3-10 所示。

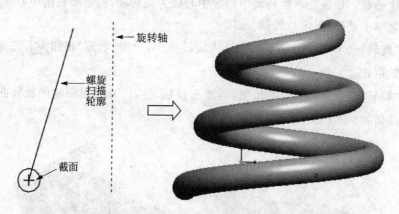

图 3-10 螺旋扫描特征

单击"模型"选项卡中"形状"区域的"扫描"按钮 ⬛扫描 · 右侧的按钮 ·,单击"螺旋扫描"按钮 螺旋扫描,打开"螺旋扫描"选项卡,单击 ⬛ 按钮创建曲面,如图 3-11 所示。

图 3-11 "螺旋扫描"选项卡

⬛ :当定义完螺旋扫描轮廓后该工具按钮将被激活,单击该按钮将进入草绘环境绘制扫描截面。

⬛ :旋转时使用左手定则,如图 3-12 左图所示。

⬛ :旋转时使用右手定则,如图 3-12 右图所示。

单击"参考"标签,打开图 3-13 所示的选项卡。单击"定义"按钮,选择草绘平面,打开"草绘"对话框,单击"草绘"按钮,进入草绘环境中绘制旋转轴以及扫描轮廓,绘制完成后单击草绘环境中的"确定"按钮 ⬛。

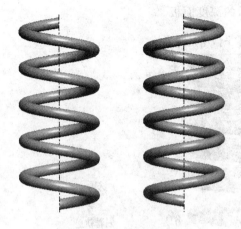

图 3-12　螺旋方向

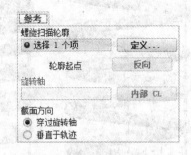

图 3-13　"参考"选项卡

　　"旋转轴"区域用于定义旋转轴,旋转轴的定义方法与"旋转"特征中的旋转轴定义方法基本一致,可以在定义"螺旋扫描轮廓"时在草绘环境中绘制,也可以在环境中选择已存在的基准轴以及坐标系中的坐标轴。

　　"截面方向"区域用于定义扫描过程中截面的方向,如图 3-14 所示。

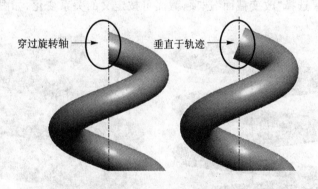

图 3-14　截面方向

　　当定义完螺旋扫描轮廓后单击草绘截面工具按钮 ，进入草绘环境中绘制扫描截面。单击"间距"标签,打开图 3-15 所示的选项卡。

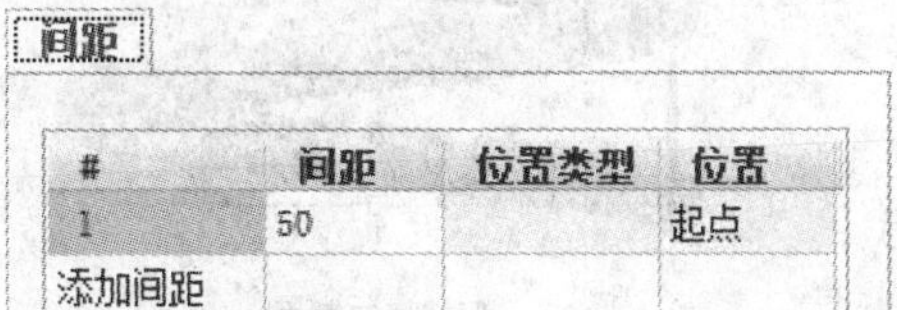

　　该深度面板主要是用来改变螺旋扫描的螺距。在一个螺旋扫描特征中,存在不同的螺距,单击"添加间距"按钮,便可添加不同的螺距,并且可以改变螺距的位置,如图 3-16 所示。

#	间距	位置类型	位置
1	50		起点
添加间距			

图 3-15　"间距"深度面板

单击"选项"按钮,打开如图 3-17 所示的深度面板。

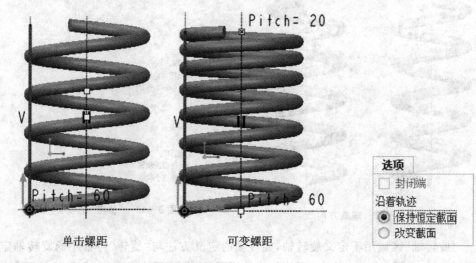

图 3-16 添加螺距 图 3-17 "选项"选项卡

该深度面板可以设置扫描截面的属性,"保持恒定截面"选项在扫描过程中截面保持不变,如果选择"改变截面"选项,截面可按定义的关系变化,如图 3-18 所示。

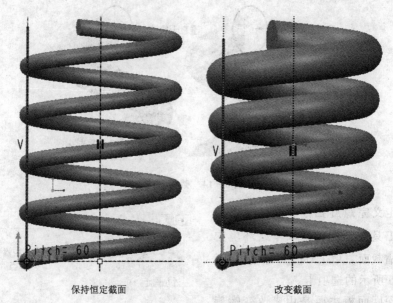

保持恒定截面 改变截面

图 3-18 设置截面属性

3.5　混合曲面

混合特征是将多个不同截面按照关系连接而形成的,共有三种混合类型:

➢ "平行":所有混合截面均位于平行平面上。

➢ "旋转":混合截面绕旋转轴旋转。旋转的角度范围为$-120°\sim120°$。

➢ "常规":一般混合截面可以绕 X 轴、Y 轴和 Z 轴旋转,也可以沿这三个轴平移。每个截面都可单独草绘,并用截面坐标系对齐。

3.5.1　平行混合

"平行混合"的各个截面间是相互平行的,最为简单,最容易理解。单击"模型"选项卡中"形状"下三角按钮,选择"混合"按钮 🗗 混合,打开"混合"选项卡,单击 📖 按钮创建曲面,如图 3-19 所示。

图 3-19　"混合"选项卡

"混合"选项卡中包含 4 个选项卡,下面主要介绍"截面"和"选项"。

1. "截面"选项卡

单击"截面"标签,打开"截面"选项卡,如图 3-20 所示。

图 3-20　"截面"选项卡

"混合"特征中有两种创建截面的方法:

(1)"草绘截面"单选项

选择"草绘截面"选项将在创建"混合"特征的过程中使用草绘工具直接绘制截面。选择"草绘截面"选项单击"定义"按钮,选择草绘平面绘制草图,如图 3-21

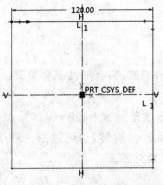

图 3 - 21　绘制第一个草绘截面

所示。

退出草绘环境后,在"混合"选项卡或者"截面"选项卡文本框中定义绘制第一个草绘截面到第二个草绘截面的距离,如图 3 - 22 所示。

截面距离定义完成后单击"混合"选项卡中的工具按钮 ,或者"截面"选项卡中的"草绘"按钮,选择草绘平面绘制第二个草绘截面,如图 3 - 23 所示。

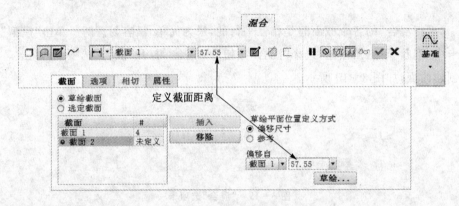

图 3 - 22　定义截面距离

> **注意:** 在创建混合特征时,各混合截面中图元的数量要相同。若截面的边数不相同,可以使用草绘模块中的"分割"命令将图元打断。

绘制第三个截面时单击"截面"选项卡中的"插入"按钮,定义截面距离,单击"草绘"按钮绘制截面,如图 3 - 24 所示。

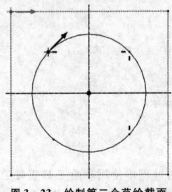

图 3 - 23　绘制第二个草绘截面

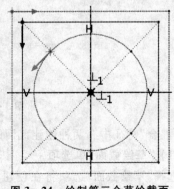

图 3 - 24　绘制第三个草绘截面

完成草绘截面绘制后的结果如图 3 - 25 所示。

（2）"选定截面"单选项

选择"选定截面"选项将选择已有的链为截面，如图 3 - 26 所示三个单独的草绘链。

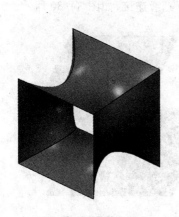

图 3 - 25　混合曲面

图 3 - 26　草绘链

单击"模型"选项卡中"形状"下三角按钮，选择"混合"按钮 ❖ 混合，打开"混合"选项卡，单击 ▢ 按钮创建曲面，单击"与选定截面混合"按钮 ～，或者单击"截面"按钮，打开"截面"选项卡，选择"选定截面"单选项。

选择第一个草绘链右击，在弹出的快捷菜单中选择"插入"选项，选择第二个草绘链，再选择快捷菜单中的"插入"选项，选择第三个草绘链，结果如图 3 - 27 所示。

2."选项"选项卡

单击"混合"选项卡中的"选项"标签，打开"选项"选项卡，如图 3 - 28 所示。

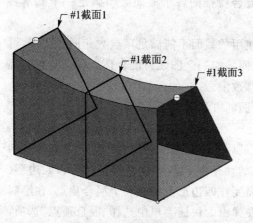

图 3 - 27　选择草绘链

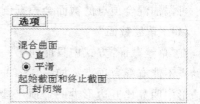

图 3 - 28　"选项"选项卡

（1）"直"单选项

用直线段连接不同截面的顶点，截面的边用平面连接，如图 3-29 所示。

（2）"平滑"单选项

用光滑曲线连接不同截面的顶点，截面的边用曲面光滑连接，如图 3-30 所示。

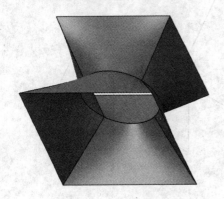

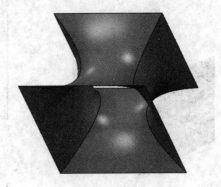

图 3-29　"直"单选项　　　　　　　　图 3-30　"平滑"单选项

在"选项"选项卡中选择"封闭端"复选项，可以封闭曲面混合的末端以在末端创建曲面。

3.5.2　特殊点

混合过程中有几种特殊的点影响着混合特征的操作及其结果。

1. 混合顶点

混合特征由多个截面连接而成，构成混合特征的各个截面必须满足一个基本要求：每个截面的顶点数必须相同。

在实际设计中，如果创建混合特征所使用的截面不能满足顶点数相同的要求，可以使用混合顶点功能。每个混合顶点给截面添加一个图元。混合顶点可充当相应混合曲面的终止端，但被计算在截面图元的总数中。

可添加混合顶点的截面会根据创建截面的方法不同而不同。

（1）"草绘截面"

在"草绘截面"方式中只能向第一个或最后一个截面添加混合顶点。在封闭环的起始点不能有混合顶点。如图 3-31 所示的两个混合截面分别为五边形和四边形。四边形中明显比五边形少一个顶点，因此需要在四边形上添加一个混合顶点，在绘制四边形草绘截面时，选择一个顶点，右击，在弹出的快捷菜单中选择"混合顶点"选项，定义混合顶点的位置将会出现一个圆圈，通过所创建完成的混合特征可以看到，混合顶点和五边形上两个顶点相连。

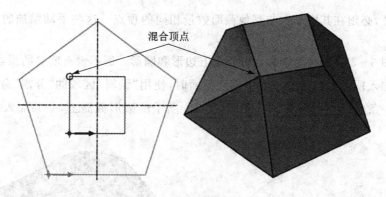

图 3 - 31　混合顶点

(2)"选定截面"

在"选定截面"方式中可向任何截面添加混合顶点。选定截面后,单击"截面"标签,在"截面"选项卡中选择需要添加混合顶点的截面,单击"添加混合顶点"按钮,如图 3 - 32 所示。

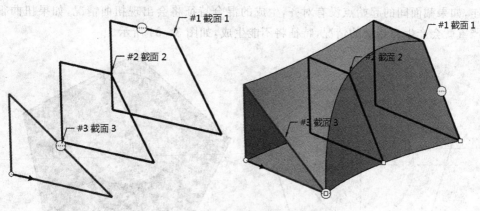

图 3 - 32　"选定截面"添加混合顶点

2. 截断点

对于像圆形这样的截面,上面没有明显的顶点。如果需要与其他截面混合生成实体特征,必须在其中加入与其他截面数量相同的顶点。这些手动添加的顶点就是截断点。

如图 3-33 所示,两个截面分别是五边形和圆形。圆形没有明显的顶点,因此需要手动加入顶点。在草绘环境中创建截面时,使用"编辑"区域的"分割"命令 ✎分割 即可将一条曲线分为两段,中间加上顶点。图中的圆形截面上,一共加入了 5 个截断点。

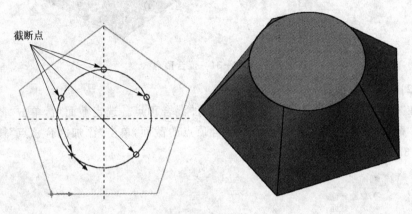

图 3-33 截断点

3. 起始点

起始点是多个截面混合时的对齐参照点。每一个截面中都有一个起始点,起始点上用箭头标明方向,两个相邻截面间,起始点相连,其余各点按照箭头方向依次相连,如果截面间的起始点没有对齐,生成的混合特征将会出现扭曲情况,如果扭曲很严重就会产生自相交的情况,特征将不能生成,如图 3-34 所示。

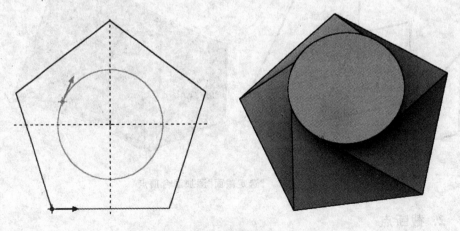

图 3-34 起点不对齐

通常,系统自动取草绘时所创建的第一个点作为起始点,而箭头所指方向由草绘截面中各边线的环绕方向决定。

如果用户对系统默认生成的起始点不满意,可以手动设置起始点,选中将要作为起始点的点后,右击,在弹出的快捷菜单中选择"起点"选项,选中的点就成为起始点。

用户还可以自定义箭头的指向,选中起始点后,右击,在弹出的快捷菜单中选择"起点"选项,箭头则会立刻反向。

4. 点截面

创建混合特征时,点可作为一种特殊的截面与各种截面混合,这时候点可以看作一个只有一个点的截面,称为点截面,如图 3-35 所示。点截面可以与不同截面的所有顶点相连,构成混合特征。

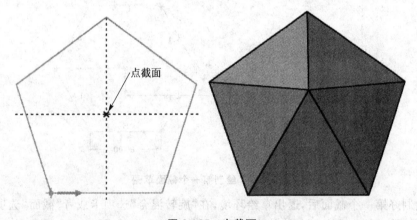

图 3-35 点截面

3.5.3 旋转混合

旋转混合是通过使用绕旋转轴旋转的截面创建的。如果第一个草绘截面或选择的截面包含一个旋转轴或中心线,则会将其自动选定为旋转轴。如果第一个草绘截面不包含旋转轴,则可选择几何轴作为旋转轴。

要相对于其他截面定义截面方向。所有截面必须位于相交于同一旋转轴的平面中。对于草绘截面来说,可以通过使用相对于混合中另一截面的偏移值或通过选择一个参考值来定义截面的草绘平面。

如果定义旋转混合为闭合,则 Creo Parametric 会使用第一个截面作为最后一个截面,并创建一个闭合的特征。而不必草绘最后一个截面。

单击"模型"选项卡中"形状"的下三角按钮,选择"旋转混合"按钮 旋转混合,打开"旋转混合"选项卡,单击 按钮创建曲面,如图 3-36 所示。

图 3 - 36 "旋转混合"选项卡

单击"截面"标签,打开"截面"选项卡,选择"草绘截面"选项,单击"定义"按钮,选择草绘平面绘制截面草图。绘制草图时首先要创建旋转轴,在绘图环境中右击,在弹出的快捷菜单中选择"旋转轴"选项,先绘制一个旋转轴,再绘制截面图形,如图 3 - 37 所示。

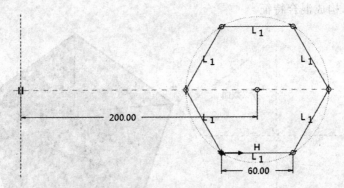

图 3 - 37 绘制第一个截面草图

绘制好第一个截面后,退出草绘环境,在"旋转混合"选项卡或者"截面"选项卡的文本框中输入第一个截面与第二个截面之间的旋转角度,如图 3 - 38 所示。

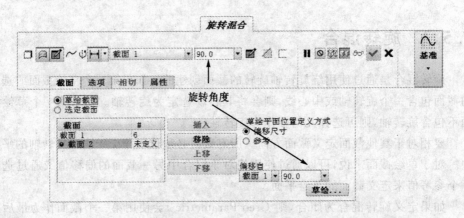

图 3 - 38 输入旋转角度

单击"截面"选项卡中"草绘"按钮绘制第二个截面草图,注意,由于混合特征的各个截面的顶点数必须相等,因此要在圆周上添加 6 个截断点,如图 3 - 39 所示。

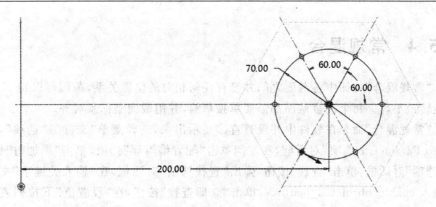

图 3 - 39 绘制第二个截面草图

退出草绘环境,单击"截面"选项卡中的"插入"按钮,输入第二个截面与第三个截面之间的旋转角度 90。单击"草绘"按钮绘制第三个截面草图,如图 3 - 40 所示。

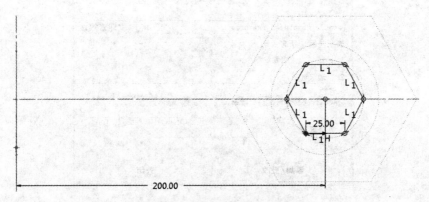

图 3 - 40 绘制第三个截面草图

绘制好第三个截面后,退出草绘环境,结果如图 3 - 41 所示。

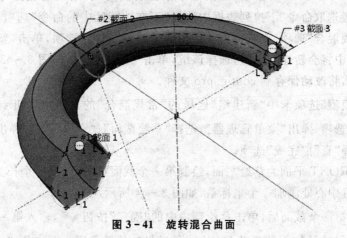

图 3 - 41 旋转混合曲面

49

3.5.4　常规混合

"常规混合"特征中各截面之间并没有任何相对的位置关系,截面可以绕 X、Y、Z 轴旋转或平移。每个混合截面都需要单独草绘,并用截面坐标系对齐。

"常规混合"命令在软件中并没有直接显示出来,选择菜单"文件"|"选项",弹出 "Creo Parametric 选项"对话框,在左侧单击"配置编辑器"选项,单击"添加"按钮,弹 出"选项"对话框,单击"查找"按钮,弹出"查找选项"对话框,在"输入关键字"文本框 中输入 enable_obsoleted_features,单击"立即查找"按钮,在"设置值"下拉列表框中 输入 yes,如图 3-42 所示,最后单击"添加/更改"按钮返回"Creo Parametric 选项" 对话框。

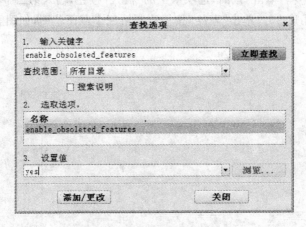

图 3-42　"选项"对话框

在"Creo Parametric 选项"对话框中单击右侧的"自定义功能区"选项,在右侧 "从下列位置选取命令"下拉列表框中选择"不在功能区中的命令"选项,在下方列表 中选择"常规混合"选项,在右侧树状结构图中选择"模型"选项,单击"新建组"按钮, 树状结构图中将会新建一个组,选择该组,单击"添加"按钮,如图 3-43 所示。单击 "确定"按钮,将改动保存到 config.pro 文件。

单击"模型"选项卡中"新建组"区域的"常规混合"的下三角按钮 ⊙ 常规混合 ▾, 选择"曲面"选项,弹出"菜单管理器",选择"草绘截面"|"完成"选项,弹出下一级菜单 管理器,选择"直"|"完成"选项。

选择 FRONT 平面为草绘平面,绘制第一个截面草图,包括一个长为 52 宽为 20 的矩形,并且中心处添加一个坐标系,如图 3-44 所示。

绘制好第一个截面后,单击草绘环境中的"确定"按钮 ✔,输入第一个截面与第 二个截面之间的 Y 轴旋转角度 30,X 轴和 Y 轴的旋转角度为 0,如图 3-45 所示。

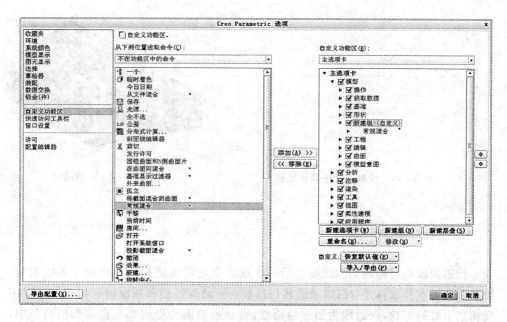

图 3-43 "Creo Parametric 选项"对话框

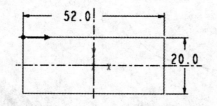

图 3-44 绘制第一个截面草图

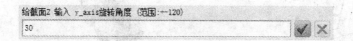

图 3-45 输入截面旋转角度

输入角度后系统会弹出单独打开一个草绘窗口,绘制第二个截面草图,包括一个长为 60、宽为 20 的矩形,并且中心处添加一个坐标系,如图 3-46 所示。

绘制好第二个截面后,单击草绘环境中的"确定"按钮 ✔,弹出"确认"对话框,单击"否"按钮。单击"伸出顶"对话框中的"确定"按钮完成特征的创建,结果如图 3-47 所示。

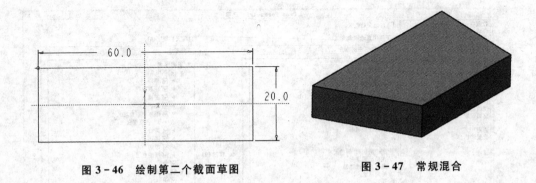

图 3-46 绘制第二个截面草图   图 3-47 常规混合

3.6 扫描特征

扫描曲面是将绘制的二维截面沿一个或多个选定轨迹扫描生成的几何曲面,扫描曲面的两大要素就是:扫描轨迹和扫描截面。通过轨迹和截面的变化控制可以实现相当丰富的形状,同时因为扫描的特性,得到的曲面会更规则。在实际的造型中,扫描命令是一个相当全能的造型指令,如图 3-48 所示。

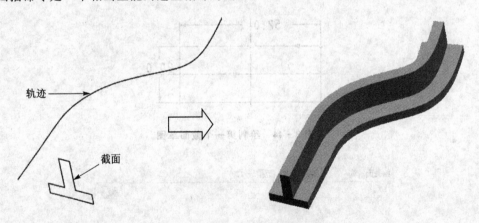

图 3-48 扫描特征

单击"模型"选项卡中"形状"区域的"扫描"按钮 扫描 ,出现如图 3-49 所示的"扫描"选项卡,单击 按钮创建曲面。

扫描特征分为"恒定截面"和"可变截面"两种。

➢ "恒定截面":在沿轨迹扫描的过程中,草绘截面的形状不变。仅截面所在框架的方向发生变化。

➢ "可变截面":将草绘图元约束到其他轨迹(中心平面或现有几何),或使用由 trajpar 参数设置的截面关系来使草绘截面发生改变。草绘截面图形所约束到的参考可更改截面形状。

图 3-49 "扫描"选项卡

3.6.1 扫描轨迹

在"扫描"特征中有两类轨迹,首先是原点轨迹也就是用户选择的第一条轨迹。原点轨迹必须是一条相切的曲线链。除了原点轨迹外,其他的都是辅助轨迹,一个"扫描"指令可以有多条辅助轨迹,并且辅助轨迹可以不是相切的曲线链。

按住 Ctrl 键选择扫描轨迹,轨迹草绘曲线或者实体边,但是要注意轨迹线不能存在自相交。单击"扫描"选项卡中的"草绘"按钮 ,进入草绘环境绘制截面草图。在草绘环境中每一条轨迹都会与草绘平面相交产生参考点,如图 3-50 所示。而截面如果使用这个参考点进行标注或约束,则表明截面在整个扫描过程中都遵循这样的约束关系;反之,则与轨迹没有联系(对截面变化而言)。

单击"参考"按钮,弹出"参考"选项卡,如图 3-51 所示,在"轨迹"列表中显示了所选择的轨迹链,其中"原点"代表的是原始轨迹,其他轨迹用"链"表示。在每条轨迹后面都有三个可选项分别用 X,N 和 T 作标题。

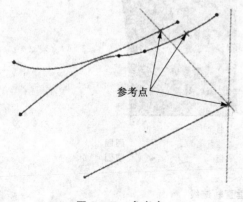

图 3-50 参考点

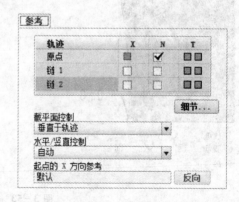

图 3-51 "参考"选项卡

> X:将轨迹设置为 X 向量轨迹线,X 轨迹是用来确定在扫描过程中草绘截面的水平方向的。如图 3-52 所示,注意第一个选择的轨迹不能是 X 轨迹。
> N:将轨迹设置为垂直轨迹线,扫描过程中截面是法向的,即 Z 轴方向,用来指定在扫描过程中,剖面垂直此轨迹线,如图 3-53 所示。

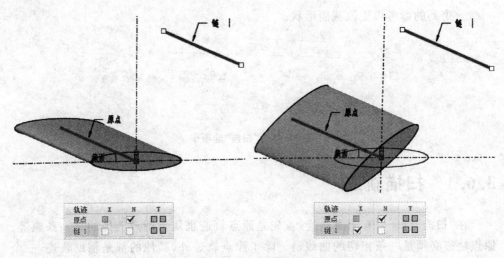

图 3-52　X 向量轨迹

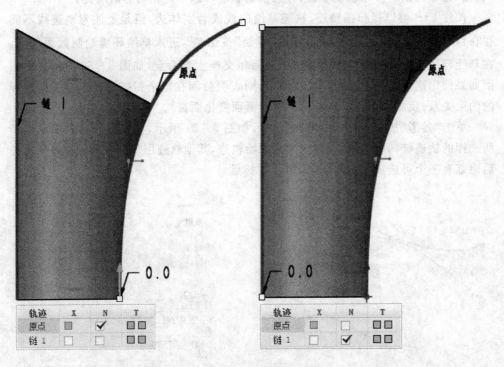

图 3-53　垂直轨迹线

> T：将轨迹设置为相切轨迹。相切轨迹实际是在扫描过程中在截面上提供一
> 条与已有曲面相切的切线参考。

注意：

1. 除了原点轨迹外的所有其他轨迹,在单击 X、N 或 T 复选框前,默认情况下都是辅助轨迹。

2. 只有一个轨迹可以是 X 轨迹。

3. 只有一个轨迹可以是法向轨迹。

4. 同一轨迹可同时为法向和 X 轨迹。

5. 任何具有相邻曲面的轨迹都可以是相切轨迹。

6. 不能移除原点轨迹。但可以替换原点轨迹。

在"参考"选项卡中的"截平面控制"下拉列表用于选择截面的定向方法,默认是"垂直于轨迹"选项,如图 3-54 所示。

➢ "垂直于轨迹"：由轨迹来确定截面的定向。

➢ "垂直于投影"：截面垂直于轨迹在平面上的投影。

➢ "恒定法向"：截面始终垂直于一个恒定的平面参考。

单击"扫描"选项卡中的"选项"标签,打开"选项"选项卡,如图 3-55 所示。

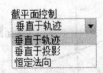

图 3-54 "截平面控制"下拉列表

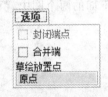

图 3-55 "选项"选项卡

➢ "封闭端点"：封闭扫描特征的每一端,适用于具有封闭环截面和开放轨迹的曲面扫描。

➢ "合并端"：将实体扫描特征的端点连接到邻近的实体曲面而不留间隙。

➢ "草绘放置点"：指定原点轨迹上的点来草绘截面,不影响扫描的起始点。如果"草绘放置点"为空,则将扫描的起始点用做草绘截面的默认位置。

3.6.2 可变截面扫描

在"扫描"选项卡中,单击 按钮将创建可变截面扫描,表明在扫出过程中截面严格按照在草绘中的约束和尺寸来生成扫出过程的截面形状,所以截面形状是可变的,不变的是截面的约束和尺寸。图 3-56 中草绘的截面是使用拉伸圆柱的边界而得到的圆,那么在扫出过程中,因为草绘平面的定位改变,"使用边界"就有可能得到的是椭圆(因为"使用边界"这个约束维持不变),即如图 3-56 中右图的形状。而如果使用"恒定截面"选项 ,那么扫出过程中系统就会维持原来的截面形状不改变

（本例中是正圆），如图 3-56 中左图所示。

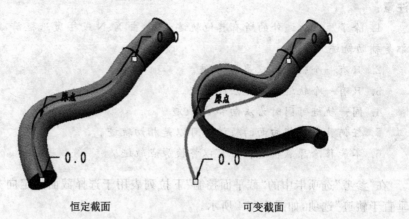

恒定截面　　　　　　　　　　　　可变截面

图 3-56　恒定截面与可变截面

在"扫描"特征的创建过程中，选择两条或者两条以上的轨迹时，将会自动激活
☑️ 按钮，进行变截面扫描，如图 3-57 所示，其中选择两条扫描轨迹，截面圆经过两
条轨迹，从下面的两个图中就可以明显看到变截面和恒定截面的不同之处。

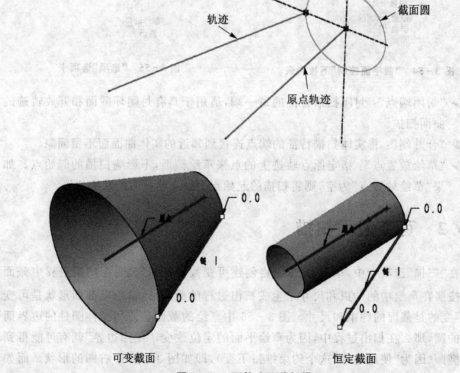

可变截面　　　　　　　　　　　　恒定截面

图 3-57　两轨迹两种扫描

3. 周期变化

正弦(sin)或余弦(cos)可以实现截面的周期变化,基本的关系表现形式如下:

$$sd\# = Vs * \sin(trajpr * 360 * n) + V0$$

其中:V0 是基准值,Vs 是幅度值(变化幅度),n 是周期数。图 3-61 中,原点轨迹为直线,截面为正圆,关系添加在截面圆的直径尺寸参数上。这个关系表明,在扫出的过程中,圆的直径 sd3 的值以 80 为基准,20 为幅度,在扫出过程中作 4 个周期的变化。所以,结果如下所示:最小的直径为 80,最大的直径为 100,总共发生 4 个周期变化。

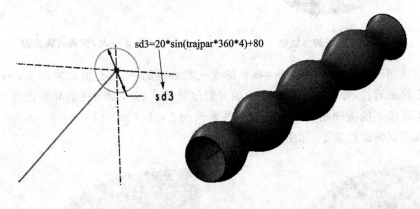

sd3=20*sin(trajpar*360*4)+80

sd3

图 3-61　周期变化

而如果把原点轨迹换成为圆周的,那么就实现了圆周和周期变化的叠加,得到结果如图 3-62 所示。

4. 椭圆与圆之间的过渡变化

在模型的创建过程中会遇到很多椭圆与圆之间的过渡变化,此时要注意长短轴相等的椭圆就是正圆,而当轨迹相切时要实现形状的连接相切,需要保证截面形状在端点处的导数连续。下面举例说明:如图 3-63 所示,要实现长轴为 200、短轴为 100 的椭圆到直径 100 的圆柱曲面间的顺接。或许很多人都能想到用轨迹参数来控制长轴的变化,以使得在与圆柱的接合点处值变为 100,为此就会加入下面的关系:

使用关系式 sd4＝200－trajpar * 100,扫描结果出来后,会发现虽然在曲面结合的地方扫描截面转变成直径为 100 的圆,但是曲面间却不能实现相切连续,如图 3-64 所示。

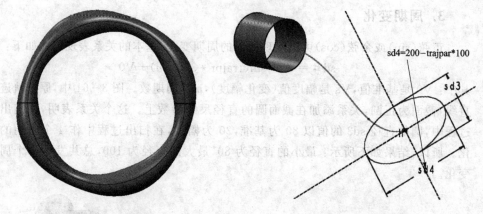

图 3 - 62　以圆为轨迹　　　　　　　　　图 3 - 63　椭圆过渡为圆

曲面间不连续的原因是因为截面的变化是线性的,也就是说如果把 trajpar 作为一个变量来看待,那么截面在连接点的导数值就为－100,而圆柱的导数则为 0,所以导数不连续不能实现相切。但是如果关系改为:sd4＝200－100 * sin(trajpar * 90)就可以实现曲面连续了,如图 3 - 65 所示。

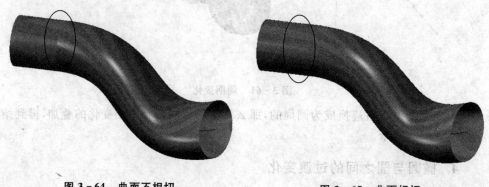

图 3 - 64　曲面不相切　　　　　　　　　图 3 - 65　曲面相切

3.6.4　"图形"特征的运用

在扫描的过程中,截面的变化是可以利用"图形"工具控制的,"图形"特征不会在零件模型上的任何位置显示,它不是零件几何,通常与计算函数 evalgraph 结合使用,才可在扫描的过程中将"图形"特征中的信息传递到截面中来。

evalgraph 函数是用于曲线表计算,使用户能够使用"图形"特征中的曲线来表示特征,并通过关系来驱动尺寸。尺寸可以是草绘、零件或组件尺寸,其格式如下:evalgraph("graph_name",x)式中,graph_name 是"图形"特征的名称,x 是沿图形 X 轴的值,返回 y 值。

图 3-66 所示,假设有一条名字为"GR1"的图形特征,要计算它在横坐标 x 处对应的值,那么就可以用 evalgraph("GR1", x) 来获得,函数返回的就是这条曲线在 x 处的纵坐标值。

单击"模型"选项卡中"基准"的下三角按钮,选择"图形"按钮 ⌒图形,在弹出的文本框中输入一个图形特征的名字 GR1,弹出草绘环境绘制图形的草图,绘制的过程中要注意添加坐标系,如图 3-67 所示。

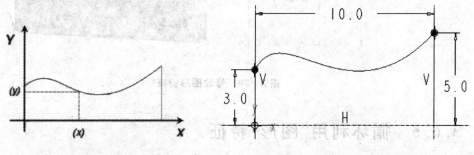

图 3-66 "GR1"的图形特征   图 3-67 创建"图形"特征

创建"扫描"特征,轨迹为一条直线,截面也为一条直线,直接扫描可以创建一个长方形曲面,如图 3-68 所示。

要想使用已经创建的"图形"特征控制截面形状就需要在草绘截面中添加关系式 sd3=evalgraph("GR1", trajpar * 10),其中 sd3 是希望受控制的变量,截面直线的长度参数。trajpar * 10 表示从 0~10 连续的变化,由于"图形"特征中曲线两点之间的距离为 10,要将曲线从 0~10 的变化反映到截面中,所以 trajpar 参数后要乘以 10,这样 GR1 图形基准特征 X 方向的变化,会将对应的 y 值返回给 sd3,这样就可精确控制截面的变化,结果如图 3-69 所示。

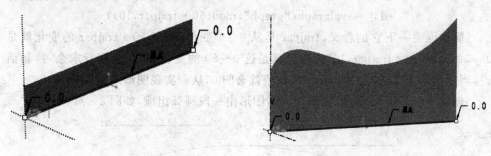

图 3-68 创建"扫描"特征   图 3-69 添加关系式

如果重新编辑"图形"特征,如图 3-70 所示,"扫描"特征的结果也会发生改变。

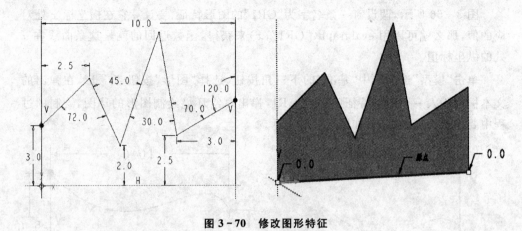

图 3 - 70　修改图形特征

3.6.5　循环利用"图形"特征

在扫描的过程中可以循环利用已有的"图形"特征,要实现循环利用"图形"特征,那么在可变扫描过程中,必须有方法在某个值后归零然后重新计算"图形"对应的值,而 mod()函数是非常恰当的实现方式。

mod()函数:求第一个参数除以第二个参数得到的余数,如:

$$mod(10,3)=1$$
$$mod(10.5,3)=1.5$$
$$mod(10.5,3.1)=1.2$$

假设的图形 X 宽度为 10,而要在可变扫描过程中循环利用 5 次,那么就可以使用 mod()函数来进行如下的关系编写:

$$sd\#=evalgraph("graph",mod(50*trajpar,10))$$

简单说明一下它的含义,trajpar 是从 0~1 变化,所有 50 * trajpar 的变化就是 0~50,mod(50 * trajpar,10)的意思就是这 0~50 的变化要对 10 进行求余,换句话说,当变化到 10 的倍数时 mod()函数值就会归 0,从而实现图形的循环利用。

创建一个名叫 loop 的"图形"特征,图形由一段圆弧组成,如图 3 - 71 所示。

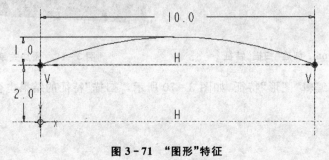

图 3 - 71　"图形"特征

扫描的轨迹是一个椭圆,截面为矩形,添加截面关系式:

$$sd3 = evalgraph("loop", mod(trajpar * 100,10))$$

椭圆上将会实现 10 个周期的变化,如图 3 - 72 所示。

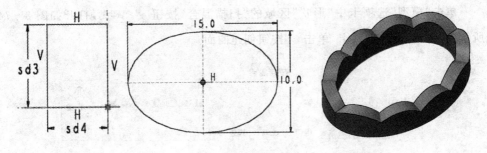

图 3 - 72 "扫描"特征

在循环利用"图形"特征的过程中还要注意几个要点:

① 图形的起点和终点高度必须一致,因为这样才能保证图形归零能与上一个周期连接上。

② "图形"特征中的几何图元只能有一个,如果将图 3 - 71 中的圆弧打断,分成两个图元,特征将生成失败。如果"图形"特征中存在多个图元,可以将多个相互连接的图元转化为样条,这样就可以成功生成特征了。

3.7 扫描混合

"扫描混合"特征既有"扫描"的特征特点又有"混合"的特征特点。创建"扫描混合"特征时,需要指定一条或两条轨迹线和至少 2 个扫描混合截面,如图 3 - 73 所示。

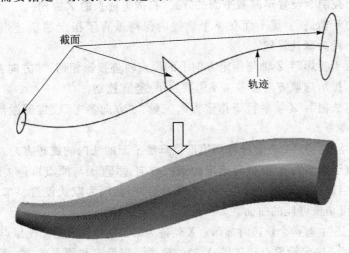

图 3 - 73 "扫描混合"特征

"扫描混合"特征有两种轨迹线：一条是原始轨迹（必须）；另一条是次要轨迹（可选），次要轨迹无法约束截面变化。轨迹线可以是一条草绘曲线、基准曲线或边的链。每次只有一个轨迹是活动的。

单击"模型"选项卡中"形状"区域的"扫描混合"按钮 ，打开如图 3-74 所示的"扫描混合"选项卡，单击 ⬚ 按钮创建曲面。

图 3-74　操控板

选择轨迹添加到操控板中的"参照"选项卡中，如图 3-75 所示。

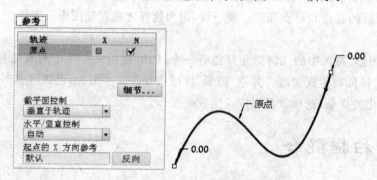

图 3-75　"参照"选项卡

"截平面控制"：设置定向截平面的方式（扫描坐标系的 Z 方向）。

➤ "垂直于轨迹"：截平面在整个轨迹内保持垂直于指定的轨迹（在 N 列中检测）。此为默认设置。

➤ "垂直于投影"：Z 轴与指定方向上的原点轨迹投影相切。"方向参考"收集器激活，提示选取方向参考。不需要水平/竖直控制。

➤ "恒定法向"：Z 轴平行于指定方向矢量。"方向参考"收集器激活，提示选取方向参考。

"水平/竖直控制"：决定着截面边框绕草绘平面的法向的旋转方向。

➤ "垂直于曲面"：Y 轴指向选定曲面的方向，垂直于与原点轨迹关联的所有曲面。当原点轨迹至少具有一个关联曲面时，此项为默认设置。单击"下一个"按钮可切换可能的曲面。

➤ "X 轨迹"：有两个轨迹时显示。X 轨迹为第二轨迹而且必须比原点轨迹要长。

➤ "自动"：决定沿原点轨迹的 X 轴的位置。当没有与原点轨迹关联的曲面时，这是默认设置。

"起点的 X 方向参考"：显示轨迹起点的 X 轴方向。方向参考可以是基准平面、基准轴、坐标系或者任何线性图元。当收集器为空时,系统会自动确定扫描混合起始处的"默认"X 轴方向。

➢ "反向"：单击可反向参考方向。

选择完轨迹后单击"截面"标签,打开如图 3-76 所示的选项卡,选择截面类型包括"草绘截面"和"选定截面"选项,扫描混合特征的截面要求与混合特征基本一致,都是要有相同的图元数。

"草绘截面"：在轨迹上选择一点,单击"草绘"可进入草绘环境绘制截面草图。

"选定截面"：将先前定义的截面图形选择为扫描混合横截面。

"截面"表：列出扫描混合的截面。在列表中选择的截面为活动截面。当将截面添加到列表时,会按时间顺序对其进行编号和排序。标记为 ♯ 的列中显示草绘横截面中的图元数。

"截面位置"：显示链端点、顶点或基准点以定位截面。

"旋转"：对于定义截面的每个顶点或基准点,指定截面关于 Z 轴的旋转角度(在 $-120°\sim+120°$ 之间)。

"截面 X 轴方向"：为活动截面设置 X 轴方向。只有在"参考"选项卡中"水平/竖直控制"选择为"自动"时,此选项才可用。

"增加混合顶点"按钮：定义混合顶点的方法与混合特征基本一致,如果选择"草绘截面",则在草绘环境中添加;如果选择"选定截面",则单击"增加混合顶点"按钮,如图 3-77 所示,在选定截面的顶点放置一个控制滑块,并将控制滑块拖动到所需顶点。

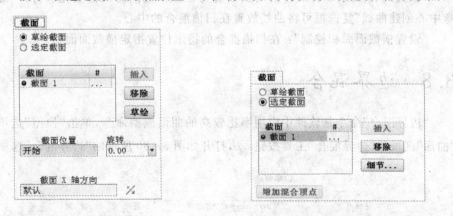

图 3-76　"截面"选项卡　　　　　　图 3-77　"增加混合顶点"按钮

"相切"选项卡用于定义扫描过程中与在开始或终止截面图元相互连接的元件曲面之间几何连接关系,如图 3-78 所示。

"边界"：为设置相切定义开始或终止截面。

"条件"：定义连接关系。

➢ "自由"：开始或终止截面是自由端。

➢ "相切"：选择相切曲面。"图元"收集器会自动前进到下一个图元。

➢ "垂直"：扫描混合的起点或终点垂直于截平面。"图元"收集器不可用并且无需参考。

当草绘终止截面包含单个点时，这些选项可用：

➢ "尖角"：无相切（默认设置）。

➢ "平滑"：相切。"图元"表不可用。

"选项"选项卡用于控制截面间扫描混合形状，如图 3-79 所示。

图 3-78 "相切"选项卡

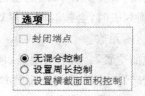

图 3-79 "选项"选项卡

"封闭端点"：封闭扫描混合的每一端，适用于具有封闭截面和非封闭轨迹的曲面扫描混合。

"无混合控制"：不设置混合控制。

"设置周长控制"：将混合的周长设置为在截面之间的线性变化。打开"通过折弯中心创建曲线"复选框可将曲线放置在扫描混合的中心。

"设置横截面面积控制"：在扫描混合的指定位置指定横截面面积。

3.8 边界混合

"边界混合"命令是软件中应用率比较高的曲面成型命令，单击"模型"选项卡中"曲面"区域的"边界混合"工具按钮 ，打开如图 3-80 所示的"边界混合"选项卡。

图 3-80 "边界混合"选项卡

➢ "曲线"：选择混合的边界。

➢ "约束"：可以在这里设置面的边界条件。

➢ "控制点"：如果边界是由多组具有类似段数组成的，应当设置合适的控制点对以减少生成面的面片数目。

➤ "选项"：可以添加额外的曲线来调整面的形状。

3.8.1 "曲线"选项卡

"曲线"选项卡用于选择混合曲面的边界。边界混合曲面是通过一个或两个方向上的序列曲线来构建面的,所以要创建边界混合面,首先要创建所有的边界和曲面内部曲线。创建好后只需按照顺序选择两个方向上的曲线便可,如图 3 - 81 所示。

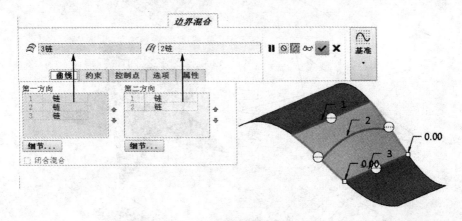

图 3 - 81 "曲线"选项卡

一条链就是曲面的一条边界,链可以是一条曲线也可以是多条曲线,在选择时如果需要将多条曲线合并为一条链时,可以单击"细节"按钮,打开"链"对话框,在制定的链上添加多条曲线,如图 3 - 82 所示。如果不使用"链"对话框选择曲线,也可以按住 Shift 键选择多段曲线添加到一条链上。如果想选择同一方向的另一条链,则需要按住 Ctrl 键,选择曲线即可。

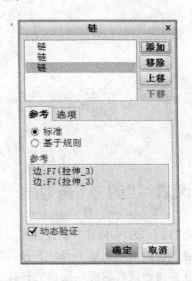

图 3 - 82 "链"对话框

选取链的规则如下:

① 曲线、边、基准点、曲线或边的端点可作为链使用。

② 在每个方向上,都必须按连续的顺序选择参照图元。不过可对参照图元进行重新排序。

③ 对于在两个方向上定义的混合曲面来说(见图 3 - 83),其外部边界必须形成一个封闭的环。这意味着外部边界必须相交。若边界不终止于交点,则 Creo Parametric 将自动修剪这些边界,并使用有关部分。

④ 边界不能只在第二方向上定义。对于在一个方向上混合的边界,确保使用"第一方向"选项。

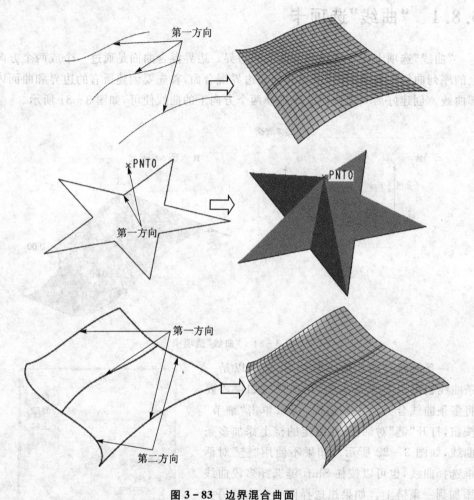

图 3 - 83 边界混合曲面

3.8.2 "约束"选项卡

"约束"选项卡用于设置边界混合曲面的边界条件。选择好曲面边界后,曲面的边界上将会显示出边界条件符号,定义曲面边界条件可指定新创建的边界混合曲面相互连接的现有曲面或面组的连接关系。

边界条件的定义方法有两种:一个是利用"约束"选项卡中的菜单;另一个是利用右键快捷菜单,在边界复合上右击选择要定义的边界条件,如图 3 - 84 所示。

如果创建的边界混合曲面有相邻曲面,那么这条公共边的边界条件可以定义为

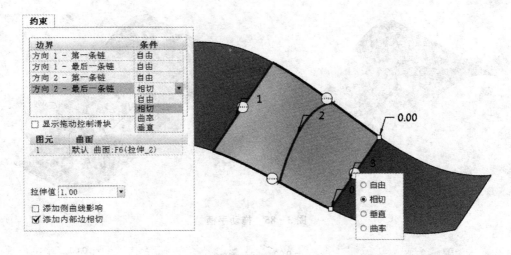

图 3－84 定义边界条件

下面四种：

> ➤ 自由 ⟨⋯⟩：新创建的曲面与相邻曲面之间没有约束关系。

> ➤ 相切 ⟨─⟩：新创建的曲面沿边界与相邻曲面相切（G1 连续）。

> ➤ 曲率 ⟨═⟩：新创建的曲面沿边界与相邻曲面曲率连续（G2 连续）。

> ➤ 垂直 ⟨┐⟩：新创建的曲面与相邻曲面或基准平面垂直。

在定义边界约束过程中，定义"自由"约束时没有额外的条件和参考，而其他三种约束定义时，则要求构成新边界混合曲面的非公共边方向上的另一方向的所有边界都要与原曲面满足该条件，比如，要定义边界混合曲面和原曲面相切，那么边界混合曲面非公共边的另一方向的所有边界都要与原曲面相切，如果另一方向没有边界，则不需要考虑。

在定义除了"自由"意外的三种约束条件时，Creo Parametric 会试图根据指定的边界来选择默认参考。可接受系统默认选择的参考，也可自行选择参考。参考显示在"图元/曲面"列表中。

在"约束"选项卡的下方有一个"拉伸值"的文本框，这个值用来设置边界条件的影响长度比例，值越小表明边界条件的影响范围越小，反之越大，默认值为 1。如果在"约束"选项卡中选择"显示拖动控制块"单选项，除了直接在文本框中输入值以外，还可以在曲面上直接拖动手柄，如图 3－85 所示。

选择"添加侧曲线影响"选项后生成的边界混合曲面将会受到定义边界条件的曲面边界的影响，如图 3－86 所示。

"添加内部边相切"选项用于设置混合曲面单向或双向的相切内部边条件。此条件只适用于具有多段边界的曲面。可创建带有曲面片（通过内部边并与之相切）的混合曲面。某些情况下，如果几何复杂，则内部边的二面角可能会与零有偏差。

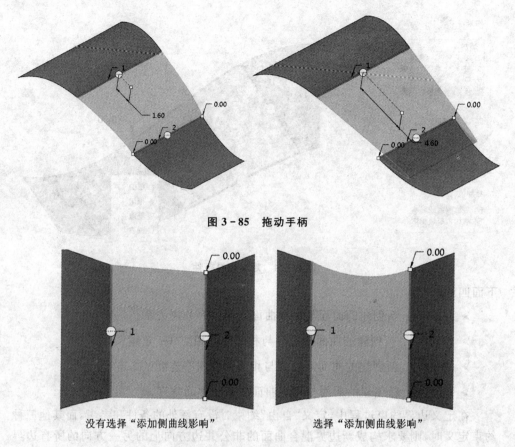

图 3 - 85　拖动手柄

没有选择"添加侧曲线影响"　　　　　　选择"添加侧曲线影响"

图 3 - 86　添加侧曲线影响

3.8.3　"控制点"选项卡

当边界混合的曲面边界是由多段图元组成,并生成具有很多小面片的曲面时,应考虑使用控制点减少生成面的面片数目,而使用边界混合控制点将有助于更精确地实现设计意图。清除不必要的小曲面和多余边,可得到较平滑的曲面形状,避免曲面不必要的扭曲和拉伸。如图 3 - 87 所示有两条同一方向的边界是由多段图元组成的边界链,生成后由于端点没有对应,所以将曲面分成了多个小面片,从而增加了曲面的复杂程度,影响了曲面的后续编辑以及曲面的平滑效果。

单击"控制点"选项卡,如图 3 - 88 所示。在"方向"区域可以选择边界链的方向,"拟合"下拉列表中显示了几种控制点的对应方式:

➤ "自然":任何情况下都可以使用这种方法建立对应关系,使用原始曲线参数化混合选定曲线集,以获得最佳的曲面逼近效果,如图 3 - 89 所示。

图 3-87　多面片曲面

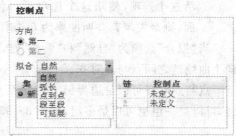

图 3-88　"控制点"选项卡

> "弧长"：任何情况下都可以使用这种方法建立对应关系，对原始曲线进行最小调整。使用一般复合方法来合成曲线，而被分成相等的曲线段并逐段混合的曲线除外，如图 3-90 所示。

图 3-89　"自然"拟合　　　　　　　　图 3-90　"弧长"拟合

> "点到点"：当同一方向上的边界都是具有同样数目插值点的样条曲线时，就会激活这个选项，使用这个选项系统就会自动建立各样条的插值点的连接关系。

> "段至段"：当同一方向上的边界都是由具有相等数量图元或段的任意曲线、曲线链或复合曲线所组成的边界链时，就会激活这个选项，使用这个选项系统会逐段地混合，曲线链或复合曲线被连接，如图 3-91 所示。

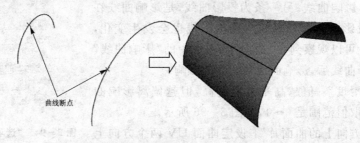

图 3-91　"段至段"拟合

> "可延展"：当只有一个方向进行混合并且两条边界都是相切连续时，就会激

活这个选项,使用这个选项后可使曲面展平。若用"着色曲率"工具分析曲面,则会发现其高斯曲率为0,如图3-92所示。

当"拟合"选项为"自然"和"弧长"时,下方列表将被激活,在列表中可以指定同方向上曲线链之间点与点对齐。

点与点对齐可以是边界链上的特征点,也可以是断点,但必须是同方向的边界链,可以是一组也可以是多组,如图3-93所示。

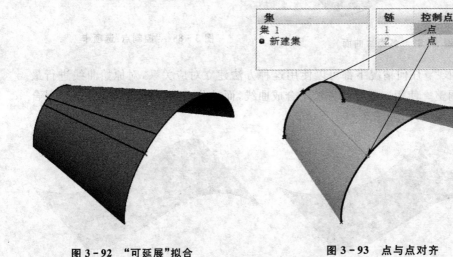

图3-92　"可延展"拟合　　　　　　　图3-93　点与点对齐

3.8.4　"选项"选项卡

"选项"选项卡用于设置"影响曲线"。"影响曲线"相当于旧版本中的"近似曲线",使用"影响曲线"可以调整现有的边界混合面的形状以逼近所选的影响曲线,如图3-94所示。

图3-95所示是一个边界混合曲面,曲面中有两条线:一条为影响曲线;另一条为投影曲线,是影响曲线在曲面上的投影。曲面如果变化则投影线也会发生变化,通过变化就可以观察到在"选项"选项卡中的"影响曲线"列表中选择曲线后,影响曲线对曲面的影响。

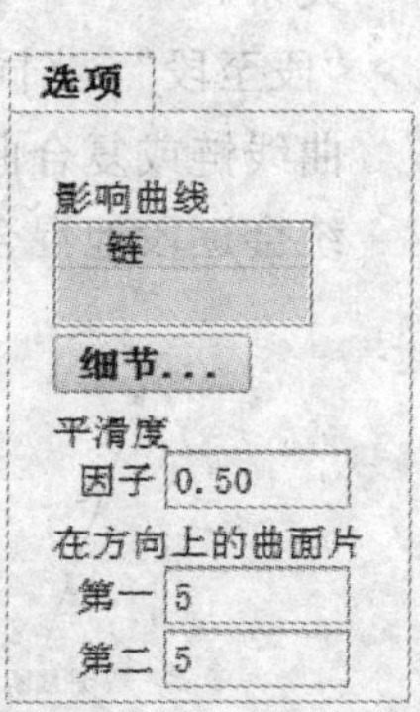

➤ "平滑度":值越高平滑度越高,但越偏离影响曲线,取值范围是0~1,如图3-96所示。

➤ "在方向上的曲面片":设定曲面 UV 两个方向上的面片数,面片越多,曲面就越精确地逼近影响曲线,但同时曲面的平滑度会下降,取值范围为1~29,如图3-97所示。

图3-94　"选项"选项卡

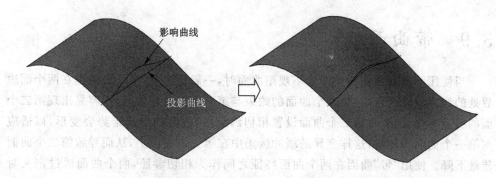

图 3 - 95 影响曲线与投影曲线

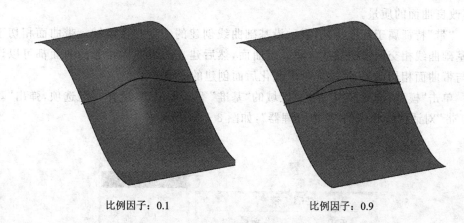

比例因子：0.1   比例因子：0.9

图 3 - 96 平滑度

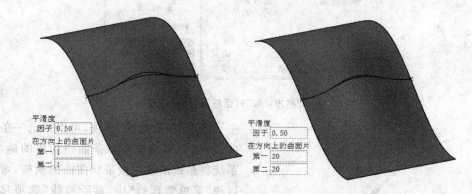

图 3 - 97 设定 UV 两个方向上的面片数

影响曲线因为不直接参与曲面的构成,所以不需要与曲面边界有交点,也不需要按照某个方向,它可以是任何形状、任何方位。但是偏离原始构造线越多,影响曲线的影响效果越小,计算时间越长。

3.9 带曲面

当使用不规则曲线创建两个不规则曲面时,一般情形下,第一个曲面在两个面边界处的约束只能为自由,第二个曲面的约束与第一个曲面相切,这样容易出现第二个面的质量不佳,因为对第二个曲面设置相切约束后,曲面的局部走势会变形,以适应与第一个曲面的相切,这样变异的缓冲区集中在第二个曲面上,从而导致第二个曲面质量下降。使用"带"曲面在两个曲面特征之间作为相切参照,两个曲面通过定义对这个中间带的相切来达到曲面相切的目的,这样,带曲面就起到"缓冲区域"的扩充作用,改良曲面的质量。

"带"特征属于基准特征,表示沿基础曲线创建的一个相切区域。带曲面相切于与基础曲线相交的参照曲线。建立带曲面,然后建立与带曲面相邻的曲面都可以设置与带曲面相切的关系,这样可以优化后面创建的曲面质量。

单击"模型"选项卡中"基准"区域的"基准"下三角按钮,选择"带"选项,弹出"基准:带"对话框及相应的"菜单管理器",如图 3-98 所示。

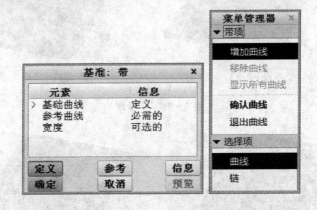

图 3-98 "基准:带"对话框及"菜单管理器"

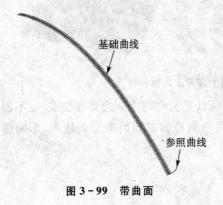

图 3-99 带曲面

选取"基础曲线"选项,可以只选一条曲线,也可以选取由多条曲线构成的链,系统将基础曲线用做带状曲面的轨迹,可以用"菜单管理器"中"移除曲线"选项移除曲线,用"显示所有曲线"命令显示选定的曲线。

选择好基础曲线后,选择"菜单管理器"中"确认曲线"选项,弹出下一级"菜单管理器"选取参照曲线,系统以默认宽度创建"带"曲面,如图 3-99 所示。

通过观察可以看到,带曲面以基础曲线为中心向两侧延展,并且相切于参照曲线。带曲面可以自行定义宽度,在"基准:带"对话框中双击"宽度"元素,弹出输入框输入曲面的宽度即可。

3.10　圆锥曲面与 N 侧曲面片

"圆锥曲面和 N 测曲面片"命令会有三个生成曲面的功能选项:"圆锥曲面"、"逼近曲面"、"N 侧曲面片"。

"圆锥曲面和 N 测曲面片"命令在软件中并没有直接显示出来,选择菜单"文件"|"选项",弹出"Creo Parametric 选项"对话框,单击左侧的"自定义功能区"选项,在右侧"从下列位置选取命令"下拉列表中选择"不在功能区的命令"选项,在下方的列表中选择"圆锥曲面和 N 测曲面片"选项,在右侧树状结构图中选择"模型"复选项,单击"新建组"按钮,树状结构图中将会新建一个组,选择该组,单击"添加"按钮,如图 3 - 100 所示。单击"确定"按钮,将改动保存到 config.pro 文件。

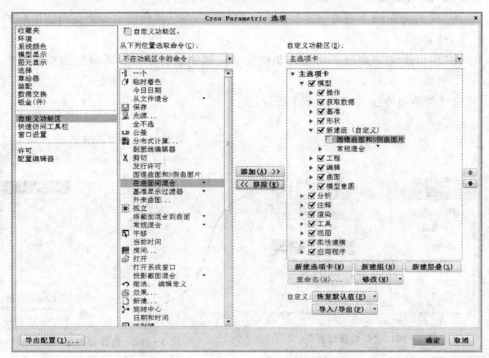

图 3 - 100　"Creo Parametric 选项"对话框

3.10.1 圆锥曲面

圆锥曲面就是指以圆锥曲线所扫描形成的曲面,而圆锥曲面的剖面为圆锥线,其中输入圆锥 RHO 参数值部分时,该值必须落在 0.05～0.95 之间。根据其圆锥参数值,曲面的剖面线可以是下表所示的类型之一。

曲线类型	RHO 值
椭圆	0.05<参数<0.5
抛物线	参数=0.5
双曲线	0.5<参数<0.95

单击"圆锥曲面和 N 测曲面片"按钮,弹出"菜单管理器",如图 3 - 101 所示,选择"圆锥曲面"选项弹出下一级"菜单管理器",可以看到有两种创建圆锥曲面的方法:"肩曲线"和"相切曲线"。选择其中一种,单击"完成"按钮。

➤ "肩曲线":曲面将通过控制曲线。控制曲线将定义曲面的每个剖面圆锥肩的位置。

➤ "相切曲线":曲面不通过控制曲线。控制曲线将定义过圆锥剖面控制点的直线。

选择两条边界线,如图 3 - 102 所示。

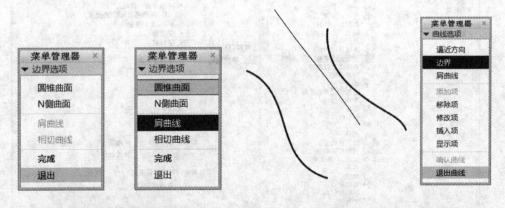

图 3 - 101 "菜单管理器"　　　　　　图 3 - 102 选择边界线

在"菜单管理器"中选择"肩曲线"或者"相切曲线"选项,选择相应的曲线,单击"确认曲线"选项如图 3 - 103 所示。

输入圆锥 RHO 参数值,单击"曲面:圆锥"对话框中的"确定"按钮,结果如图 3 - 104 所示。

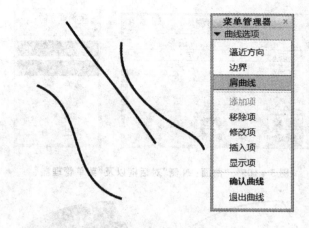

图 3-103　选择"肩曲线"选项

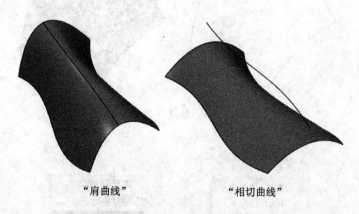

"肩曲线"　　　　　　　　"相切曲线"

图 3-104　圆锥曲面

3.10.2　N 侧曲面片

在边界数 $N < 5$ 时,可以使用"边界混合"命令创建曲面,而"N 侧曲面片"则是使用 4 个以上($N \geqslant 5$)的边界来创建曲面。

单击"圆锥曲面和 N 侧曲面片"按钮,弹出"菜单管理器",选择"N 侧曲面片",单击"完成"按钮,弹出"曲面:N 侧"对话框以及相应的"菜单管理器",如图 3-105 所示。

按住 Ctrl 键按连续的顺序选择至少五条边界,单击"菜单管理器"中的"完成"按钮,单击"曲面:N 侧"对话框中的"确定"按钮,如图 3-106 所示。

在创建 N 侧曲面片的过程中如果需要定义曲面边界条件,需要在定义完曲面边界后双击"曲面:N 侧"对话框中的"边界条件"选项,在弹出的"菜单管理器"中选择"边界"选项,再选择相应的"边界条件"即"自由"、"相切"、"法向",如图 3-107 所示。对"自由"外的边界条件都需要选择参考曲面。

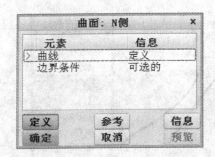

图 3-105 "曲面：N 侧"对话框以及"菜单管理器"

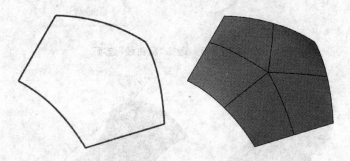

图 3-106 创建 N 侧曲面片

图 3-107 定义边界条件

　　N 侧曲面片的形状由边界几何所决定。对于某些边界，N 侧曲面片可能会生成具有不合乎要求的形状和特性的几何。例如，在以下情况可能会出现不良几何：

➢ 边界有拐点；

➢ 边界段间的角度非常大（大于 160°）或非常小（小于 20°）；

➢ 边界由很长和很短的段组成。

　　若 N 侧曲面片不能创建令人满意的几何，则可用较少的边界创建一系列 N 侧曲面片，或者使用"混合曲面"功能。

第 4 章　曲面编辑

曲面完成后,根据设计要求需要对曲面进行修改与调整。曲面编辑与修改命令主要分布在"模型"选项卡中的"编辑"区域内,大部分命令都需要选择曲面后才能激活。本章将介绍曲面编辑与修改工具的使用方法。

4.1　复制、粘贴、选择性粘贴

"复制"、"粘贴"、"选择性粘贴"是三个相互关联的命令,可以在同一模型内或跨模型复制并放置特征或特征集、几何、曲线和边线。

4.1.1　复　制

"复制"命令可以将单独的特征、曲面或几何复制到剪贴板中,也可以对实体特征中的曲面或边线进行复制。默认状态下"复制"命令或不被激活的,只有选择复制对象后才可以激活。

要学会"复制"首先要学会选择,图 4-1 所示是一个使用"拉伸"特征创建的曲面,在曲面上单击,则曲面边界会加亮显示,表示该特征被选中。如果此时单击"模型"选项卡中"操作"区域的"复制"按钮 复制,"拉伸"特征将会被复制到剪贴板上。如果在特征选中的情况下再次单击曲面,则整个曲面将会被选中并加亮显示,如图 4-2 所示,此时单击"复制"按钮,曲面将复制到剪贴板上,选择过程中要注意不要过快地直接双击曲面,这样将会进入特征编辑环境。

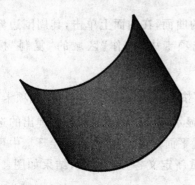

图 4-1　特征选择

图 4-2　曲面选择

如果要复制曲面的边界曲线,则选择曲线与选择曲面一样,都是先进入特征选择状态后再单击曲线即可,如图 4-3 所示。

图 4-3　复制边界曲线

4.1.2　粘　贴

当剪贴板上存在可用于粘贴的特征或几何元素时,"粘贴"命令才可以使用。粘贴的元素不一样,其操作方法也不一样。

1. 粘贴特征

如果剪贴板上存在一个特征,单击"模型"选项卡中"操作"区域的"粘贴"按钮 📄粘贴,将激活要粘贴特征类型的创建工具。例如,如果粘贴"拉伸"特征,则会弹出"拉伸"选项卡。如果粘贴基准特征,则相应的基准创建对话框就会打开。每个特征创建工具的选项卡都包含一个用红色突出显示的选项卡。必须修改突出显示的选项卡的设置以放置粘贴特征。

图 4-4 所示是一个通过"拉伸"特征创建的曲面,在曲面上单击,其周围边界加亮显示,表示拉伸特征被选中,单击"模型"选项卡中"操作"区域的"复制"按钮 📄复制,将其复制到剪贴板上。

单击"模型"选项卡中"操作"区域的"粘贴"按钮 📄粘贴,弹出"拉伸"选项卡,如图 4-5 所示,选项卡中"放置"按钮被红色加亮显示,单击"放置"按钮,在弹出的选项卡中单击"编辑"按钮,重新定义特征草图的放置平面并放置草图,在草绘环境中可以重新定义草绘尺寸,返回"拉伸"选项卡后可以重新定义各拉伸参数,结果如图 4-6 所示。

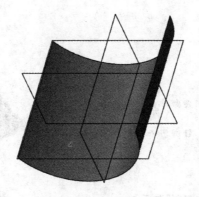

图 4 - 4 拉伸曲面

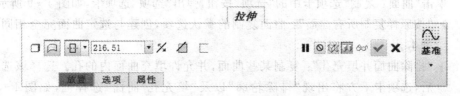

图 4 - 5 "拉伸"选项卡

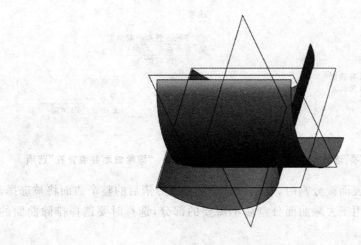

图 4 - 6 复制"拉伸"特征

2. 粘贴曲面

如果剪贴板上存在一个曲面,单击"模型"选项卡中"操作"区域的"粘贴"按钮 粘贴,将弹出"曲面:复制"选项卡,如图 4 - 7 所示,单击"完成"按钮 ✔,将在曲面原来的位置上创建一个副本,预览时看到的网格曲面就是曲面的副本,如图 4 - 8 所示。

图 4-7　"曲面：复制"选项卡　　　　　　图 4-8　复制曲面

单击"曲面：复制"选项卡中的"选项"按钮，弹出"选项"选项卡，如图 4-9 所示。

➢ "按原样复制所有曲面"：曲面复制的默认选项，创建与选定曲面完全相同的副本。

➢ "排除曲面并填充孔"：复制某些曲面，并允许填充曲面内的孔。选择该选项后，选项卡下方将出现"排除轮廓"以及"填充孔/曲面"选择框，如图 4-10 所示。

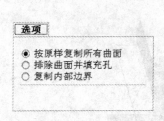

图 4-9　"选项"选项卡

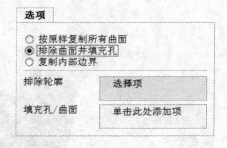

图 4-10　"排除曲面并填充孔"选项

当曲面或者实体表面被分割时，复制该曲面会发现分割后的整个曲面将被选择，"排除轮廓"选项就是用于去除曲面分割后不需要的部分，选择时要选择排除曲面的轮廓，如图 4-11 所示。

"填充孔/曲面"选择框用于选定曲面上要填充的孔，如图 4-12 所示。

➢ "复制内部边界"：复制位于定义边界内的曲面，如图 4-13 所示，曲面上有一个正六边形的投影曲线，使用该选项后选择六边形轮廓为边界曲线，即可直接在曲面中复制出正六边形的曲面。

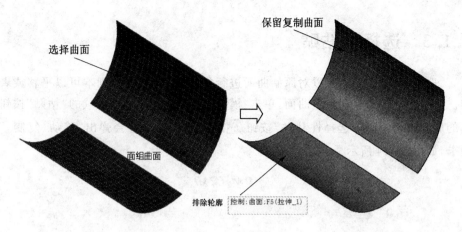

选择曲面

保留复制曲面

面组曲面

排除轮廓　控制:曲面.F5(拉伸_1)

图 4-11　排除曲面

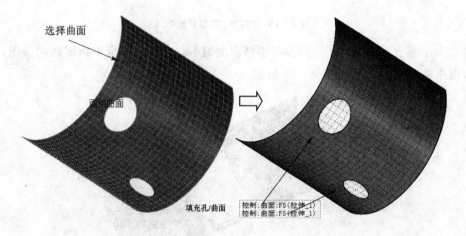

选择曲面

面组曲面

填充孔/曲面　控制:曲面.F5(拉伸_1)
　　　　　　控制:曲面.F5(拉伸_1)

图 4-12　填充孔

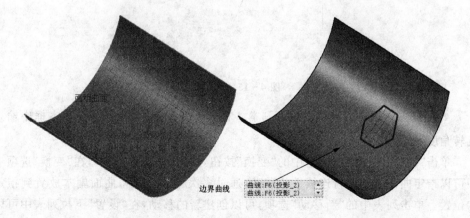

面组曲面

边界曲线　曲线:F6(投影_2)
　　　　　曲线:F6(投影_2)

图 4-13　复制内部边界

4.1.3 选择性粘贴

"选择性粘贴"命令可以对原始曲面进行复制,并且曲面的副本可以平移或者旋转。如果剪贴板上存在一个曲面,单击"模型"选项卡中"操作"区域的"粘贴"按钮右侧的展开按钮,选择"选择性粘贴"按钮 选择性粘贴 ,将会弹出"移动(复制)"选项卡,如图 4 – 14 所示。

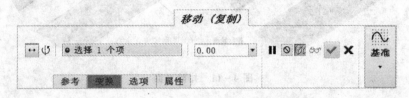

图 4 – 14 "移动(复制)"选项卡

↔ :垂直于或平行于方向参考平移曲面副本。右侧选择框中指定移动参照,文本框中输入移动距离,如图 4 – 15 所示。

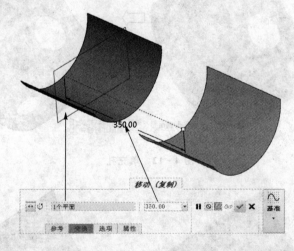

图 4 – 15 移 动

↺ :绕方向参考旋转移动曲面副本。右侧选择框中指定旋转轴,文本框中输入旋转角度,如图 4 – 16 所示。

单击"移动(复制)"选项卡中的"变换"按钮,弹出"变换"选项卡,在"变换"选项卡中可以指定曲面副本进行连续性的移动,通过多次移动可以将曲面副本放置到指定的位置。单击列表中的"新移动"选项,可以创建新的移动,在"设置"下拉列表中可以选择移动类型,即"移动"和"旋转",右侧文本框中可以输入移动距离或者旋转角度。"方向参考"选择框中选择移动或旋转的参考,如图 4 – 17 所示。

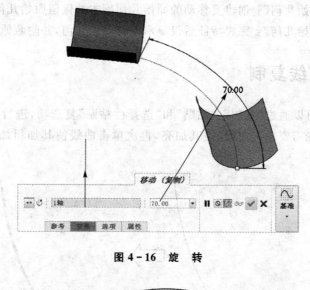

图 4 - 16　旋　转

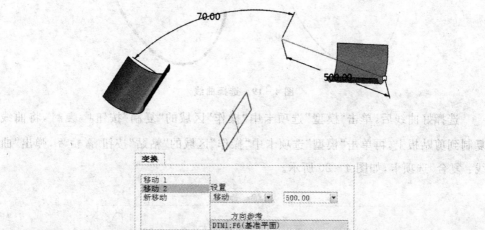

图 4 - 17　"变换"选项卡

单击"移动（复制）"选项卡中的"选项"按钮，弹出"选项"选项卡，如图 4 - 18 所示。

图 4 - 18　"选项"选项卡

> ➤ "复制原始几何"：创建要移动的原始几何副本并保留原始几何。
> ➤ "隐藏原始几何"：完成特征后仅显示新移动的几何，并隐藏原始几何。

4.1.4　曲线复制

曲线也是可以通过"复制"、"粘贴"和"选择性粘贴"复选项，进行复制及移动的，选择曲线时首先需要单击曲线，使其加亮，再次单击曲线使其加粗加亮，如图 4-19 所示。

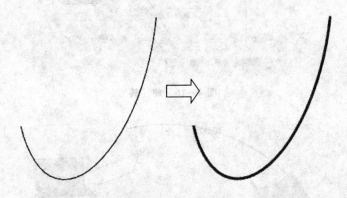

图 4-19　选择曲线

选择好曲线后，单击"模型"选项卡中"操作"区域的"复制"按钮 复制，将曲线复制到剪贴板上，再单击"模型"选项卡中"操作"区域的"粘贴"按钮 粘贴，弹出"曲线：复合"选项卡，如图 4-20 所示。

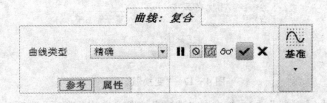

图 4-20　"曲线：复合"选项卡

"曲线类型"下拉列表中显示了两种创建复制曲线的类型：

> ➤ "精确"：创建选定曲线或者边的精确副本。
> ➤ "逼近"：创建逼近于相切连续的曲线链的基准曲线。

单击"参考"按钮，在弹出的选项卡中单击"细节"按钮，弹出"链"对话框，此时可以按住 Ctrl 键，选择相互连接的多段曲线或者边线添加到"链"对话框中，如图 4-21 所示，这样可以将多条曲线复制成一条曲线，这也是合并曲线的一种方法。

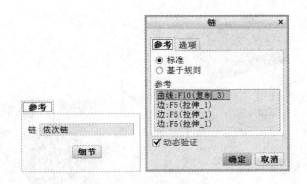

图 4 - 21　选择多条曲线

　　在对没有封闭的曲线进行复制时，可以剪切或者以端点处沿切线方向延伸复制曲线，如图 4 - 22 所示，双击端点处尺寸并修改即可，正数为延伸，负数为剪切。

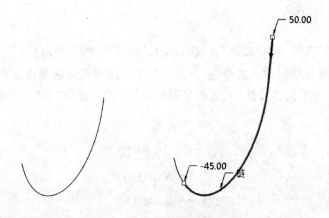

图 4 - 22　剪切或延伸复制曲线

4.2　镜　　像

　　使用"镜像"命令可以将曲面对一个平面进行镜像复制，从而得到原曲面的副本。"镜像"命令操作比较简单，选择曲面，选择的方法与复制曲面的方法相同。单击"模型"选项卡中"编辑"区域的"镜像"按钮 [[镜像]，弹出"镜像"选项卡，选择镜像平面，单击"确定"按钮 [✓] 即可，如图 4 - 23 所示。

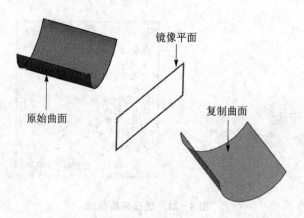

图 4-23 "镜像"特征

4.3 偏 移

单击"模型"选项卡中"编辑"区域的"偏移"按钮 ，弹出"偏移"选项卡，偏移命令是一个比较复杂而强大的命令，广泛运用于壳体类零件的建模过程中，偏移命令有 4 种方式："标准偏移特征"、"具有拔模特征"、"展开特征"和"替换曲面特征"，如图 4-24 所示。

图 4-24 偏移方式

4.3.1 标准偏移特征

"标准偏移特征"用于偏移一个面组、曲面或实体面。首先选中要进行偏移的曲面几何，确认选中的是几何而不是特征，区别方法是在选中状态下特征只是边界加亮，而几何是整个曲面都加亮，选择方法与复制曲面一致。单击"模型"选项卡中"编辑"区域的"偏移"按钮 ，弹出"偏移"选项卡，默认的偏移方式就是"标准偏移特征"，指定偏移方向，输入偏移距离，这就是一个最基本的"标准偏移特征"方式下偏移的操作方法，如图 4-25 所示。

单击"偏移"选项卡中的"选项"按钮，弹出图 4-26 所示的"选项"选项卡。

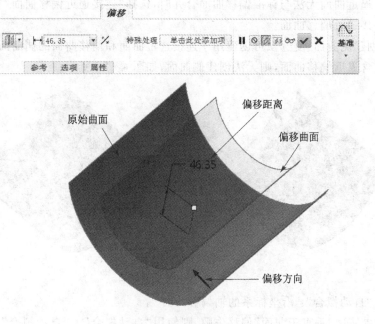

图 4 - 25　标准偏移

在该选项卡上方是曲面拟合类型列表,列表中包括了"垂直于曲面"、"自动拟合"和"控制拟合"三个选项。

图 4 - 26　"选项"选项卡

➤ "垂直于曲面":默认选项,沿垂直于曲面的方向创建偏移。

选择该选项后将会显示"特殊处理"的选项,在标准偏移特征中,无法精确偏移某些类型的曲面,例如高曲率曲面、相交曲面,或者偏移值超过曲面原始半径的情况。在这些情况下,可以使用"特殊处理"收集器创建逼近位移曲面,以选择要逼近的曲面。创建"垂直于曲面"特征时,可指定以下曲面集进行逼近偏移:

① 无法偏移的曲面片。

② 可以偏移的曲面片。

③ 相邻的曲面片组,其中一组或多组曲面片(但不是全部)可以进行偏移。

"自动"按钮:将那些不经过特殊处理就无法偏移的曲面添加到"特殊处理"收集器中。

"排除全部"按钮:从偏移操作中排除收集器中的所有曲面。

"全部逼近"按钮:为收集器中的所有曲面创建逼近偏移。

当逼近曲面无法与标准偏移曲面合并时,选择"连接逼近偏移曲面"复选项,将会创建连接逼近偏移曲面。

"创建侧曲面"复选项可创建用于连接选定曲面和偏移曲面的侧曲面。如果偏移几何包含逼近偏移曲面,则无法创建侧曲面,如图 4-27 所示。

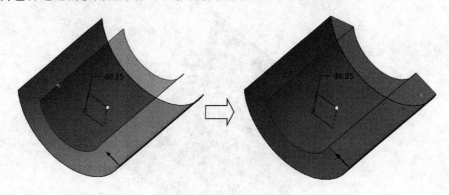

图 4-27　创建侧曲面

➢"自动拟合":沿坐标系的轴偏移曲面。

如果使用"垂直于曲面"偏移失败,则使用"自动拟合"。"自动拟合"方法将自动计算最佳方向来平移曲面,以便其看起来与原始曲面相同。然而,此方法不保证统一偏移垂直于曲面,如图 4-28 所示。

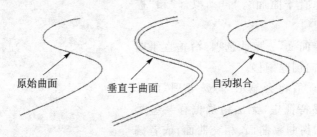

图 4-28　自动拟合

➢"控制拟合":沿坐标系的指定轴缩放和拟合面组。

使用"控制拟合"选项时需要在"坐标系"选择框中选择相应的坐标系,坐标系位置将影响面组的缩放方式,如图 4-29 所示。

"允许平移"区域可以限制偏移曲面在指定的轴的平移。

在图 4-30 中,缩放相对于 CS0 坐标系进行,允许平移的轴只有 Z 轴。

而在图 4-31 中,缩放则相对于 CS1 坐标系进行。请注意,坐标系的位置要在共面的边上。

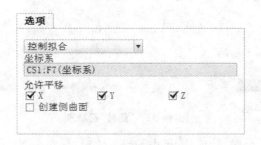

图 4 - 29　"控制拟合"选项

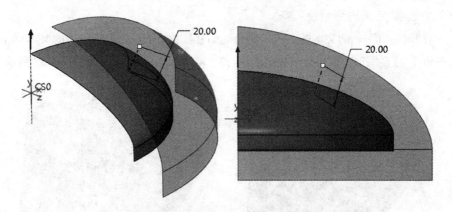

图 4 - 30　相对于 CS0 坐标系进行缩放

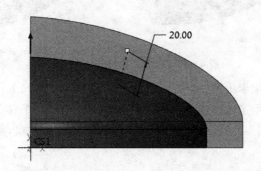

图 4 - 31　相对于 CS1 坐标系进行缩放

4.3.2　具有拔模特征

　　"具有拔模特征"是一个应用比较广泛的选项。应用这个选项的偏移特征,可以创建带拔模侧曲面的局部偏移特征,"具有拔模的偏移"选项可用于实体曲面和面组。选择曲面单击"模型"选项卡中"编辑"区域的"偏移"按钮 偏移,弹出"偏移"选项卡,选择"具有拔模特征"的偏移类型 ,如图 4 - 32 所示。

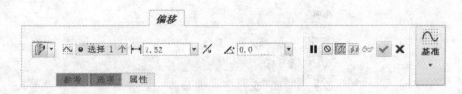

图 4-32 "偏移"选项卡

选择一个现有"草绘"特征,或单击"参考"按钮,在弹出的选项卡中单击"草绘"区域的"定义"按钮,然后使用草绘器来定义一个草绘。也可以右击图形窗口并从快捷菜单中选取"定义内部草绘"选项。

在"偏移值"├──┤的文本框中输入曲面的偏移数值。在"拔模角"⌖的文本框中输入拔模角度,或在图形窗口中拖动控制滑块,角度范围在 0°~60°之间,如图 4-33 所示。

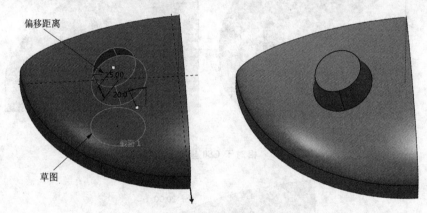

图 4-33 具有拔模特征的曲面偏移

单击"偏移"选项卡中的"选项"按钮,弹出"选项"选项卡,如图 4-34 所示。下拉列表中显示了两种偏移方式,即"垂直于曲面"和"平移"。

➤ "垂直于曲面":偏移曲面垂直于参考曲面,是默认选项,如图 4-35 所示。

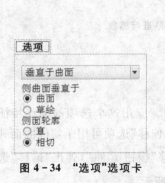

图 4-34 "选项"选项卡

图 4-35 垂直于曲面

➤ "平移"：偏移曲面距离垂直于草绘截面，如图 4-36 所示。
"侧曲面垂直于"区域用于指定侧曲面类型。
➤ "曲面"：偏移侧曲面垂直于曲面，如图 4-37 所示。

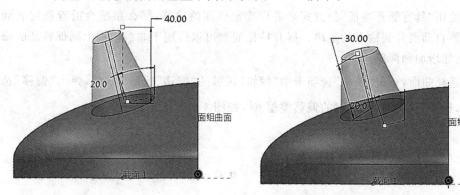

图 4-36　平　移

图 4-37　偏移侧曲面垂直于曲面

➤ "草绘"：偏移侧曲面垂直于草绘，如图 4-38 所示。

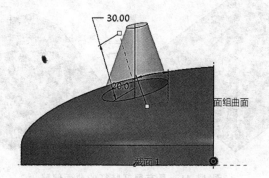

图 4-38　偏移侧曲面垂直于草绘

"侧面轮廓"区域用于指定侧曲面轮廓的类型。
➤ "直"：创建直侧曲面，如图 4-39 所示。
➤ "相切"：为侧曲面和相邻曲面创建圆角，如图 4-40 所示。

图 4-39　创建直侧曲面

图 4-40　创建圆角

4.3.3　具有展开特征

使用"具有展开特征"的方式来进行选定表面的偏移,那么系统会沿着选定表面的临面自动展开到输入的距离。展开特征通常可以应用于非参模型上局部特征的修改,比如增加和降低。

选择曲面,单击"模型"选项卡中"编辑"区域的"偏移"按钮 偏移,弹出"偏移"选项卡,选择"具有展开特征"的偏移类型 ,如图 4 - 41 所示。

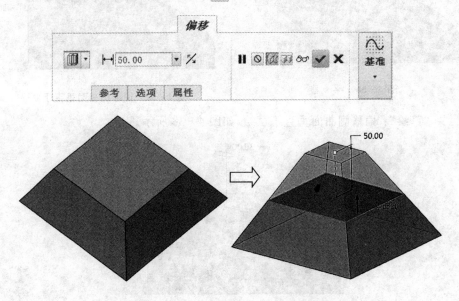

图 4 - 41　具有展开特征的曲面偏移

单击"偏移"选项卡中的"选项"按钮,弹出"选项"选项卡,如图 4 - 42 所示。

"具有展开特征"的"选项"选项卡基本与"具有拔摸特征"一致,首先需要在下拉列表中选择偏移方式。

> "垂直于曲面":垂直于参考曲面偏移曲面,是默认选项。

> "平移":沿指定的方向平移曲面。单击"方向参考"收集器并选择平面、平整表面、线性曲线或边、轴或坐标系作为参考。

"展开区域"指定展开类型。

> "整个曲面":偏移整个曲面。此选项只适用于封闭的面组曲面或实体曲面。

图 4 - 42　"选项"选项卡

> ➢ "草绘区域"：只偏移草绘边界内部的区域。单击"定义"进入"草绘器"或使用
> 　快捷菜单中的"定义内部草绘"，然后草绘用于偏移的封闭截面，也可以选择
> 　一个现有草绘。

4.3.4　替换曲面特征

使用"替换曲面特征"可以用基准平面或面组直接替换掉实体上的指定曲面。"曲面替换"不同于添加材料或去除材料，因为它能在某些位置添加材料而在其他位置移除材料。

首先选择一个实体的表面，单击"模型"选项卡中"编辑"区域的"偏移"按钮 偏移 ，弹出"偏移"选项卡，选择"替换曲面特征"按钮 ，选择替换曲面，如图 4-43 所示。

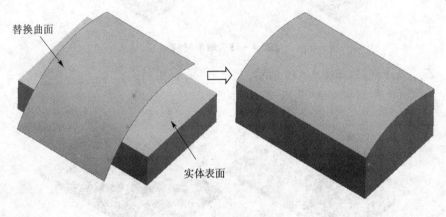

替换曲面

实体表面

图 4-43　替换曲面特征

在"选项"选项卡中有一个"保留替换面组"复选项，该选项用于隐藏或者保留替换曲面，当替换曲面为基准平面时，该选项不可用。

已替换了特征曲面的面组将无法被另一个面组依次替换，必须首先删除替换曲面。

4.4　加　厚

"加厚"特征使用预定的曲面特征或面组几何转换为具有厚度的实体并将其添加到设计中，它可以是添加材料也可以是去除材料。

选择曲面后单击"模型"选项卡中"编辑"区域的"加厚"按钮 加厚 ，弹出"加厚"选项卡，如图 4-44 所示。

 ：增加材料，如图 4-45 所示。

图 4-44　"加厚"选项卡

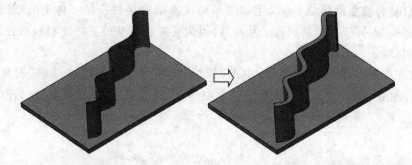

图 4-45　增加材料

⬚：去除材料,如图 4-46 所示。

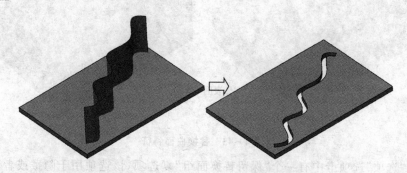

图 4-46　去除材料

单击 ⁒ 按钮定义曲面的加厚方向,包括两侧加厚以及对称加厚。

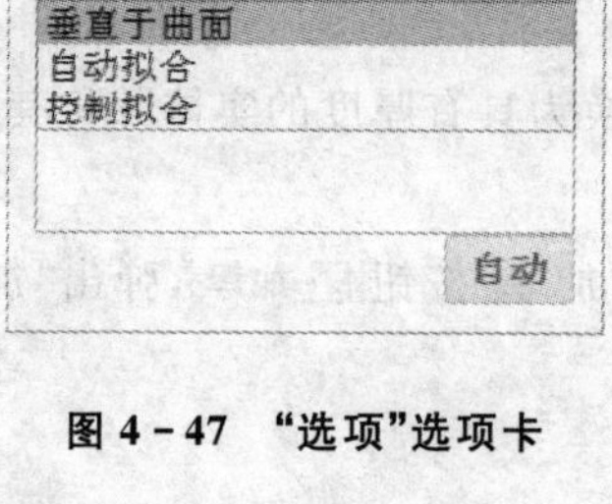

在 ⊢⊣ 文本框中输入加厚值或在图形窗口中拖动厚度控制滑块来设置特征厚度。

单击"加厚"选项卡中的"选项"按钮,弹出"选项"选项卡,单击下三角按钮,在下拉列表中可以看到三种曲面加厚方式,即"垂直于曲面"、"自动拟合"和"控制拟合",其具体含义可以参照 4.3.1 小节,如图 4-47 所示。

图 4-47　"选项"选项卡

4.5　实体化

"实体化"命令可以将封闭的曲面或面组转换为实体几何。在设计中,可使用"实体化"切割或替换实体几何。

要激活"实体化"命令,必须已选择了一个曲面或面组。选择曲面后,单击"模型"选项卡中"编辑"区域的"实体化"按钮 实体化,弹出"实体化"选项卡,如图 4 - 48 所示。

图 4 - 48　"实体化"选项卡

：填充曲面或者面组形成实体。

：使用曲面或面组作为边界来切割实体,如图 4 - 49 所示。

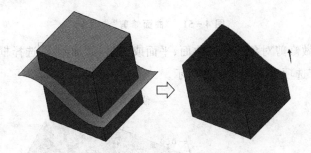

图 4 - 49　切割实体

：使用曲面或面组替换指定的曲面部分(仅当选定的曲面或面组边界位于实体几何上时才可用),如图 4 - 50 所示。

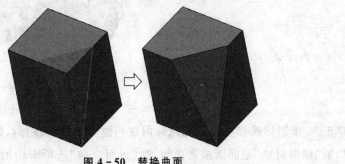

图 4 - 50　替换曲面

：更改实体化特征的方向。

4.6　修　剪

使用"修剪"工具可以剪切或分割面组或曲面，可以在与其他面组或基准平面相交处进行修剪，也可以使用面组上的基准曲线修剪。

4.6.1　曲面修剪

可选择要修剪的曲面，单击"模型"选项卡中"编辑"区域的"修剪"按钮 $\boxed{\text{修剪}}$，弹出"曲面修剪"选项卡，如图 4-51 所示。

图 4-51　"曲面修剪"选项卡

选择要用做修剪对象的任何曲面、平面或面组，添加到  选择框，单击"参考"按钮，弹出"参考"选项卡如图 4-52 所示。

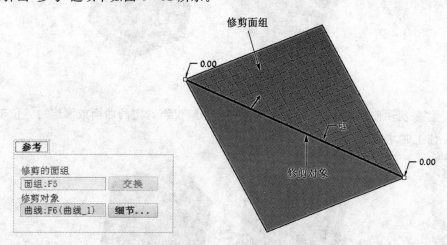

图 4-52　"参考"选项卡

单击  按钮切换修剪对象侧以保留在一侧、另一侧或两侧，如图 4-53 所示。

如果"修剪对象"是曲面或者面组，则"曲面修剪"选项卡中的"选项"按钮将会激活，单击该按钮，弹出"选项"选项卡，如图 4-54 所示。

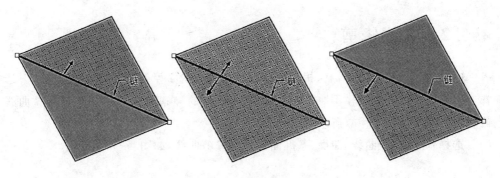

图 4 - 53　切换保留侧

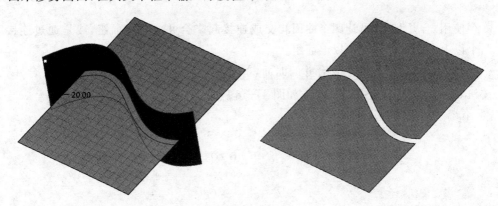

图 4 - 54　"选项"选项卡

　　"保留修剪曲面"复选项用于保留修剪曲面。"薄修剪"复选项是使用加厚修剪曲面来修剪曲面,在其文本框中输入厚度值,如图 4 - 55 所示。

图 4 - 55　薄修剪

　　下拉列表中显示了"薄修剪"中曲面偏移的三种选项,即"垂直于曲面"、"自动拟合"和"控制拟合",其具体含义参见 4.3.1 小节。

4.6.2　曲线修剪

　　曲线的修剪比较简单,点、相交曲线、曲面、基准曲面等都可以用来修剪曲线。选择要修剪的曲线,单击"模型"选项卡中"编辑"区域的"修剪"按钮 修剪 ,弹出"曲线修剪"选项卡,如图 4－56 所示。

　　选择基点、相交曲线、曲面、基准曲面用来修剪曲线,如图 4－57 所示。

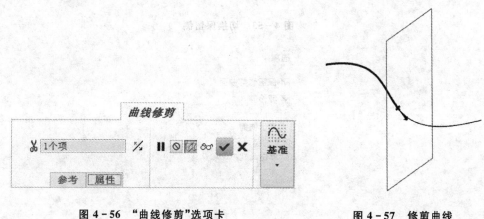

图 4－56　"曲线修剪"选项卡　　　　　　　　　图 4－57　修剪曲线

4.7　合　并

　　使用"合并"工具可让两个曲面相交或连接起来合并成新的面组,或是通过连接两个以上曲面来合并两个以上面组。

　　按住 Ctrl 键选择两个要合并的曲面,单击"模型"选项卡中"编辑"区域的"合并"按钮 合并 ,弹出"合并"选项卡,如图 4－58 所示。

图 4－58　"合并"选项卡

　　在绘图区域的曲面上使用网格显示了合并后保留的曲面一侧,如图 4－59 所示。单击曲面上的箭头或者"合并"选项卡中的两个 按钮,可以改变保留一侧的曲面。

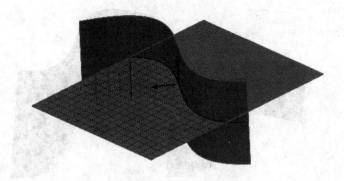

图 4 - 59　选择保留曲面

单击"合并"选项卡中"选项"按钮,弹出"选项"选项卡,其中包含了"相交"和"连接"两个选项。

> "相交":合并两个相交的面组。使用"相交"来创建一个面组,所创建的面组由两个相交面组的修剪部分组成,也可以创建单侧边重合的多个面组。

> "连接":合并两个相邻的面组。一个面组的单侧边必须位于另一个面组上。

4.8　延　伸

"延伸"命令可以将面组延伸到指定距离或延伸至一个平面。

选择要延伸曲面的边界线,单击"模型"选项卡中"编辑"区域的"延伸"按钮 延伸,弹出"延伸"选项卡,如图 4 - 60 所示。

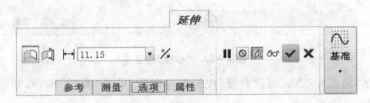

图 4 - 60　"延伸"选项卡

在延伸曲面前首先需要选择延伸方法:"沿曲面"、"到平面"。

4.8.1　"沿曲面"延伸

"沿曲面"方式就是沿原始曲面延伸曲面边界边链。单击"模型"选项卡中"编辑"区域的"延伸"按钮 延伸,弹出"延伸"选项卡,单击"沿曲面"按钮,在文本框中输入延伸长度,如图 4 - 61 所示。

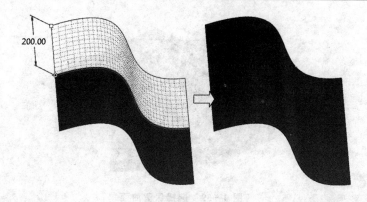

图 4 - 61　"沿曲面"延伸

单击"延伸"选项卡中的"参考"按钮,弹出"参考"选项卡,在"边界边"选择框中显示了曲面延伸的边链,单击"细节"按钮弹出"链"对话框,按住 Ctrl 键,可以依次选择相互连接的多条链,如图 4 - 62 所示。

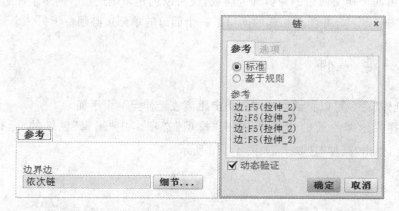

图 4 - 62　"参考"选项卡

当激活"沿曲面"方式时,"测量"按钮也将激活,单击"测量"按钮,弹出"测量"选项卡,如图 4 - 63 所示。

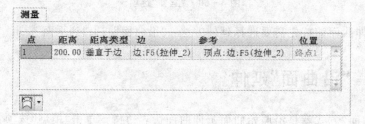

图 4 - 63　"测量"选项卡

在"测量"选项卡中允许通过沿选定边链添加并调整测量点来创建可变延伸。默认情况下,系统只在列表中添加一个测量点,并按相同的距离延伸整个链以创建恒定延伸。在列表中右击,在弹出的快捷菜单中选择"添加"选项,即可添加新的测量点,修改列表中的相关参数,如图 4 - 64 所示。

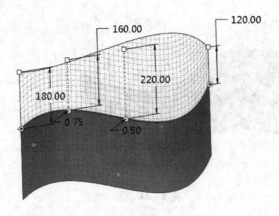

点	距离	距离类型	边	参考	位置
1	120.00	垂直于边	边:F5(拉伸_2)	顶点:边:F5(拉伸_2)	终点1
2	220.00	垂直于边	边:F5(拉伸_2)	点:边:F5(拉伸_2)	0.50
3	160.00	垂直于边	边:F5(拉伸_2)	点:边:F5(拉伸_2)	0.75
4	180.00	垂直于边	边:F5(拉伸_2)	顶点:边:F5(拉伸_2)	终点2

图 4 - 64　添加新的测量点

在"距离类型"列表中有四个选项:"垂直于边"、"沿边"、"至顶点平行"和"至顶点相切"。

➤ "垂直于边":垂直于选定边延伸曲面,如图 4 - 65 所示。

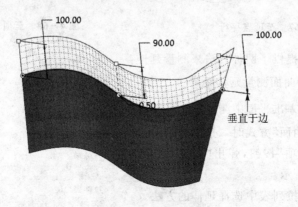

图 4 - 65　垂直于边

➤ "沿边": 沿着侧边延伸曲面, 如图 4-66 所示。

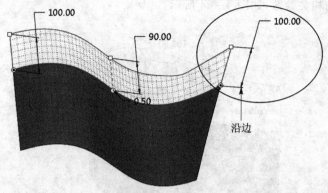

图 4-66 沿 边

➤ "至顶点平行": 在顶点处平行于边界边延伸曲面, 如图 4-67 所示。

➤ "至顶点相切": 在顶点处和相切于下一个单侧边的位置延伸曲面, 如图 4-68 所示。

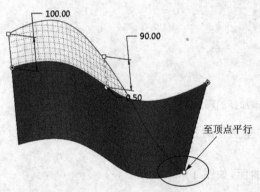

图 4-67 至顶点平行

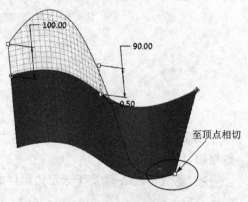

图 4-68 至顶点相切

列表的下方提供了两种方法来测量延伸:

⬚: 沿延伸曲面测量延伸距离。

⬚: 在选定基准平面中测量延伸距离。

当激活"沿曲面"方式时, "选项"按钮也将激活, 单击"选项"按钮, 弹出"选项"选项卡, 如图 4-69 所示。

在"方法"下拉列表中选择延伸的方法。

➤ "相同": 按照原始曲面网格方向延伸曲面, 如图 4-70 所示。

图 4-69 "选项"选项卡

> "相切"：通过使某个曲面的直纹曲面相切于原始曲面来延伸曲面，如图 4 - 71 所示。

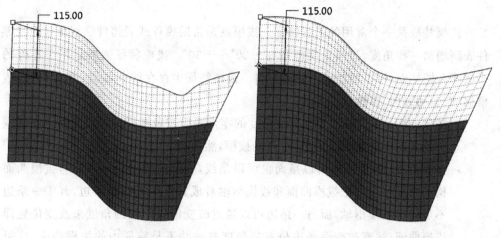

图 4 - 70　"相同"延伸　　　　　　　　图 4 - 71　"相切"延伸

> "逼近"：原始曲面与延伸曲面之间连接更加光滑，接近曲率连续。

"拉伸第一侧"和"拉伸第二侧"的下拉列表用于定义延伸曲面两侧的"距离类型"。

4.8.2　"到平面"延伸

"到平面"延伸可以在与指定平面垂直的方向延伸边界边链至指定平面。单击"模型"选项卡中"编辑"区域的"延伸"按钮 延伸，弹出"延伸"选项卡，单击"到平面"按钮 ，选择参照平面，如图 4 - 72 所示。

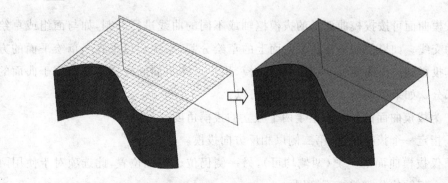

图 4 - 72　"到平面"延伸

4.9 拔 模

拔模特征是一个常用的工程特征。拔模就是帮助模件或者铸件顺利脱模而在零件表面增加一些角度,拔模角度范围在-30°～+30°。拔模特征通常运用于零件的平面或者圆柱面,可以增加或者移除材料。拔模特征中存在四个名词:拔模曲面、拔模枢轴、拖动方向、拔模角度。

➤ 拔模曲面:通过拔模特征改变角度的零件平面或者圆柱面。曲面的边界周围有圆角时不能拔模。不过,可以先拔模,然后对边进行圆角过渡。

➤ 拔模枢轴:拔模枢轴可以是面也可以是线,有了拔模枢轴才可以与拔模曲面构成角度。可以把拔模曲面和拔模枢轴看成具有角度的两条边,其中一条边不可动即拔模枢轴,而另一条边可以通过改变两线之间的角度来改变位置即拔模曲面,注意改变两条边位置的角度参数并不是特征中的拔模角度,这里只是打个比方。

➤ 拖动方向:用于测量拔模角的方向,通常为模具开模的方向。可通过选择平面(在这种情况下拖动方向垂直于此平面)、直边、基准轴或坐标系的轴来定义它。

➤ 拔模角度:拔模方向与生成的拔模曲面之间的角度。如果拔模曲面被分割,则可为拔模曲面的每侧定义两个独立的角度。拔模角度必须在-30°～+30°之间。

4.9.1 拔模分割

拔模曲面可按拔模曲面上的拔模枢轴或不同的曲线进行分割,如与面组或草绘曲线的交线。如果使用不在拔模曲面上的草绘分割,系统会以垂直于草绘平面的方向将其投影到拔模曲面上。利用分割拔模,用户可将不同的拔模角度应用于曲面的不同部分。如果拔模曲面被分割,用户可以:

➤ 为拔模曲面的每一侧指定两个独立的拔模角度。

➤ 指定一个拔模角度,第二侧以相反方向拔模。

➤ 仅拔模曲面的一侧(两侧均可),另一侧仍位于中性位置,此选项对于使用两个枢轴的分割拔模不可用。

在零件环境中创建模型,单击"模型"选项卡中"工程"区域的"拔模"按钮 拔模 ,选择好拔模曲面和拔模枢轴后,单击"拔模"选项卡中的"分割"按钮,在"分割选项"下

拉列表中选择"根据拔模枢轴分割"选
项,在"侧选项"下拉列表中列出了四个
选项,如图 4 - 73 所示。

> "独立拔模侧面":为拔模曲面的
> 每一侧指定两个独立的拔模角。
> "从属拔模侧面":指定一个拔模
> 角,第二侧以相反方向拔模。此
> 选项仅在拔模曲面以拔模枢轴
> 分割或使用两个枢轴分割拔模
> 时可用。

图 4 - 73　"分割"选项卡

> "只拔模第一侧":仅拔模曲面的第一侧面(由分割对象的正拖拉方向确定),
> 第二侧面保持中性位置。此选项不适用于使用两个枢轴的分割拔模。
> "只拔模第二侧":此选项与"只拔模第一侧"相反。

图 4 - 74 所示为"根据拔模枢轴分割"的示例。

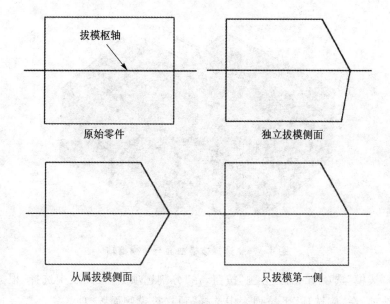

图 4 - 74　"根据拔模枢轴分割"的示例

示例:

原始模型如图 4 - 75 所示。它是在 TOP 基准平面两侧对称创建的实体拉伸特
征,所有竖直侧边上均有倒圆角。

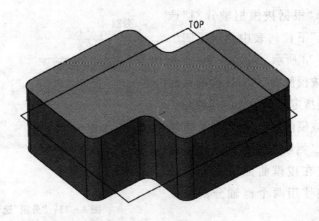

图 4 - 75　原始模型

单击"模型"选项卡中"工程"区域的"拔模"按钮 ⟦ 拔模，弹出"拔模"选项卡，选取任意侧面，右击，并在弹出的快捷菜单中选择"拔模枢轴"选项，选择 TOP 平面，如图 4 - 76 所示。

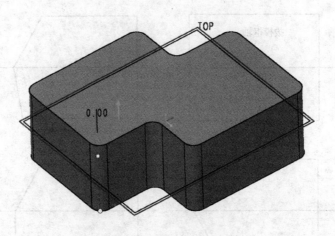

图 4 - 76　选择拔模曲面与拔模枢轴

单击"拔模"选项卡中的"分割"按钮，在"分割选项"下拉列表中选择"根据拔模枢轴分割"选项，在"侧选项"下拉列表中选择"独立拔模侧面"选项。

在"拔模"选项卡中显示了两个角度文本框，输入相应的角度，如图 4 - 77 所示。

单击"拔模"选项卡中的角度文本框左侧的"反转拖拉方向"按钮 ⟧，来更改拔模侧，单击"完成"按钮 ✔，结果如图 4 - 78 所示。

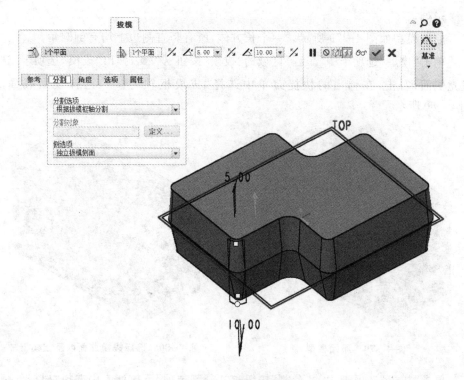

图 4 - 77 输入拔模角度

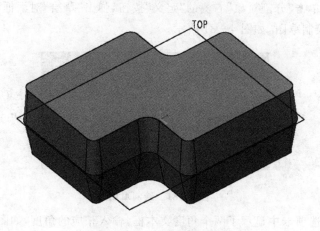

图 4 - 78 创建拔模特征

4.9.2 使用草绘线分割拔模

使用草绘线可以分割拔模,变化也比较多,拔模的中枢面与分型面不重合,会导致模型出现台阶。

示例:

原始模型如图 4 - 79 所示。一个长方体,所有竖直侧边上均有倒圆角。

单击"模型"选项卡中"工程"区域的"拔模"按钮 ，弹出"拔模"选项卡,选取任意侧面,右击,在弹出的快捷菜单中选择"拔模枢轴"选项,选择模型底面,如图 4 - 80 所示。

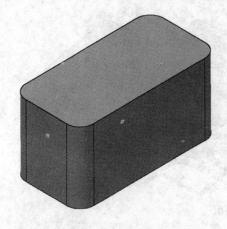

图 4 - 79 原始模型

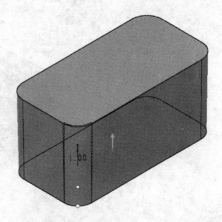

图 4 - 80 选择拔模曲面以及拔模枢轴

单击"拔模"选项卡中的"分割"按钮,在"分割选项"下拉列表中选择"根据分割对象分割"选项,单击"分割对象"右侧的"定义"按钮,弹出"草绘"对话框,选择一个侧面为草绘平面,绘制草图,如图 4 - 81 所示。

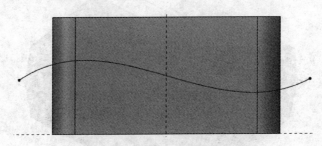

图 4 - 81 绘制草图

在"拔模"选项卡中显示了两个角度文本框,输入相应的角度,如图 4 - 82 所示。

单击"拔模"选项卡中的角度文本框左侧的"反转拖拉方向"按钮 ，来更改拔模侧,单击"完成"按钮 ，结果如图 4 - 83 所示。

根据草绘图形的不同,拔模结果也有很大的不同,变化多样,图 4 - 84 所示是另一种草绘图形所获得的拔模结果。

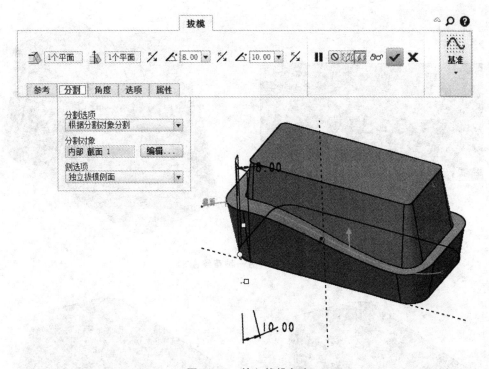

图 4 - 82　输入拔模角度

图 4 - 83　创建拔模特征

　　"分割对象"除了可以是草绘图形外还可以是曲面,或者基准平面,拔模枢轴同时也可以指定两个,但是选择的时候需要先选择第一个拔模枢轴,指定分割对象,再选择第二个拔模枢轴。如果在"侧选项"中选择"从属拔模侧面"选项,将不会出现台阶的效果,如图 4 - 85 所示。

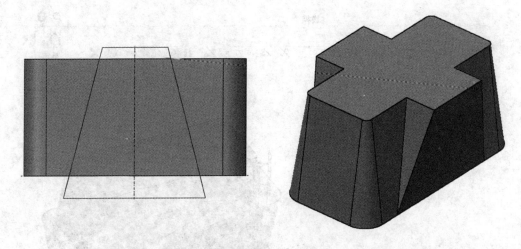

图 4-84　另一种草绘图形

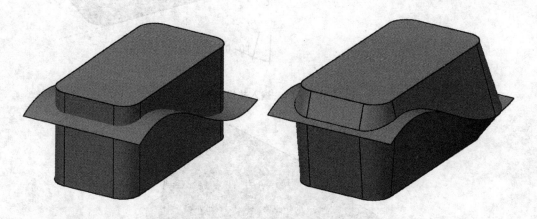

图 4-85　从属拔模侧面

4.9.3　相交拔模

在创建拔模特征的过程中,如果生成的拔模曲面会遇到模型边,则可使用"相交"拔模选项。系统会调整拔模几何,以与现有边相交。也可使用"延伸相交曲面"选项,将拔模延伸到模型的相邻曲面。如果拔模不能延伸到相邻的模型曲面,则模型曲面会延伸到拔模曲面中。如果两种情况都不存在,或如果未选取"延伸相交曲面"选项,则系统将在模型边的上方创建一个拔模曲面,如图 4-86 所示。

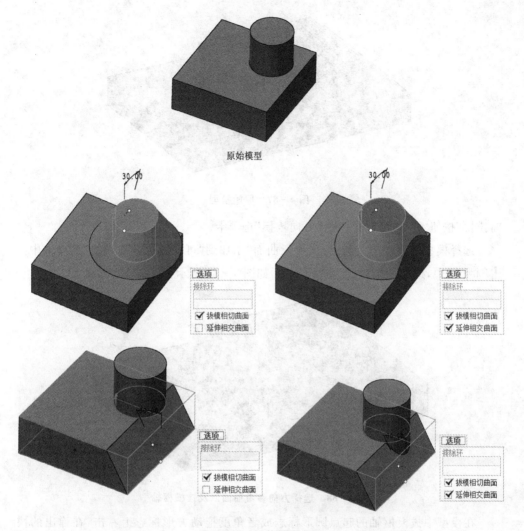

原始模型

图 4-86　延伸相交曲面

4.9.4　可变拖拉方向拔模

"可变拖拉方向拔模"功能可沿拔模曲面将可变拔模角度应用于各控制点。

➤ 如果拔模枢轴是曲线,则角度控制点位于拔模枢轴上。

➤ 如果拔模枢轴是平面,则角度控制点位于拔模曲面的轮廓上。

示例:

原始模型如图 4-87 所示。该模型是由两个拉伸特征组成,比较简单。

单击"模型"选项卡中的"拔模"按钮 拔模 ▾旁边的箭头,然后单击"可变拖拉方

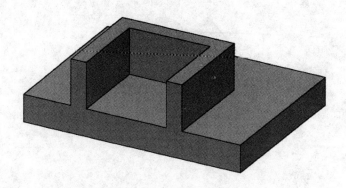

图 4 - 87　原始模型

向拔模"按钮![icon]，弹出"可变拖拉方向拔模"选项卡。

选择模型的顶面为"拖拉方向参考曲面"添加到"可变拖拉方向拔模"选项卡中的
![icon]选择框中，选择一条边线为拔模枢轴，如图 4 - 88 所示。

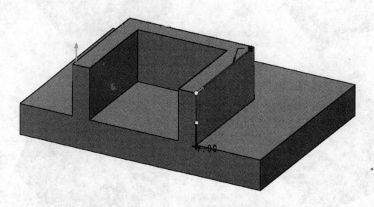

图 4 - 88　选择方向参考曲面以及拔模枢轴

在模型中拔模枢轴的起点圆形标志或者角度拖动方形标志上右击，在弹出的快
捷菜单中选择"添加角度"选项，如图 4 - 89 所示。

角度可以添加多个，打开"参考"选项卡，在列表的"位置"栏中可以输入位置比率
数值，并指定每个位置的角度值，如图 4 - 90 所示。当然角度和位置参数也可以在模
型显示的相应参数中直接双击输入，注意拔模枢轴所选择链的两端点的角度位置不
可改变。

选择拔模枢轴时可以指定多条链，可以对多条链同时进行可变拖拉方向拔模，如
图 4 - 91 所示。

单击"可变方向拔模"选项卡中"选项"按钮，弹出"选项"选项卡，在"附件"区域可
以指定拔模特征，生成实体或者曲面，如图 4 - 92 所示。

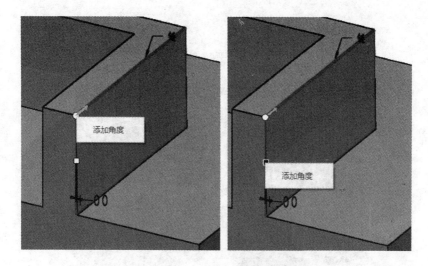

图 4 - 89　"添加角度"快捷菜单

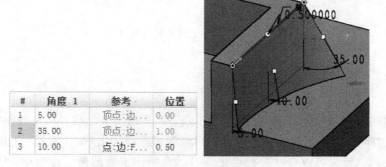

#	角度 1	参考	位置
1	5.00	顶点:边...	0.00
2	35.00	顶点:边...	1.00
3	10.00	点:边:F...	0.50

图 4 - 90　添加角度

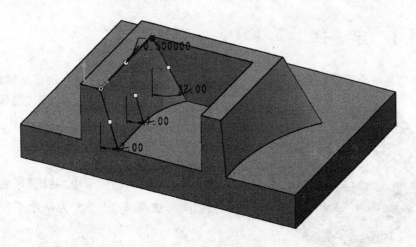

图 4 - 91　多条拔模枢轴

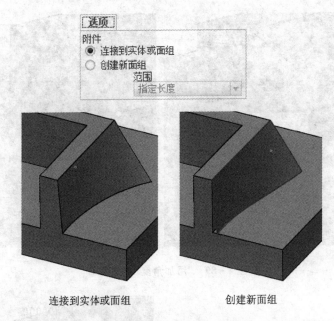

连接到实体或面组　　　　　　创建新面组

图 4 - 92　生成实体或曲面

4.10　综合案例

　　本节中的案例比较简单,主要运用了点、线、面的基本创建方法及各种编辑命令,案例中的部分步骤可以使用"自由曲面(ISDX)"进行优化,在学习过"自由曲面(ID-SX)"模块后,读者可以自己进行优化练习。在操作步骤的描写过程中,为了不影响当前操作的显示,部分图片将会隐藏不相干的图素。

4.10.1　足　球

　　足球是一个简单的曲面设计案例,首先要使用曲线和曲面命令创建足球的五边形和六边形单个片体,再用"复制"、"镜像"、"阵列"命令逐步地复制出整个足球,如图 4 - 93 所示。

　　操作步骤如下:

　　① 单击"模型"选项卡中"基准"区域的"草绘"按钮 ，选择 TOP 平面为草绘平面,绘制图 4 - 94 所示的草图。

　　② 单击"模型"选项卡中"形状"区域的"旋

图 4 - 93　足　球

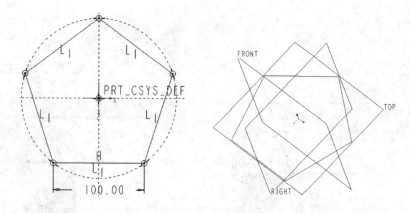

图 4-94 绘制草图

转"按钮 ,在弹出的选项卡中单击"曲面"按钮 ⬚,选择 TOP 平面为草绘平面,绘制图 4-95 所示的草图,在控制面板中输入旋转角度-90,单击"完成"按钮 ✓,如图 4-96 所示。

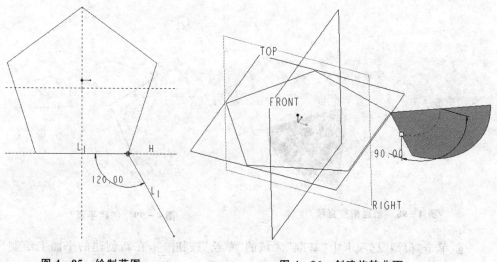

图 4-95 绘制草图   图 4-96 创建旋转曲面

③ 使用同样的方法绘制另一块旋转曲面,如图 4-97 所示。

④ 按住 Ctrl 键,选择两个旋转曲面,单击"模型"选项卡中"编辑"区域的"相交"按钮 ⬚相交,结果如图 4-98 所示。

⑤ 在模型树中将两个"旋转"特征隐藏,单击"模型"选项卡中"基准"区域的"平面"按钮 ⬚,选择一条五边形的边以及相交直线,如图 4-99 所示。

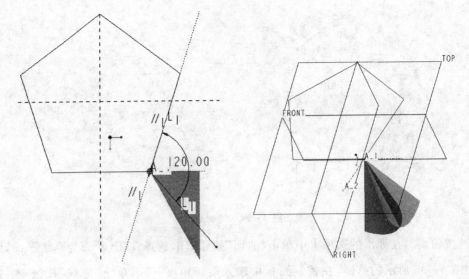

图 4-97　创建旋转曲面

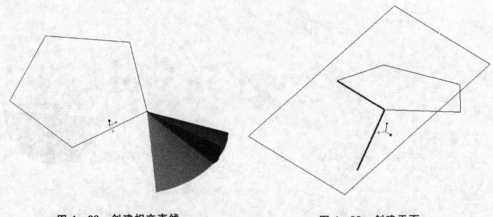

图 4-98　创建相交直线　　　　　　　　　图 4-99　创建平面

⑥ 单击"模型"选项卡中"基准"区域的"草绘"按钮 ，在新创建的平面上绘制图 4-100 所示的草图。

⑦ 单击"模型"选项卡中"基准"区域的"草绘"按钮 ，在 RIGHT 平面上绘制图 4-101 所示的草图。

⑧ 单击"模型"选项卡中"曲面"区域的"边界混合"按钮 ，按住 Crtl 键，选择多边形及垂直于该多边形的直线的一个端点，结果如图 4-102 所示。

⑨ 使用同样的方法绘制另一个边界混合曲面，如图 4-103 所示。

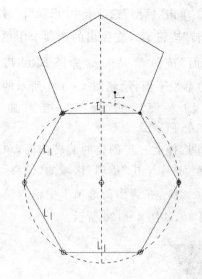
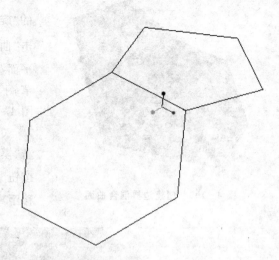

图 4-100 绘制草图

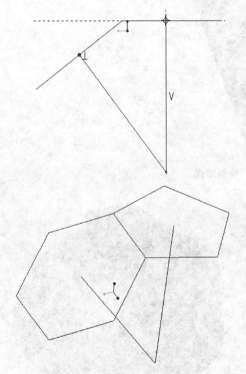

图 4-101 绘制草图

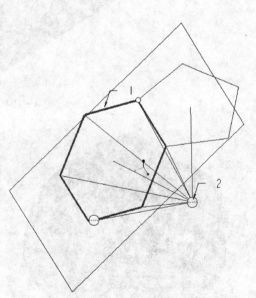

图 4-102 创建边界混合曲面

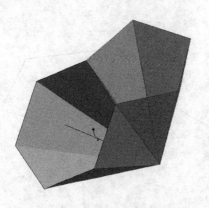

⑩ 单击"模型"选项卡中"形状"区域的"旋转"按钮 ⬦，在弹出的选项卡中单击"曲面"按钮 🖹 粘贴 ▼，选择 FRONT 平面为草绘平面，绘制图 4 - 104 所示的草图，输入旋转角度 360，结果如图 4 - 105 所示。

⑪ 选择上一步创建的旋转曲面，单击"模型"选项卡中"编辑"区域的"偏移"按钮 🔲 偏移，在弹出的选项卡中输入偏移距离 20，如图 4 - 106 所示。

图 4 - 103 创建边界混合曲面

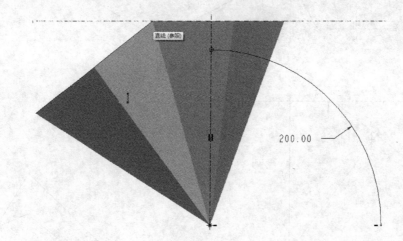

图 4 - 104 绘制草图

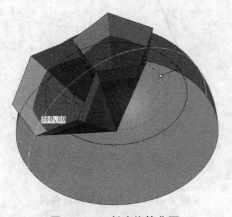

图 4 - 105 创建旋转曲面

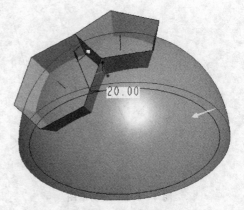

图 4 - 106 创建偏移曲面

⑫ 选择旋转曲面,单击"模型"选项卡中"操作"区域的"复制"按钮 复制,再单击"粘贴"按钮 粘贴,结果如图 4-107 所示。使用同样的方法复制上一步创建的偏移曲面。

⑬ 按住 Ctrl 键,选择创建的边界混合曲面和半球面,单击"模型"选项卡中"编辑"区域的"合并"按钮 合并,合并曲面,如图 4-108 所示。

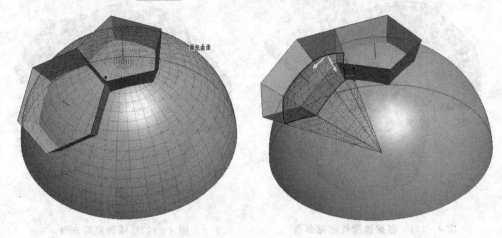

图 4-107　复制曲面　　　　　　　　　　图 4-108　合并曲面

⑭ 使用同样的方法合并其他曲面,结果如图 4-109 所示。

⑮ 单击"模型"选项卡中"工程"区域的"倒圆角"按钮 倒圆角,选择曲面的边线,创建半径为 10 的圆角,如图 4-110 所示。

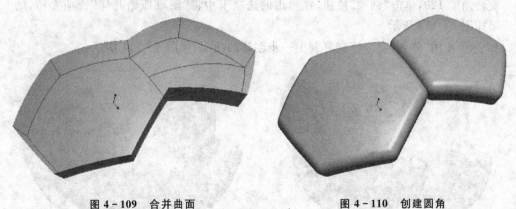

图 4-109　合并曲面　　　　　　　　　　图 4-110　创建圆角

⑯ 选择六边形曲面,单击"模型"选项卡中"操作"区域的"复制"按钮 复制,再单击"粘贴"按钮 粘贴 右侧的下三角按钮,选择"选择性粘贴"选项,在弹出的选项卡中单击"相对选择参照旋转特征"按钮 ,选择垂直于五边形的草绘直线,输入

旋转角度 72,单击"选项"按钮,在弹出的选项卡中将"隐藏原始几何"选项去掉,结果如图 4 - 111 所示。

⑰ 在模型树中选择上一步创建的特征,单击"模型"选项卡中"编辑"区域的"阵列"按钮▦,使用"轴"阵列复制曲面,个数为 4,角度为 72,如图 4 - 112 所示。

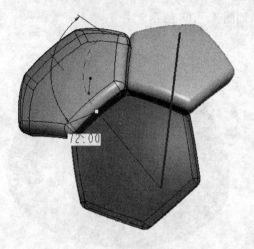

图 4 - 111　创建选择性粘贴曲面

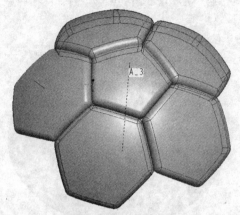

图 4 - 112　阵列复制曲面

⑱ 选择五边形曲面,单击"模型"选项卡中"操作"区域的"复制"按钮▦ 复制,再单击"粘贴"按钮▦ 粘贴 ▾右侧的下三角按钮,选择"选择性粘贴"选项,在弹出的选项卡中单击"相对选择参照旋转特征"按钮↻,选择垂直于六边形的草绘直线,输入旋转角度 120,单击"选项"按钮,在弹出的选项卡中将"隐藏原始几何"选项去掉,结果如图 4 - 113 所示。

⑲ 使用"阵列"命令阵列复制上一步创建的曲面,如图 4 - 114 所示。

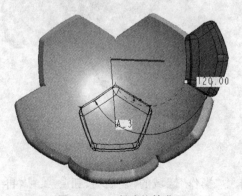

图 4 - 113　创建旋转曲面

图 4 - 114　阵列复制曲面

⑳ 单击"模型"选项卡中"编辑"区域的"镜像"按钮 ，镜像复制六边形面，如图 4－115 所示。

㉑ 阵列复制曲面，如图 4－116 所示。

图 4－115 镜像复制曲面

图 4－116 阵列复制曲面

㉒ 镜像复制曲面，如图 4－117 所示。

㉓ 阵列复制曲面，如图 4－118 所示。

图 4－117 镜像复制曲面

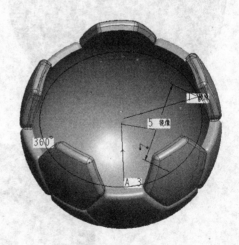

图 4－118 阵列复制曲面

㉔ 镜像复制五边形曲面，如图 4－119 所示。

㉕ 阵列复制曲面，如图 4－120 所示。

㉖ 镜像复制曲面，如图 4－121 所示。

㉗ 阵列复制曲面，如图 4－122 所示。

㉘ 镜像复制曲面，如图 4－123 所示。

图 4 - 119　镜像复制曲面

图 4 - 120　阵列复制曲面

图 4 - 121　镜像复制曲面

图 4 - 122　阵列复制曲面

图 4 - 123　镜像复制曲面

4.10.2 果 盘

果盘是一个使用曲面造型方法创建的实体案例。其难点在于果盘边缘的波浪造型,将造型拆解后,通过一般的曲面命令很容易生成,最后通过阵列命令生成整个造型,如图 4 - 124 所示。

图 4 - 124 果 盘

操作步骤如下:

① 单击"模型"选项卡中"形状"区域的"旋转"按钮 ◈▷,在弹出的选项卡中单击"曲面"按钮 ⬜,选择 FRONT 平面为草绘平面,绘制草图,单击"完成"按钮 ✓,如图 4 - 125 所示。

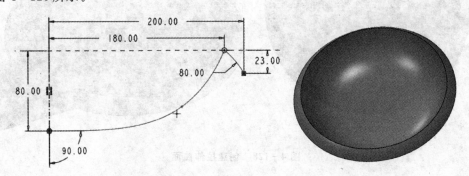

图 4 - 125 创建旋转特征

② 单击"模型"选项卡中"基准"区域的"点"按钮 ⤬点,选择曲面边的端点,如图 4 - 126 所示。

③ 在模型树中选择点特征,单击"模型"选项卡中"编辑"区域的"阵列"按钮 ▦,使用"轴"阵列复制点,个数为16,角度为360,如图4-127所示。

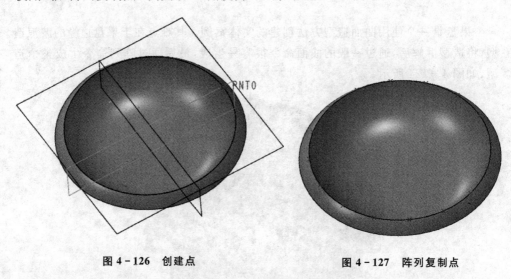

图4-126 创建点 　　图4-127 阵列复制点

④ 单击"模型"选项卡中"形状"区域的"拉伸"按钮 ▱,在"拉伸"选项卡中单击"曲面"按钮 ▱,在 TOP 平面上绘制草图,如图4-128所示。

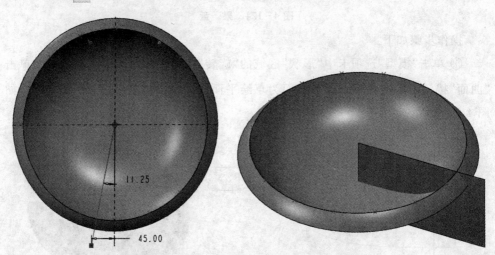

图4-128 创建拉伸曲面

⑤ 单击"模型"选项卡中"基准"区域的"点"按钮 ×ᵡ点,在边和拉伸曲面的交点处创建点,如图4-129所示。

⑥ 单击"模型"选项卡中的"基准"下三角按钮,选择"曲线"选项,弹出"曲线:通过点"选项卡,依次选择两个基准点,单击"放置"按钮,选择"在曲面上放置曲线"复选

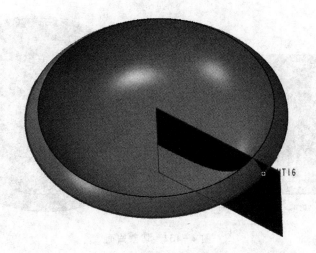

图 4 - 129 创建基准点

项,并选择放置的曲面,设置其末端条件为相切,结果如图 4 - 130 所示。

⑦ 选择曲线,单击"模型"选项卡中"编辑"区域的"镜像"按钮 ❘❙ 镜像,选择拉伸曲面为镜像面,如图 4 - 131 所示。

图 4 - 130 创建曲线

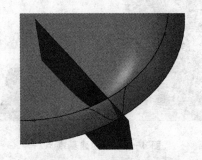

图 4 - 131 镜像复制曲线

⑧ 单击"模型"选项卡中"形状"区域的"拉伸"按钮 ，在"拉伸"选项卡中单击"曲面"按钮 和"去除材料"按钮 ，选择旋转曲面,绘制草图切割曲面,结果如图 4 - 132 所示。

⑨ 单击"模型"选项卡中"基准"区域的"点"按钮 ，选择边,如图 4 - 133 所示。

⑩ 单击"模型"选项卡中的"基准"下三角按钮,选择"曲线"选项,弹出"曲线:通过点"选项卡,依次选择两个基准点,设置其一端条件为"相切",结果如图 4 - 134 所示。

⑪ 单击"模型"选项卡中"曲面"区域的"边界混合"按钮 ，选择相应的边添加到两个方向中,其中有三个边的边界条件为"相切",如图 4 - 135 所示。

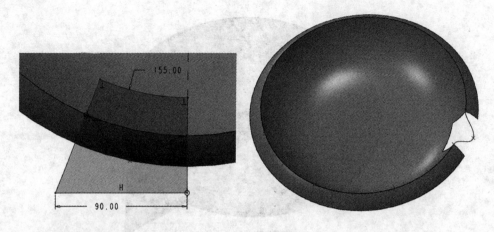

图 4-132 切割曲面

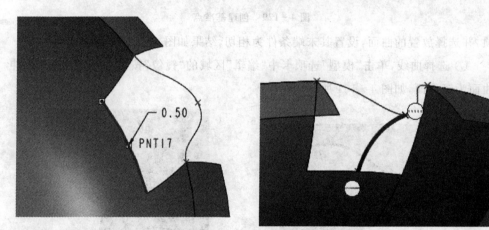

图 4-133 创建基准点

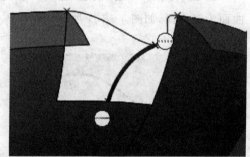

图 4-134 创建曲线

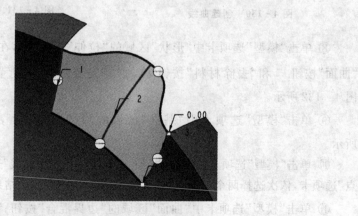

图 4-135 创建边界混合曲面

⑫ 在模型树中选择"边界混合"特征,单击"模型"选项卡中"编辑"区域的"阵列"按钮▦,使用"轴"阵列复制点,个数为16,角度为360,如图4-136所示。

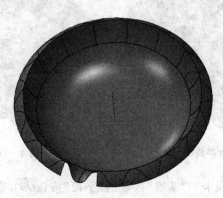

图 4 - 136　阵列边界混合特征

⑬ 单击"模型"选项卡"形状"区域中的"拉伸"按钮⬚,在"拉伸"选项卡中单击"曲面"按钮⬚和"去除材料"按钮⬚,选择旋转曲面,绘制草图切割曲面,结果如图4-137所示。

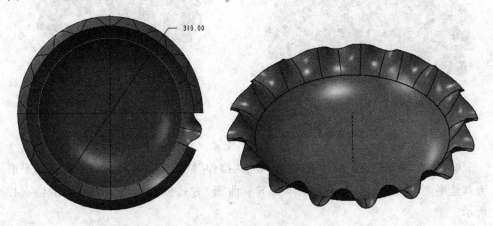

图 4 - 137　切割曲面

⑭ 按住 Ctrl 键,选择曲面,单击"模型"选项卡中"编辑"区域的"合并"按钮⬚合并,合并曲面,如图4-138所示。

⑮ 选择曲面,单击"模型"选项卡中"编辑"区域的"加厚"按钮⬚加厚,在"加厚"选项卡中输入厚度5,如图4-139所示。

⑯ 单击"模型"选项卡中"工程"区域的"倒圆角"按钮⬚ 倒圆角,按住 Ctrl 键选择创建倒角的两条边,单击"倒圆角"选项卡中的"集"按钮,在弹出的选项卡中单击"完全倒圆角"按钮,结果如图4-140所示。

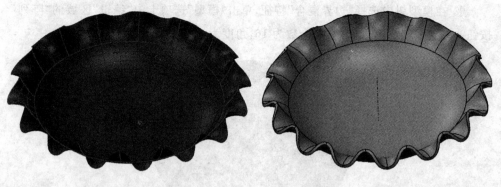

图 4-138　合并曲面　　　　　　　　　　图 4-139　曲面加厚

　　⑰ 单击"模型"选项卡中"基准"区域的"平面"按钮 $\square$ ，选择 TOP 平面，输入偏移距离 86，如图 4-141 所示。

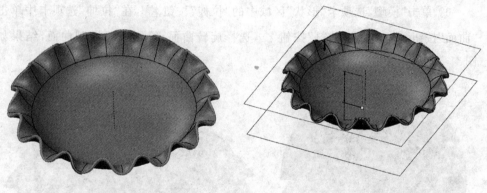

图 4-140　创建完全倒圆角　　　　　　图 4-141　创建基准平面

　　⑱ 单击"模型"选项卡中"形状"区域的"拉伸"按钮 ，选择新创建的基准平面为草绘平面，绘制草图，使用"拉伸到下一曲面"方式创建实体，结果如图 4-142所示。

　　⑲ 单击"模型"选项卡中"形状"区域的"拉伸"按钮 ，在"拉伸"选项卡中单击"去除材料"按钮 ，选择实体底面为草绘平面，绘制草图切割实体，结果如图 4-143所示。

　　⑳ 单击"模型"选项卡中"工程"区域的"倒圆角"按钮 倒圆角，选择多条创建倒角的边，倒角半径为 1.5，结果如图 4-144 所示。

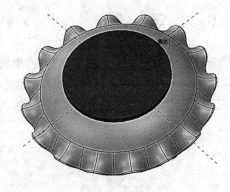

图 4 - 142 创建拉伸实体特征

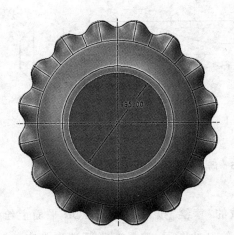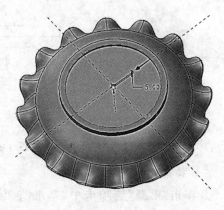

图 4 - 143 切割实体

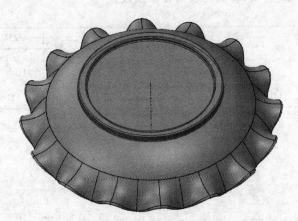

图 4 - 144 创建倒角

4.10.3　汤　勺

汤勺这个案例做法很多,本例中使用的都是最基本的曲面、曲线命令,"带"命令的应用是本例的关键点,可以减少其操作步骤,同时也可以保证曲面质量。汤勺案例中有工程图,建模时要按照尺寸进行绘制,如图 4-145 所示。

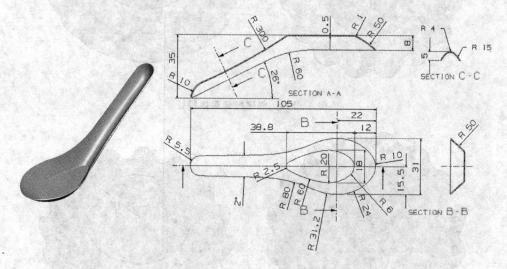

图 4-145　汤　勺

操作步骤如下:

① 单击"模型"选项卡中"基准"区域的"草绘"按钮 ⟨∿⟩,在 TOP 平面上绘制图 4-146 所示的草图。按住 Ctrl 键选择绘制的图元,选择"草绘"选项卡中的"操作"|"转换"|"样条"选项,将其转换为样条曲线。

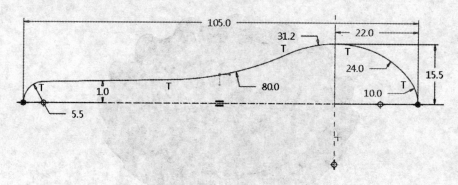

图 4-146　绘制草图

② 单击"模型"选项卡中"基准"区域的"草绘"按钮 ⟨∿⟩,在 TOP 平面上绘制图 4-147 所示的草图。按住 Ctrl 键选择绘制的图元,选择"草绘"选项卡中的"操

作"|"转换"|"样条"选项,将其转换为样条曲线。

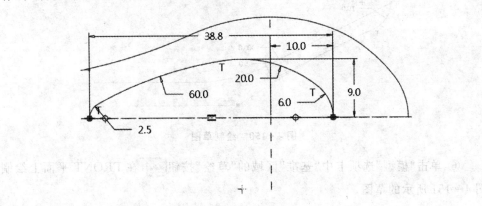

图 4-147 绘制草图

③ 单击"模型"选项卡中"基准"区域的"草绘"按钮 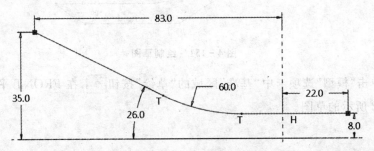,在 FRONT 平面上绘制图 4-148 所示的草图。

图 4-148 绘制草图

④ 按住 Ctrl 键,选择步骤①和步骤③绘制的草图,单击"模型"选项卡中"编辑"区域的"相交"按钮 相交,结果如图 4-149 所示。

图 4-149 创建相交曲线

⑤ 在模型树中取消步骤③绘制草图的隐藏状态,单击"模型"选项卡中"基准"区域的"草绘"按钮 ,在 FRONT 平面上绘制图 4-150 所示的草图。

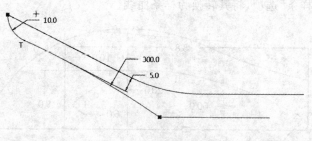

图 4 – 150　绘制草图

⑥ 单击"模型"选项卡中"基准"区域的"草绘"按钮，在 FRONT 平面上绘制图 4 – 151 所示的草图。

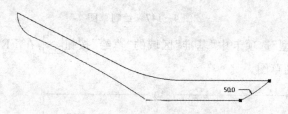

图 4 – 151　绘制草图

⑦ 单击"模型"选项卡中"基准"区域的"草绘"按钮，在 FRONT 平面上绘制图 4 – 152 所示的草图。

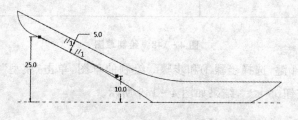

图 4 – 152　绘制草图

⑧ 单击"模型"选项卡中"基准"区域的"点"按钮，选择步骤⑤和步骤⑦绘制的草图，如图 4 – 153 所示。

⑨ 单击"模型"选项卡中"基准"区域的"平面"按钮，选择上一步创建的点以及步骤③绘制的草图，在"基准平面"对话框中将"曲线"选项选择为"法向"方式，单击"确定"按钮，如图 4 – 154 所示。

⑩ 选择步骤②和步骤④创建的曲线，单击"模型"选项卡中"编辑"区域的"镜像"按钮，选择 FRONT 平面，结果如图 4 – 155 所示。

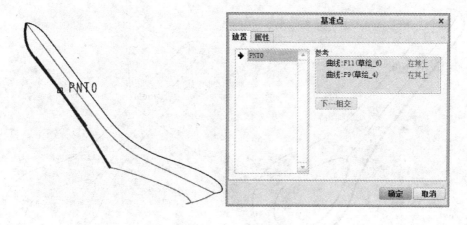

图 4 - 153 创建基准点

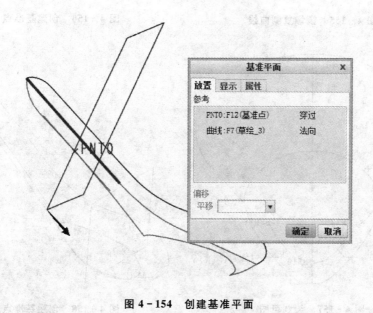

图 4 - 154 创建基准平面

⑪ 单击"模型"选项卡中"基准"区域的"点"按钮 ⬚×× 点，选择 DTM1 平面和曲线，在其相交的位置创建点，如图 4 - 156 所示。

⑫ 单击"模型"选项卡中"基准"区域的"草绘"按钮 ⬚，在 DTM1 平面上绘制图 4 - 157 所示的草图，按住 Ctrl 键选择绘制的图元，选择"草绘"选项卡"操作"|"转换"|"样条"选项，将其转换为样条曲线。

⑬ 单击"模型"选项卡中"基准"区域的"点"按钮 ⬚×× 点，创建两个点，方法比较简单不详细讲述，结果如图 4 - 158 所示。

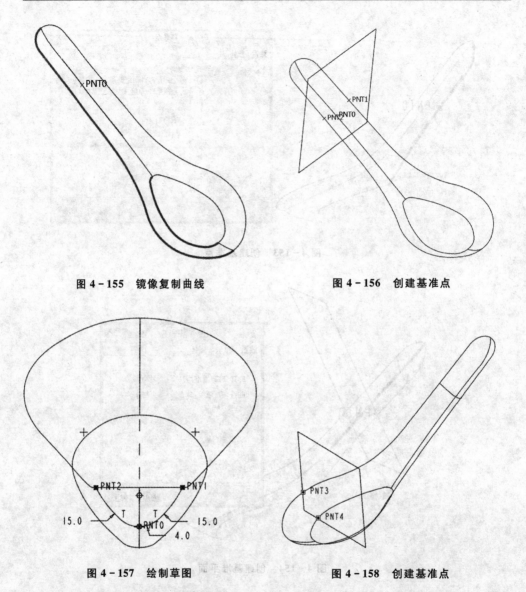

图 4 - 155　镜像复制曲线　　　　　　　　　图 4 - 156　创建基准点

图 4 - 157　绘制草图　　　　　　　　　　　图 4 - 158　创建基准点

⑭ 单击"模型"选项卡中"基准"区域的"草绘"按钮 ⚞⚟ ，在 RIGHT 平面上绘制如图 4 - 159 所示的草图。

⑮ 单击"模型"选项卡中"基准"区域的"平面"按钮 ⬜ ，选择 DTM1 平面以及曲线断点，如图 4 - 160 所示。

⑯ 单击"模型"选项卡中"基准"区域的"点"按钮 ⤬⤬ 点 ，使用选择曲线和基准平面的方法创建三个基准点，如图 4 - 161 所示。

⑰ 单击"模型"选项卡中的"基准"下三角按钮，选择"曲线"选项，弹出"曲线：通

过点"选项卡,依次选择上一步创建的基准点,结果如图 4-162 所示。

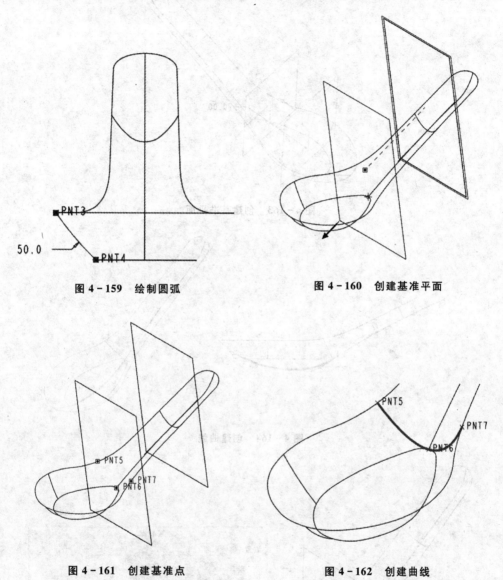

图 4-159　绘制圆弧

图 4-160　创建基准平面

图 4-161　创建基准点

图 4-162　创建曲线

⑱ 单击"模型"选项卡中"基准"区域的"平面"按钮 □,选择 RIGHT 平面,输入偏移距离,如图 4-163 所示。

⑲ 单击"模型"选项卡中的"基准"下三角按钮,选择"曲线",弹出"曲线:通过点"选项卡,选择两曲线端点,结果如图 4-164 所示。

⑳ 单击"模型"选项卡中"基准"区域的"点"按钮 点,使用选择曲线和基准平面的方法创建五个基准点,如图 4-165 所示。

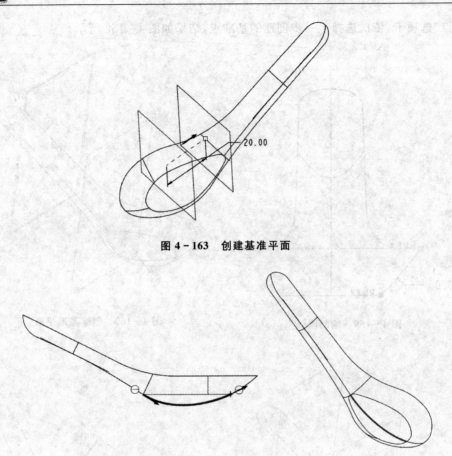

图 4 - 163　创建基准平面

图 4 - 164　创建曲线

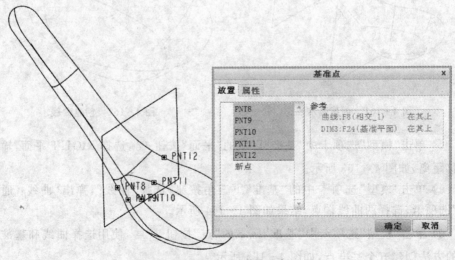

图 4 - 165　创建基准点

㉑ 单击"模型"选项卡中的"基准"下三角按钮，选择"曲线"选项，弹出"曲线：通过点"选项卡，按住 Ctrl 键依次选择上一步创建的基准点，结果如图 4－166 所示。

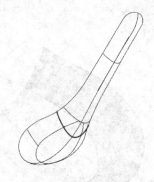

图 4－166 创建曲线

㉒ 单击"模型"选项卡中的"基准"下三角按钮，选择"带"选项，弹出"基准：带"对话框以及"菜单管理器"，选择上一步创建的基准曲线为基础曲线，选择另外三条曲线为参考曲线，定义带的宽度 2，如图 4－167 所示。

㉓ 单击"模型"选项卡中"曲面"区域的"边界混合"按钮 ，按住 Crtl 键，选择三条曲线，将其填入到第一方向中，两侧边界上分别添加"垂直"和"相切"约束，"垂直"约束的参考为 FRONT 基准平面，"相切"约束的参考为带曲面；选择另外两条曲线填入第二方向中，如果选择的曲线过长，则可以在其端点处方框中右击，在弹出的快捷菜单中选择"修剪位置"选项，然后再选择修剪到的点或曲线即可，如图 4－168 所示。

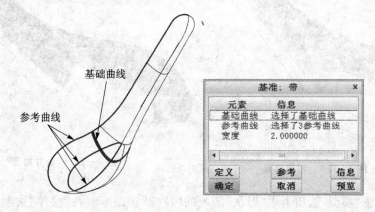

图 4－167 创建带曲面

㉔ 使用"边界混合"命令创建第二个曲面，曲面的边界上有"垂直"约束，如图 4－169 所示。

㉕ 使用"边界混合"命令创建第三个曲面，曲面的边界上有两个"相切"约束，参考分别为带曲面及上一步创建的边界曲线，如图 4－170 所示。

㉖ 选择曲面，单击"模型"选项卡中"编辑"区域的"合并"按钮 ，合并曲面，如图 4－171 所示。

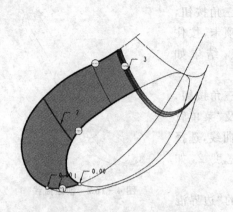

图 4-168 创建曲面

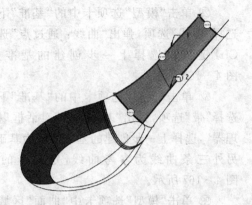

图 4-169 创建曲面

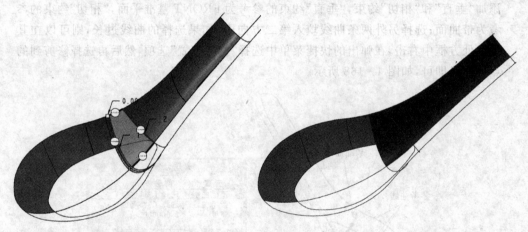

图 4-170 创建曲面　　　　　　　　　图 4-171 合并曲面

㉗ 单击"模型"选项卡中"形状"区域的"拉伸"按钮，在"拉伸"选项卡中单击"曲面"按钮和"去除材料"按钮，选择上一步创建的曲面，绘制草图切割曲面，结果如图 4-172 所示。

㉘ 单击"模型"选项卡中"基准"区域的"点"按钮，在曲线的端点上创建两个基准点，如图 4-173 所示。

㉙ 单击"模型"选项卡中"曲面"区域的"边界混合"按钮，创建曲面，曲面的边界上有两个"相切"和一个"垂直"连接关系，如果曲面出现扭曲，则需要单击"边界混合"选项卡中的"控制点"按钮，在"控制点"列表中选择两个点，可以选择上一步创建的两个基准点，也可以选择曲线端点，结果如图 4-174 所示。

㉚ 选择曲面，单击"模型"选项卡中"编辑"区域的"合并"按钮，合并曲面，如图 4-175 所示。

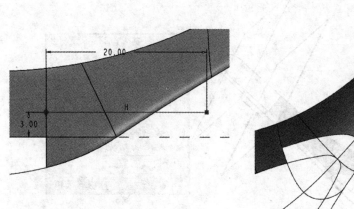

图 4 - 172　切割曲面

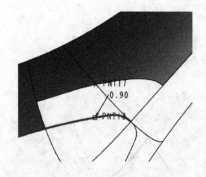

图 4 - 173　创建基准点

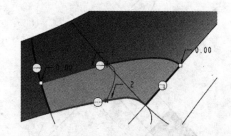

图 4 - 174　创建曲面

㉛ 单击"模型"选项卡中"基准"区域的"平面"按钮 $\square$，创建一个基准平面，如图 4 - 176 所示。

㉜ 单击"模型"选项卡中"基准"区域的"点"按钮 点，使用选择曲线和基准平面的方法创建三个基准点，如图 4 - 177 所示。

㉝ 单击"模型"选项卡中的"基准"下三角按钮，选择"曲线"选项，弹出"曲线：

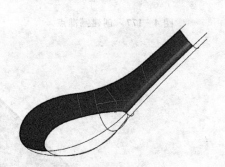

图 4 - 175　合并曲面

通过点"选项卡，依次选择上一步创建的基准点，结果如图 4 - 178 所示。

㉞ 单击"模型"选项卡中"曲面"区域的"边界混合"按钮 ，创建曲面，注意曲面连接关系，如图 4 - 179 所示。

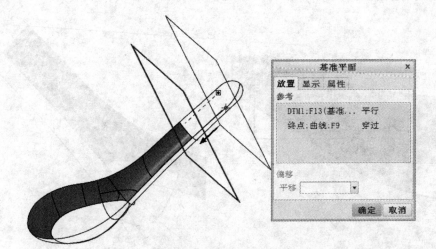

图 4-176　创建基准平面

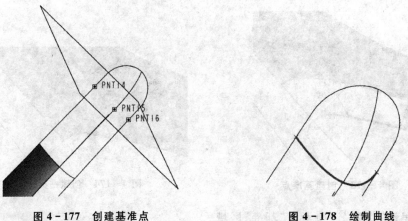

图 4-177　创建基准点

图 4-178　绘制曲线

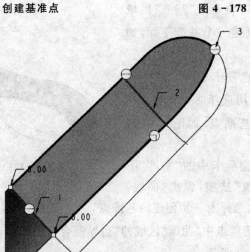

图 4-179　创建曲面

㉟ 单击"模型"选项卡中"形状"区域的"拉伸"按钮 ⬚，在"拉伸"选项卡中单击"曲面"按钮 ⬚ 和"去除材料"按钮 ⬚，选择上一步合并的曲面，绘制草图切割曲面，结果如图 4-180 所示。

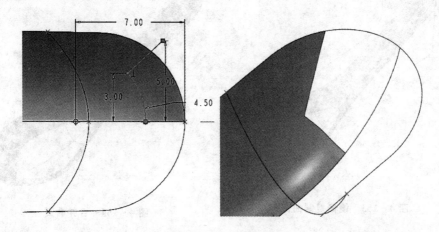

图 4-180　切割曲面

㊱ 单击"模型"选项卡中"曲面"区域的"边界混合"按钮 ⬚，创建曲面，注意曲面连接关系，如图 4-181 所示。

㊲ 选择曲面，单击"模型"选项卡中"编辑"区域的"合并"按钮 ⬚合并，合并曲面，如图 4-182 所示。

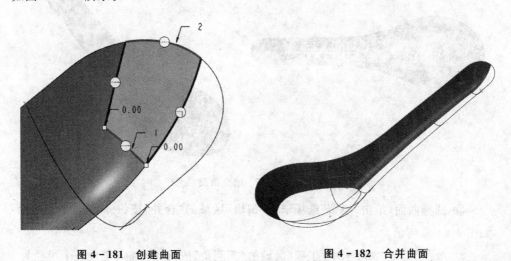

图 4-181　创建曲面　　　　　　　　**图 4-182　合并曲面**

㊳ 选择曲面，单击"模型"选项卡中"编辑"区域的"镜像"按钮 ⬚镜像，选择FRONT 平面，结果如图 4-183 所示。

㉝ 选择曲面，单击"模型"选项卡中"编辑"区域的"合并"按钮 合并，合并曲面，如图 4 - 184 所示。

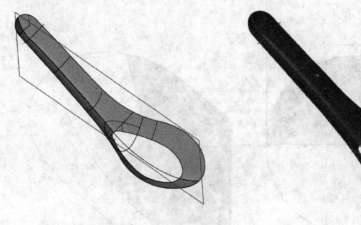

图 4 - 183　镜像复制曲面　　　　　　　图 4 - 184　合并曲面

㊵ 单击"模型"选项卡中"曲面"区域的"填充"按钮 填充，选择 TOP 平面为草绘平面，绘制草图，结果如图 4 - 185 所示。

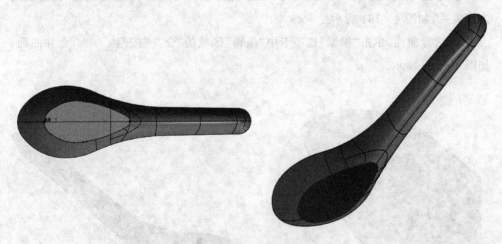

图 4 - 185　填充曲面

㊶ 选择曲面，单击"模型"选项卡中"编辑"区域的"合并"按钮 合并，合并曲面，如图 4 - 186 所示。

㊷ 单击"模型"选项卡中"工程"区域的"倒圆角"按钮 倒圆角，创建一个半径为 1 的圆角，如图 4 - 187 所示。

㊸ 选择曲面，单击"模型"选项卡中"编辑"区域的"加厚"按钮 加厚，在"加厚"选项卡中输入厚度 0.5，如图 4 - 188 所示。

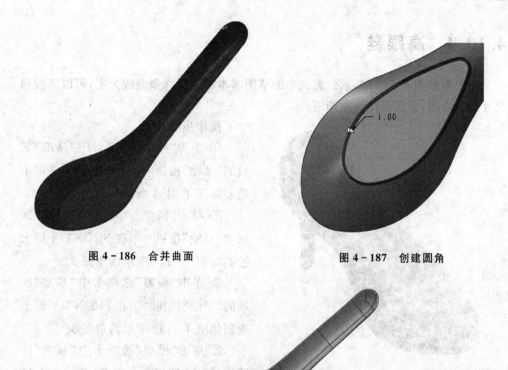

图 4 - 186 合并曲面   图 4 - 187 创建圆角

图 4 - 188 加厚曲面

㊹ 单击"模型"选项卡中"形状"区域的"拉伸"按钮 ⬚，在"拉伸"选项卡中单击 "去除材料"按钮 ⬚，绘制草图，如图 4 - 189 所示。

图 4 - 189 切割实体

4.10.4 高跟鞋

高跟鞋如图 4-190 所示。案例中的草图基本都是以样条曲线为主,可以不按照尺寸进行绘制,形状基本一致即可。

图 4-190 高跟鞋

操作步骤如下:

① 单击"模型"选项卡中"基准"区域的"草绘"按钮 ◷ ,在 FRONT 平面上绘制如图 4-191 所示的草图 1。

② 单击"模型"选项卡中"基准"区域的"草绘"按钮 ◷ ,在 FRONT 平面上绘制如图 4-192 所示的草图 2。

③ 单击"模型"选项卡中"基准"区域的"草绘"按钮 ◷ ,在 FRONT 平面上绘制如图 4-193 所示的草图 3。

④ 单击"模型"选项卡中"基准"区域的"草绘"按钮 ◷ ,在 TOP 平面上绘制如图 4-194 所示的草图 4。该草图是由一条样条曲线构成,定位参考点为曲线的两个端点。

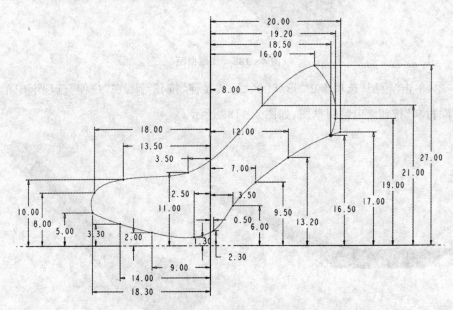

图 4-191 绘制草图 1

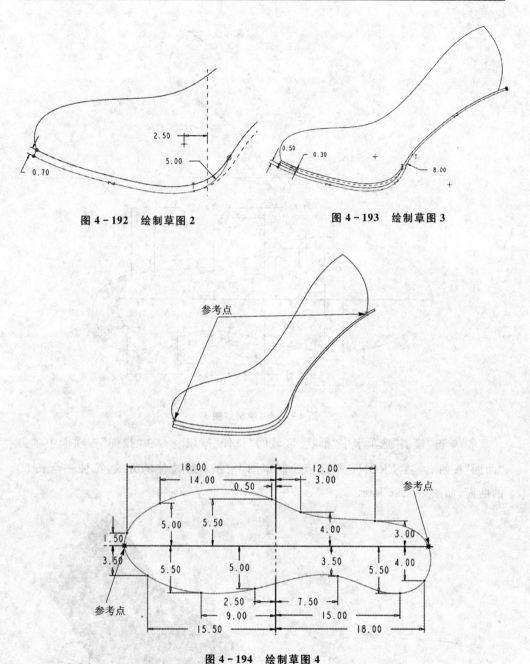

图 4 - 192　绘制草图 2

图 4 - 193　绘制草图 3

图 4 - 194　绘制草图 4

⑤ 单击"模型"选项卡中"基准"区域的"草绘"按钮 ，在 TOP 平面上绘制如图 4 - 195 所示的草图 5。该草图是由一条样条曲线构成,定位参考点为曲线的端点。

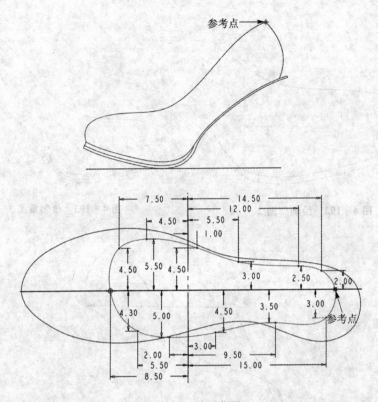

图 4 - 195   绘制草图 5

⑥ 单击"模型"选项卡中"形状"区域的"拉伸"按钮 ⬚ ,在"拉伸"选项卡中单击 "曲面"按钮 ⬚ ,在 FRONT 平面上绘制草图,使用对称拉伸的方式,拉伸一个长 30 的曲面,如图 4 - 196 所示。

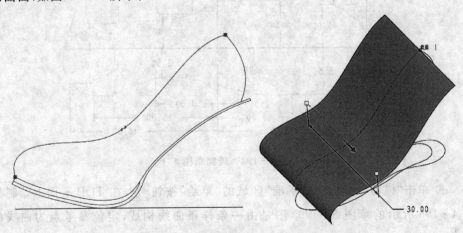

图 4 - 196   创建拉伸曲面

⑦ 选择曲面的边界,单击"模型"选项卡中"编辑"区域的"延伸"按钮 ⊡延伸,弹出"延伸"选项卡,输入延伸距离 2,如图 4-197 所示。

⑧ 选择草图 5,单击"模型"选项卡中"编辑"区域的"投影"按钮 ≋投影,弹出"投影"选项卡,选择拉伸曲面,结果如图 4-198 所示。

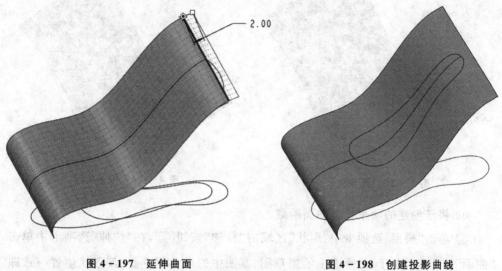

图 4-197　延伸曲面　　　　　　　　图 4-198　创建投影曲线

⑨ 单击"模型"选项卡中"形状"区域的"拉伸"按钮 ⌷,在"拉伸"选项卡中单击"曲面"按钮 ⌷,在 FRONT 平面上绘制草图,如图 4-199 所示。

图 4-199　创建拉伸曲面

⑩ 选择曲面的边界,单击"模型"选项卡中"编辑"区域的"延伸"按钮 ⊡延伸,弹出"延伸"选项卡,输入延伸距离 2,如图 4-200 所示。

⑪ 选择草图 5,单击"模型"选项卡中"编辑"区域的"投影"按钮 ⌇投影,弹出"投影"选项卡,选择拉伸曲面,结果如图 4-201 所示。

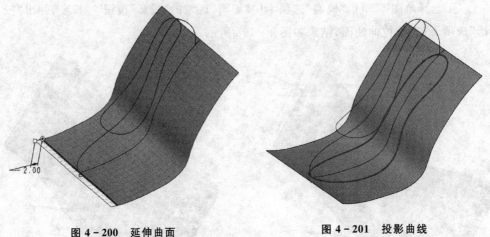

图 4-200　延伸曲面　　　　　　　　　图 4-201　投影曲线

⑫ 将已创建的两个拉伸曲面隐藏。

⑬ 单击"模型"选项卡中"形状"区域的"拉伸"按钮 ☐,在"拉伸"选项卡中单击"曲面"按钮 ☐,在 TOP 平面上绘制草图,草图中的尺寸不重要,其形状位置一致即可,如图 4-202 所示。

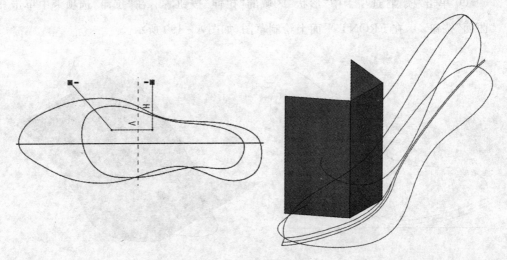

图 4-202　创建拉伸曲面

⑭ 单击"模型"选项卡中"基准"区域的"点"按钮 ⋇点,选择拉伸曲面和曲线,在其相交的位置创建四个基准点,如图 4-203 所示。

⑮ 单击"模型"选项卡中"基准"区域的
"草绘"按钮 $\boxed{\sim}$，在拉伸平面上绘制草图，草
图是由一条样条曲线构成，使用控制点调整
样条曲线的形态，如图 4－204 所示。

⑯ 绘制第二个草图，如图 4－205 所示。

⑰ 单击"模型"选项卡中"形状"区域的
"拉伸"按钮 $\boxed{\square}$，在"拉伸"选项卡中单击"曲
面"按钮 $\boxed{\square}$，在 FRONT 平面上绘制草图，
草图中的尺寸不重要，其形状位置一致即
可，如图 4－206 所示。

⑱ 单击"模型"选项卡中"基准"区域
的"点"按钮 $\boxed{\times\times点}$，选择拉伸曲面和曲线，
在其相交的位置创建四个点，如图 4－207
所示。

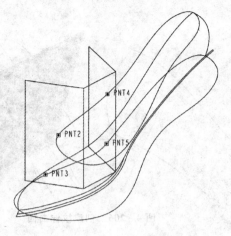

图 4－203　创建基准点

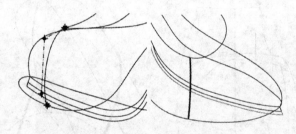

图 4－204　绘制草图

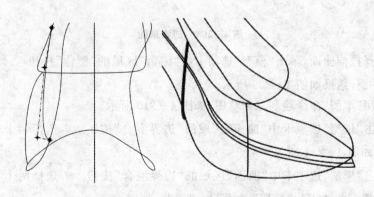

图 4－205　绘制草图

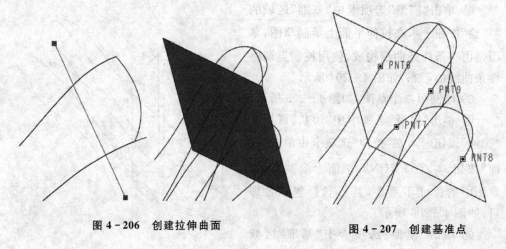

图 4 - 206 创建拉伸曲面   图 4 - 207 创建基准点

⑲ 单击"模型"选项卡中"基准"区域的"草绘"按钮 ⟨⟩ ,在拉伸平面上绘制草图,草图是由两条样条曲线构成,使用控制点调整样条曲线的形态,如图 4 - 208 所示。

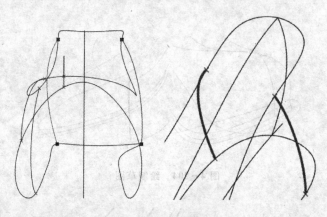

图 4 - 208 创建草图

⑳ 选择拉伸曲面,单击"模型"选项卡中"编辑"区域的"镜像"按钮 ⟨⟩⟨镜像 ,选择 FRONT 平面,结果如图 4 - 209 所示。

㉑ 使用"草图"命令绘制三个草图,如图 4 - 210 所示。

㉒ 单击"模型"选项卡中"曲面"区域的"边界混合"按钮 ⟨⟩ ,选择两个方向上的曲线,结果如图 4 - 211 所示。

㉓ 单击"模型"选项卡中"曲面"区域的"边界混合"按钮 ⟨⟩ ,选择两个方向上的曲线,曲面两端的约束为"相切",如图 4 - 212 所示。

㉔ 选择曲面,单击"模型"选项卡中"编辑"区域的"合并"按钮 ⟨⟩合并 ,合并曲面,如图 4 - 213 所示。

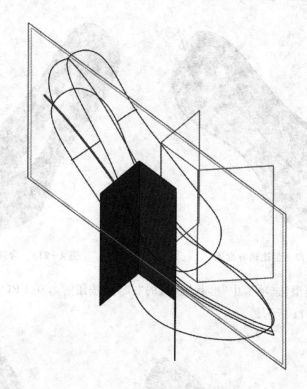

图 4 - 209 镜像复制

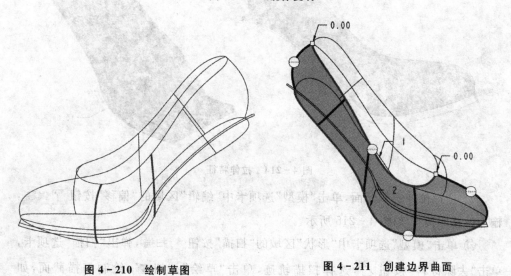

图 4 - 210 绘制草图

图 4 - 211 创建边界曲面

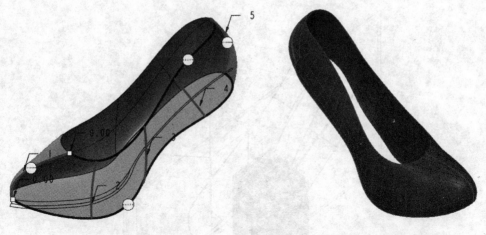

图 4-212　创建边界曲面　　　　　　　　图 4-213　合并曲面

㉕ 单击"模型"选项卡中"形状"区域的"拉伸"按钮 ，在 FRONT 平面上绘制草图，如图 4-214 所示。

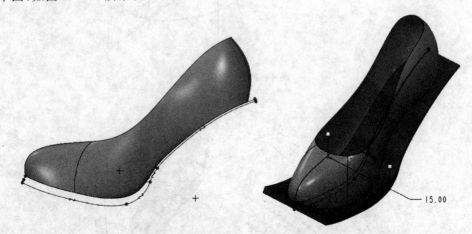

图 4-214　拉伸特征

㉖ 选择拉伸实体断面，单击"模型"选项卡中"编辑"区域的"偏移"按钮 偏移，输入偏移距离 2，如图 4-215 所示。

㉗ 单击"模型"选项卡中"形状"区域的"扫描"按钮 扫描，弹出"扫描"选项卡，单击"去除材料"按钮 ，选择扫描轨迹，单击"草绘"按钮 ，绘制扫描截面，如图 4-216 所示。

㉘ 单击"模型"选项卡中"工程"区域的"倒圆角"按钮 倒圆角，选择创建倒角的边，分别创建 0.5、0.3、0.15 的变半径倒角，如图 4-217 所示。

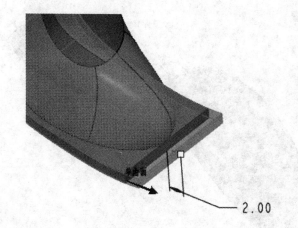

图 4 - 215　偏移实体

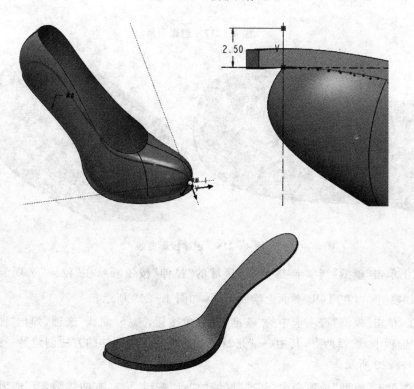

图 4 - 216　扫描切割

㉙ 单击"模型"选项卡中"编辑"区域的"投影"按钮 ⟳投影，弹出"投影"选项卡，单击"参考"按钮，在弹出的"参考"选项卡的下拉列表中选择"投影草绘"选项，单击"定义"按钮，选择 TOP 平面为草绘平面，绘制草图。在"投影"选项卡中激活"曲面"选择框，选择投影曲面，激活"方向"选择框，选择 TOP 平面，结果如图 4 - 218 所示。

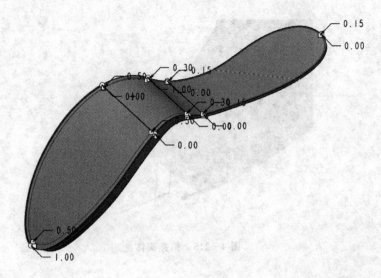

图 4 - 217　创建倒角

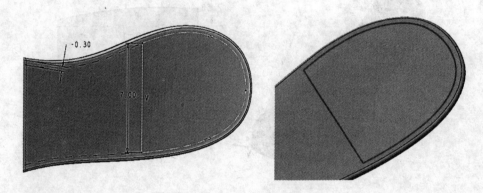

图 4 - 218　创建投影曲线

㉚ 单击"模型"选项卡中"形状"区域的"拉伸"按钮，在"拉伸"选项卡中单击"曲面"按钮，在 TOP 平面上绘制草图，如图 4 - 219 所示。

㉛ 单击"模型"选项卡中的"基准"下三角按钮，选择"曲线"选项，弹出"曲线：通过点"选项卡，选择两点，其中一端是"相切"约束。使用同样的方法创建另一条曲线，如图 4 - 220 所示。

㉜ 单击"模型"选项卡中"基准"区域的"点"按钮，在曲线端点和曲面的边上创建两个基准点，如图 4 - 221 所示。

㉝ 单击"模型"选项卡中的"基准"下三角按钮，选择"曲线"选项，弹出"曲线：通过点"选项卡，选择两点，其中一端是"相切"约束，如图 4 - 222 所示。

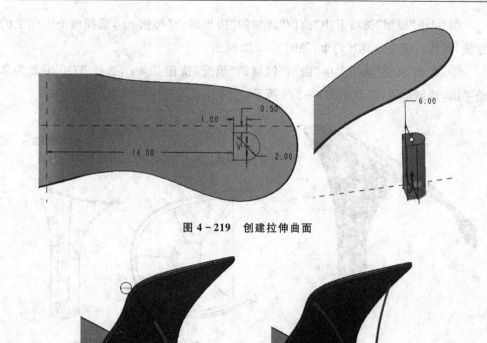

图 4 - 219　创建拉伸曲面

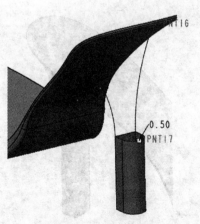

图 4 - 220　创建曲线

图 4 - 221　创建基准点

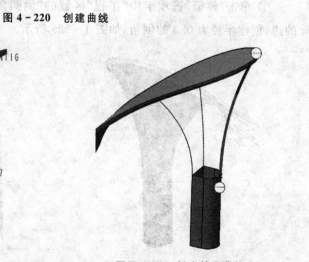

图 4 - 222　创建基准曲线

㉞ 单击"模型"选项卡中"曲面"区域的"边界混合"按钮 ⌀ ，选择两个方向上的曲线，曲面一端为"相切"约束，如图 4 - 223 所示。

㉟ 单击"模型"选项卡中"曲面"区域的"填充"按钮 回填充 ，选择 TOP 平面为草绘平面，绘制草图，结果如图 4 - 224 所示。

图 4 - 223　创建边界曲面

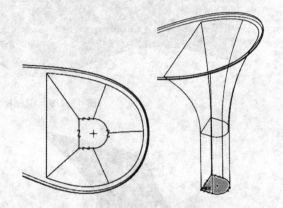

图 4 - 224　创建填充曲面

㊱ 选择曲面，单击"模型"选项卡中"编辑"区域的"合并"按钮 ⌀合并 ，合并曲面，如图 4 - 225 所示。

㊲ 选择上一步合并的曲面，单击"模型"选项卡中"编辑"区域的"实体化"按钮 ⌀实体化 ，将曲面转化为实体。

㊳ 单击"模型"选项卡中"工程"区域的"倒圆角"按钮 ⌀倒圆角 ，选择创建倒角的边，创建半径为 0.3 的倒角，如图 4 - 226 所示。

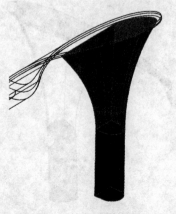

图 4 - 225　合并曲面

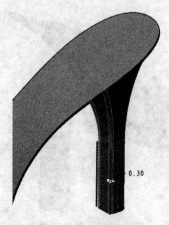

图 4 - 226　创建倒角

㊴ 选择曲面,单击"模型"选项卡中"编辑"区域的"加厚"按钮 加厚,在"加厚"选项卡中输入厚度 0.2,如图 4-227 所示。

㊵ 单击"模型"选项卡中"工程"区域的"倒圆角"按钮 倒圆角,按住 Ctrl 键选择创建倒角的上下两条边,单击"倒圆角"选项卡中的"集"按钮,在弹出的选项卡中单击"完全倒圆角"按钮,结果如图 4-228 所示。

图 4-227 加厚曲面

图 4-228 创建圆角

4.10.5 轮 毂

轮毂案例看似复杂,但是将其拆解后就会将其简单化,使用的都是一般的曲面、曲线命令,如图 4-229 所示。

操作步骤如下:

① 单击"模型"选项卡中"形状"区域的"旋转"按钮 旋转,在"旋转"选项卡中单击"曲面"按钮 ,在 FRONT 平面上绘制草图,在"旋转"选项卡中输入旋转角度 90,单击"选项"按钮,在弹出的"选项"选项卡中选择"封闭端"复选项,如图 4-230 所示。

图 4-229 轮 毂

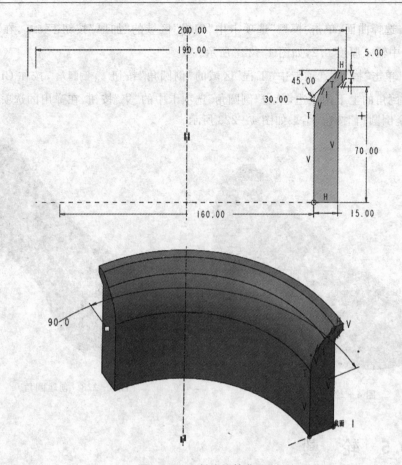

图 4-230　创建旋转曲面

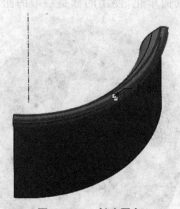

图 4-231　创建圆角

② 单击"模型"选项卡中"工程"区域的"倒圆角"按钮 倒圆角，选择创建倒角的边，输入倒角半径 1.5，如图 4-231 所示。

③ 单击"模型"选项卡中"形状"区域的"拉伸"按钮，在"拉伸"选项卡中单击"曲面"按钮，在 TOP 平面上绘制草图，如图 4-232 所示。

④ 单击"模型"选项卡中"形状"区域的"旋转"按钮 旋转，在"旋转"选项卡中单击"曲面"按钮及"去除材料"按钮，选择上一步创建的拉伸曲面，在 FRONT 平面上绘制草图，在"旋转"选项卡中输入旋转角度 90，如图 4-233 所示。

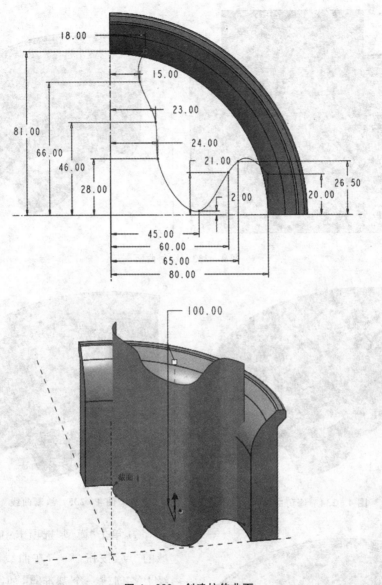

图 4 - 232　创建拉伸曲面

⑤ 选择裁剪后的拉伸曲面，单击"模型"选项卡中"编辑"区域的"修剪"按钮 修剪 ，选择旋转曲面，如图 4 - 234 所示。

⑥ 单击"模型"选项卡中的"基准"下三角按钮，选择"曲线"选项，弹出"曲线：通过点"选项卡，选择两曲线端点，单击"放置"按钮，在弹出的选项卡中选择"曲面上放置曲线"复选项，并选择旋转曲面。曲线两端与拉伸曲面的边界线相切，单击"选项"按钮，选择"扭曲曲线"选项，单击"扭曲曲线设置"按钮，拖动曲线控制点，如图 4 - 235 所示。

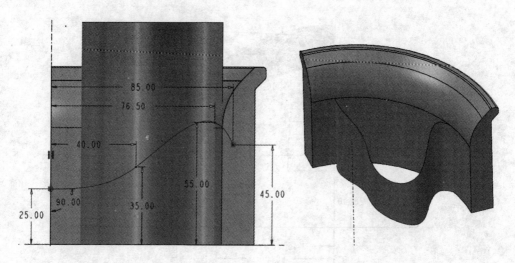

图 4 - 233　切割曲面

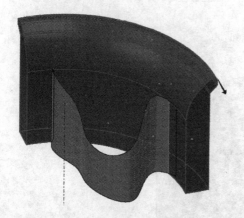

图 4 - 234　修剪曲面

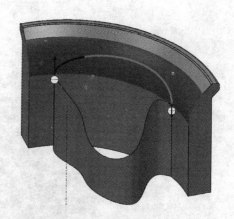

图 4 - 235　绘制曲线

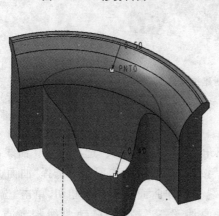

图 4 - 236　创建基准点

⑦ 单击"模型"选项卡中"基准"区域的"点"按钮 ✕✕点，在曲线和曲面边缘上各创建一个基准点，如图 4 - 236 所示。

⑧ 单击"模型"选项卡中"基准"区域的"平面"按钮 ⏥，选择两个基准点以及 TOP 基准平面 DTM1，如图 4 - 237 所示。

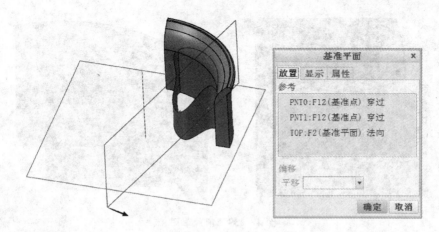

图 4 – 237　创建基准平面

⑨ 按住 Ctrl 键选择 DTM1 基准平面以及曲面,单击"模型"选项卡中"编辑"区域的"相交"按钮 相交,如图 4 – 238 所示。

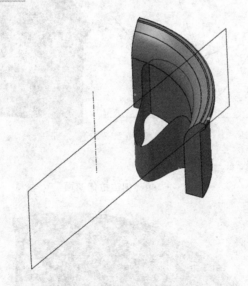

图 4 – 238　创建相交线

⑩ 单击"模型"选项卡中"基准"区域的"草绘"按钮 ,在 DTM1 平面上绘制如图 4 – 239 所示的草图。

⑪ 单击"模型"选项卡中"形状"区域的"拉伸"按钮 ,在"拉伸"选项卡中单击"曲面"按钮 ,在 TOP 平面上绘制草图,如图 4 – 240 所示。

⑫ 单击"模型"选项卡中"基准"区域的"点"按钮 点,在曲线和曲面边缘上各创建三个基准点,如图 4 – 241 所示。

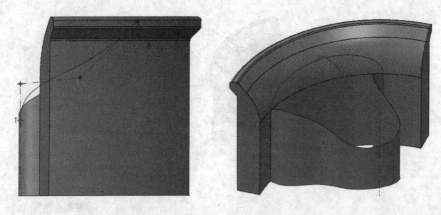

图 4 - 239　创建草图

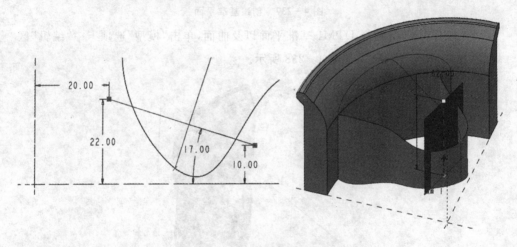

图 4 - 240　创建拉伸曲面

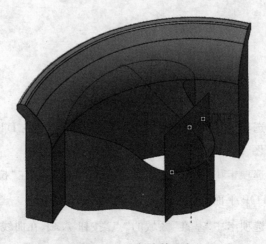

图 4 - 241　创建基准点

⑬ 单击"模型"选项卡中的"基准"下三角按钮,选择"曲线"选项,弹出"曲线:通过点"选项卡,依次选择上一步创建的基准点,单击"放置"按钮,在弹出的选项卡中选择"曲面上放置曲线"复选项,并选择拉伸曲面。曲线两端要添加"相切"约束,结果如图 4 - 242 所示。

⑭ 单击"模型"选项卡中"曲面"区域的"边界混合"按钮 ,创建曲面,曲面的边界上有两个"相切"约束,结果如图 4 - 243 所示。

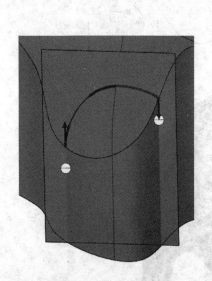

图 4 - 242　创建曲线

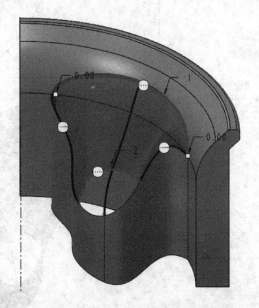

图 4 - 243　创建边界曲面

⑮ 单击"模型"选项卡中"形状"区域的"拉伸"按钮 ,在"拉伸"选项卡中单击"曲面"按钮 和"去除材料"按钮 ,选择上一步创建的曲面,绘制草图切割曲面,结果如图 4 - 244 所示。

⑯ 单击"模型"选项卡中"曲面"区域的"边界混合"按钮 ,依次选择两个方向上的曲线,曲面的边界上需要添加"相切"约束,结果如图 4 - 245 所示。

⑰ 单击"模型"选项卡中"形状"区域的"拉伸"按钮 ,在"拉伸"选项卡中单击"曲面"按钮 ,在 TOP 平面上绘制草图,如图 4 - 246 所示。

⑱ 选择曲面,单击"模型"选项卡中"编辑"区域的"合并"按钮 合并,合并曲面,如图 4 - 247 所示。

⑲ 使用"合并"命令继续合并曲面,如图 4 - 248 所示。

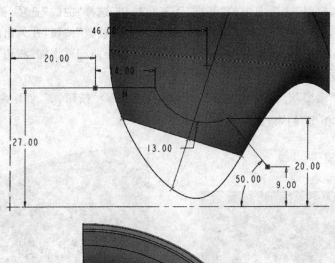

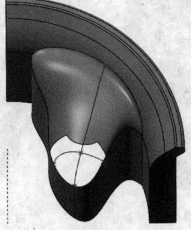

图 4 - 244　切割曲面

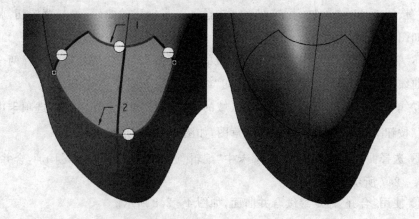

图 4 - 245　创建边界曲面

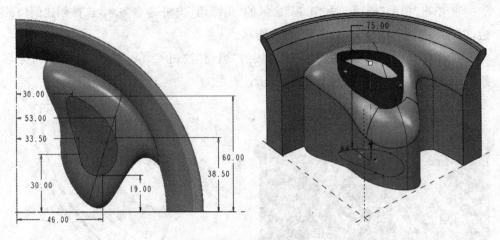

图 4-246　创建拉伸曲面

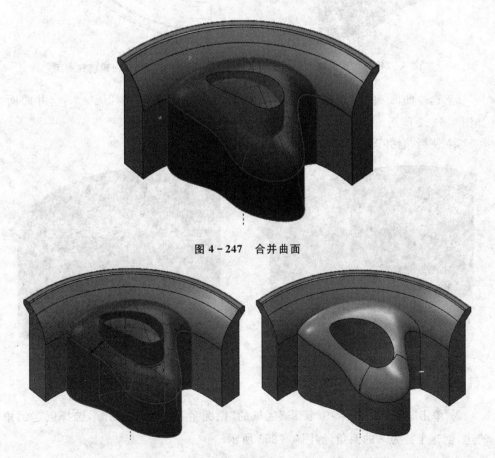

图 4-247　合并曲面

图 4-248　继续合并曲面

⑳ 单击"模型"选项卡中"工程"区域的"倒圆角"按钮 ⌐倒圆角,选择创建倒角的边,创建半径为 2 的倒角,如图 4 - 249 所示。

㉑ 单击"模型"选项卡中"曲面"区域的"填充"按钮 ▦填充,选择 TOP 平面为草绘平面,绘制草图,结果如图 4 - 250 所示。

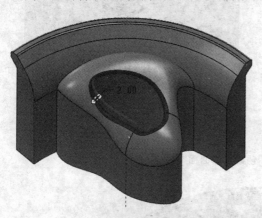

图 4 - 249　创建倒角

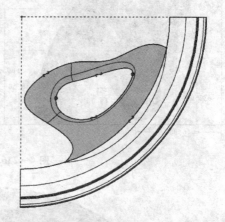

图 4 - 250　创建填充曲面

㉒ 选择曲面,单击"模型"选项卡中"编辑"区域的"合并"按钮 ⌐合并,合并曲面,如图 4 - 251 所示。

㉓ 使用"合并"命令继续合并曲面,如图 4 - 252 所示。

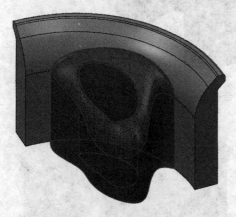

图 4 - 251　合并曲面

图 4 - 252　继续合并曲面

㉔ 单击"模型"选项卡中"工程"区域的"倒圆角"按钮 ⌐倒圆角,选择创建倒角的边,创建半径为 2 的倒角,如图 4 - 253 所示。

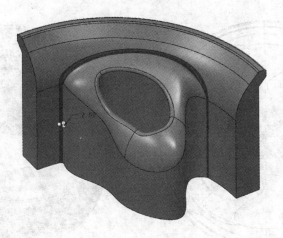

图 4-253　创建倒角

㉕选择曲面,单击"模型"选项卡中"编辑"区域的"实体化"按钮 ⌑ 实体化,将曲面转化为实体。

㉖在模型树中选择已创建的所有特征,右击,在弹出的快捷菜单中选择"组"选项。

㉗在模型树中选择"组"特征,单击"模型"选项卡中"编辑"区域的"阵列"按钮 ⊞,弹出"阵列"选项卡,选择"轴"阵列方式,选择坐标系中的 Y 轴为轴,阵列数为 4 个,如图 4-254 所示。

㉘单击"模型"选项卡中"形状"区域的"拉伸"按钮 ◪,在"拉伸"选项卡中单击"曲面"按钮 ◻,在 TOP 平面上绘制草图,拉伸高度为 40,如图 4-255 所示。

㉙单击"模型"选项卡中"工程"区域的"倒圆角"按钮 ◝ 倒圆角,选择创建倒角的边,创建半径为 25 的倒角,如图 4-256 所示。

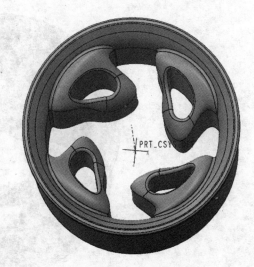

图 4-254　阵列复制

㉚单击"模型"选项卡中"形状"区域的"旋转"按钮 ◑ 旋转,在"旋转"选项卡中单击"曲面"按钮 ◻,在 FRONT 平面上绘制草图,在"旋转"选项卡中输入旋转角度 360,如图 4-257 所示。

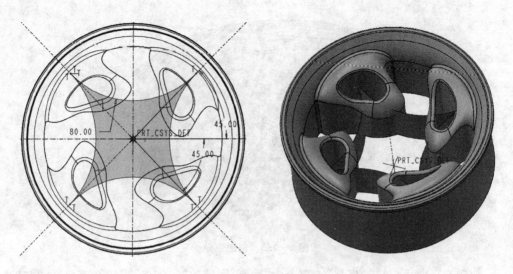

图 4 - 255 创建拉伸曲面

图 4 - 256 创建倒角

㉛ 选择曲面,单击"模型"选项卡中"编辑"区域的"合并"按钮 🔲合并,合并曲面,如图 4 - 258 所示。

㉜ 单击"模型"选项卡中"曲面"区域的"填充"按钮 🔲填充,选择 TOP 平面为草绘平面,绘制草图,结果如图 4 - 259 所示。

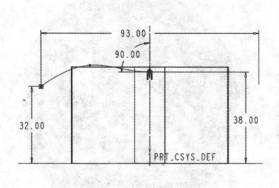

图 4 - 257 创建旋转曲面

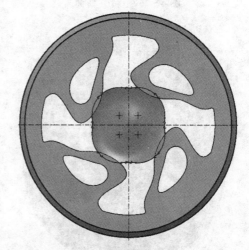

图 4 - 258 合并曲面　　　　　　　　　　图 4 - 259 创建填充曲面

㉝ 选择曲面,单击"模型"选项卡中"编辑"区域的"合并"按钮 合并,合并曲面,如图 4 - 260 所示。

㉞ 单击"模型"选项卡中"工程"区域的"倒圆角"按钮 倒圆角,选择创建倒角的边,创建半径为 5 的倒角,如图 4 - 261 所示。

㉟ 选择曲面,单击"模型"选项卡中"编辑"区域的"实体化"按钮 实体化,将曲面转化为实体,如图 4 - 262 所示。

㊱ 单击"模型"选项卡中"工程"区域的"倒圆角"按钮 倒圆角,选择创建倒角的边,创建四个半径为 3 的倒角,如图 4 - 263 所示。

图 4-260　合并曲面

图 4-261　创建倒角

图 4-262　实体化曲面

图 4-263　创建倒角

㊲ 单击"模型"选项卡中"形状"区域的"拉伸"按钮 ⬚，在 TOP 平面上绘制草图，拉伸高度为 44，如图 4-264 所示。

㊳ 单击"模型"选项卡中"工程"区域的"倒圆角"按钮 ⟋倒圆角 ，选择创建倒角的边，创建半径为 5 和 1 的倒角，如图 4-265 所示。

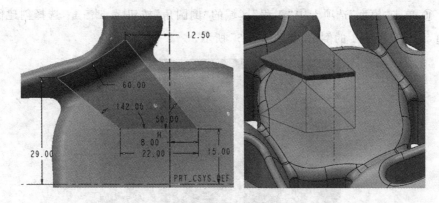

图 4 - 264　创建拉伸实体

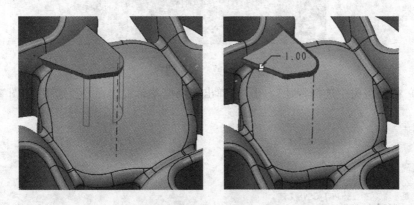

图 4 - 265　创建圆角

㊴ 单击"模型"选项卡中"形状"区域的"拉伸"按钮，在"拉伸"选项卡中单击"去除材料"按钮，在实体上绘制草图，拉伸高度为 2，如图 4 - 266 所示。

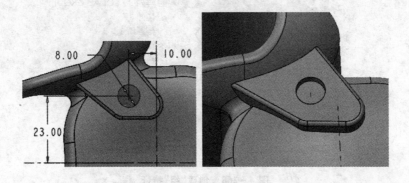

图 4 - 266　创建拉伸特征

⑩ 单击"模型"选项卡中"工程"区域的"倒圆角"按钮 🔗 倒圆角 ，选择创建倒角的边，创建半径为 1 的倒角，如图 4 - 267 所示。

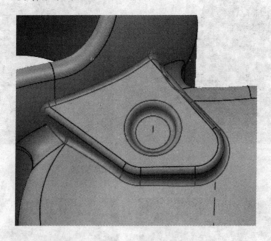

图 4 - 267　创建圆角

⑪ 在模型树中选择特征，右击，在弹出的快捷菜单中选择"组"选项，如图 4 - 268 所示。

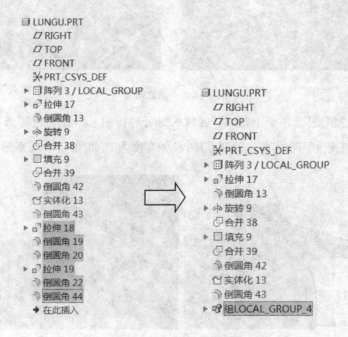

图 4 - 268　创建"组"特征

㊷ 选择"组"特征,单击"模型"选项卡中"编辑"区域的"阵列"按钮⊞,弹出"阵列"选项卡,选择"轴"阵列方式,选择轴,阵列数为 4,如图 4 - 269 所示。

图 4 - 269　创建阵列特征

第5章 曲面的构建思路与拆面技巧

曲面造型一直都是三维软件学习中的重点和难点,看似简单的曲面如果没有掌握正确的方法,创建起来也会非常难,所以要提高曲面造型水平除了多练习外,还要善于总结归纳方法和思路。

5.1 构建思路

下面介绍一些曲面的构建思路。

① 点是用来构建曲线的,做点时一定要推论或事先构建一个大致的面来寻找曲线的位置。

② 做曲线时一定要推论或事先构建一个大致的面来寻找曲线的位置与形状,曲线的形状一定要代表曲面的形状。

③ 直接切除曲面,使具有与要做的边界线形成四边面或三边面,然后构面。

④ 为了使曲面保持某个趋势,需要加辅助面和中间线。

⑤ 要思考多种创建曲面的方法,如可变扫描、边界混合和自由曲面等。

⑥ 当无法做一个整面时,可以考虑做个大的曲面,把符合要求的部分留下,其他切除,再做其他面。

⑦ 做曲面时一定要考虑到是否会形成无法做的面,如五边面、三边面,尽量形成或便于形成四边面,实在不行就剩下三边面。

⑧ 善于把三边面、五边面、N 边面等多边面转化为四边面或三边面。

⑨ 当没有办法创建满意效果的曲面时,可以考虑使用"圆锥曲面和 N 侧曲面片"命令进行尝试。

5.2 拆面技巧

拆面是造型设计中最为关键的技巧,它可以将复制的造型化繁为简,并且可以提高曲面的质量。质量最好并且最容易创建的曲面为四边面,曲面网格分布均匀,并且没有收敛点,所以在做曲面造型时,尽可能将曲面拆分成四边面来构建。

5.2.1　三边面的拆分

在曲面创建的过程中,三边面是可以直接通过"边界混合"命令创建出来的,但是创建的边界混合命令却存在着收敛点,如图5-1所示。通过检测可知,存在收敛点的曲面,在收敛点位置曲面的质量会降低,甚至可以影响曲面转化成实体的一些操作,所以要尽量避免直接创建三边面。

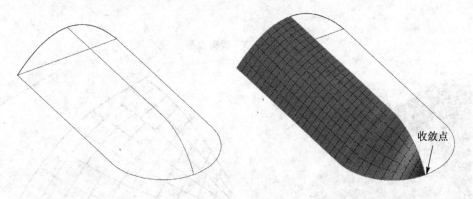

图 5-1　收敛点

对于三边面,先通过构建一个辅助的引导面,然后再通过裁剪来达成四边面的构面条件,这样创建出来的曲面可以提高曲面质量,也可以保证曲面成功地转化为实体。

打开光盘中的文件5-1,使用简单命令创建一个大面,如图5-2所示。

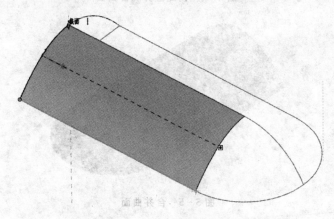

图 5-2　创建拉伸曲面

切割曲面生成四边面条件,如图5-3所示。

使用"边界曲面"命令生成最后的曲面,注意曲面连接关系,如图5-4所示。

使用"合并"和"镜像"命令完成整个曲面,如图5-5所示。

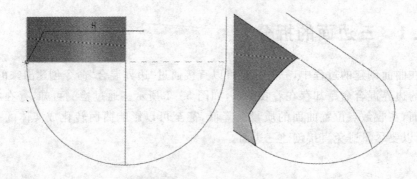

图 5-3　裁剪曲面

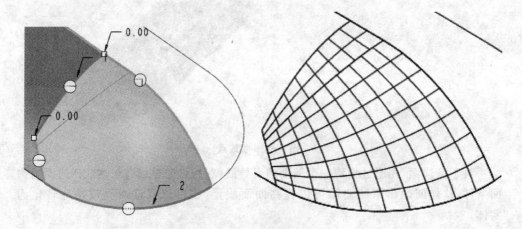

图 5-4　创建边界混合曲面

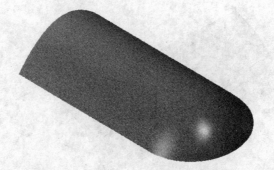

图 5-5　合并曲面

5.2.2　五边面的拆分

五边面的拆分方法根据曲面线架结构的不同也有很多种,但是总的方向还是要将五边面转化成四边面来构建。

对于五边面,将其转化成四边面最好的方式就是去掉一条边,使用其中的四条边创建一个趋势大面,大面中只有部分曲面符合所要求的形状,将不符合要求的曲面剪切掉,与另外的三条边重新构成一个四边面即可。

打开光盘中的文件 5-2,如图 5-6 所示。

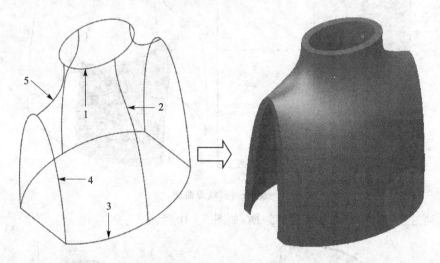

图 5-6　文件 5-2

创建曲线连接五边面中不相邻的两条边,从而形成四边面环境,如图 5-7 所示。

通过"边界曲面"命令创建四边曲面,如图 5-8 所示。

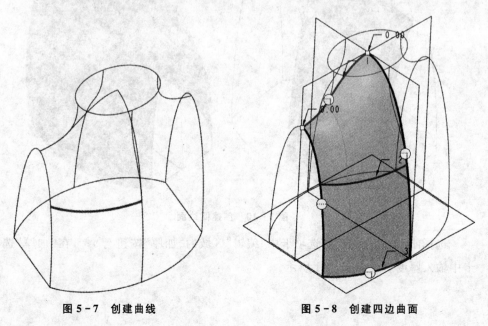

图 5-7　创建曲线　　　　　　　　图 5-8　创建四边曲面

通过裁剪曲面创建四边面环境,如图5-9所示。

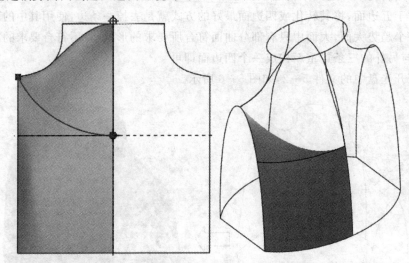

图5-9　裁剪曲面

通过"边界混合"命令创建四边面,如图5-10所示。

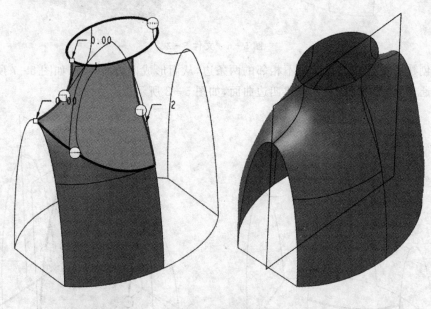

图5-10　创建四边面

选择曲面,单击"模型"选项卡中"编辑"区域的"加厚"按钮 加厚,在"加厚"选项卡中输入厚度1,如图5-11所示。

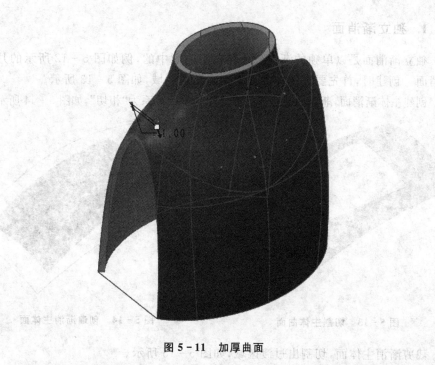

图 5 - 11　加厚曲面

5.2.3　渐消面

渐消面顾名思义就是渐渐消失的面。此类曲面沿主体曲面走势延伸至某处自然消失，也叫消失面。渐消面在外形设计中运用的比例也是相当大的，在产品外观上加上这样的造型面往往可以提升质感，以吸引消费者的目光，如图 5 - 12 所示。

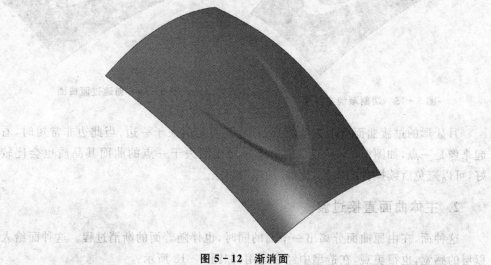

图 5 - 12　渐消面

1. 独立渐消面

独立渐消面是以单独的渐消效果存在于曲面中的,例如图 5-12 所示的月牙形渐消面。创建时,首先要在主体曲面切割出渐消区域,如图 5-13 所示。

创建主体渐消面,渐消面与主体曲面之间的连接关系为"相切",如图 5-14 所示。

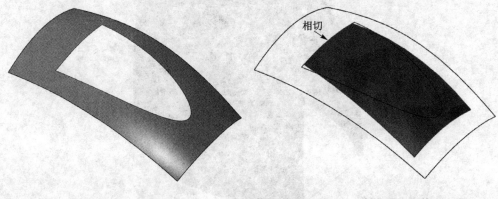

图 5-13 切割主体曲面   图 5-14 创建渐消主体面

裁剪渐消主体面,切割出过渡区域,如图 5-15 所示。

创建过渡曲面,过渡曲面的四边要与相邻曲面的四边相切,如图 5-16 所示。

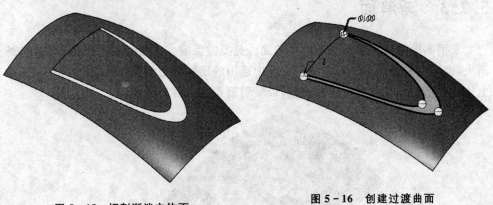

图 5-15 切割渐消主体面   图 5-16 创建过渡曲面

月牙形的过渡曲面看上去渐消于一点,其实是消失于一边,当此边非常短时,看起来像是一点,如图 5-17 所示,消失于一边比消失于一点的曲面其品质也会比较好,可以避免后续操作的失败,比如"加厚"操作。

2. 主体曲面直接过渡

这种面,在由原曲面分离出一个面的同时,也伴随着面的渐消过程。这种面给人以层的感觉,也很美观,在造型中经常运用,如图 5-18 所示。

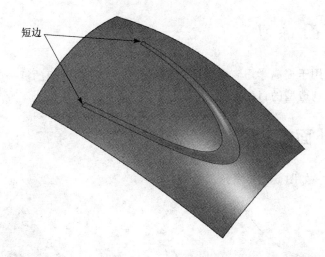

图 5-17　消失于短边

　　在构建曲面时,同一方向上的曲线要表现出渐消面的起始和结束的轮廓,如图 5-19 所示。

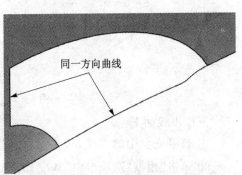

图 5-18　主体曲面直接过渡　　　　**图 5-19　同一方向曲线**

　　构建曲面时要注意与相邻曲面的相切关系,如图 5-20 所示。

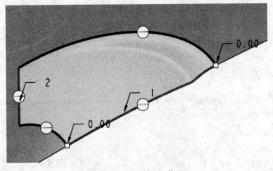

图 5-20　构建曲面

5.3 补面练习

补面练习用于提高学习者分解曲面造型的能力,通过曲面的拆分化繁为简,从而轻而易举地达到造型的目的。

5.3.1 补面练习一

补面练习一如图 5-21 所示。

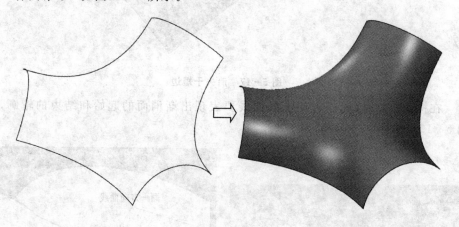

图 5-21 补面练习一

操作步骤如下:

① 打开光盘中的文件 5-3-1,如图 5-22 所示。

② 单击"模型"选项卡中"基准"区域的"轴"按钮 $\diagup$ 轴,选择两个基准平面创建基准轴,如图 5-23 所示。

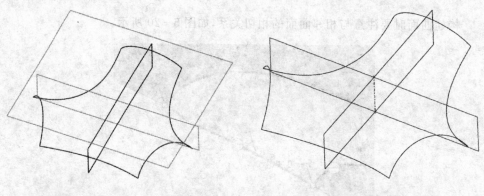

图 5-22 文件 5-3-1　　　　图 5-23 创建基准轴

③ 单击"模型"选项卡中"基准"区域的"平面"按钮 ，选择曲线创建基准平面，如图 5-24 所示。

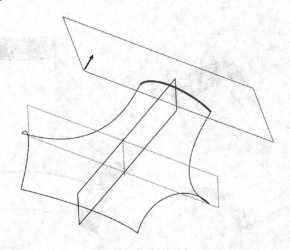

图 5-24　创建基准平面

④ 单击"模型"选项卡中"形状"区域的"拉伸"按钮 ，在"拉伸"选项卡中单击"曲面"按钮 ，在新创建的基准平面上绘制草图，如图 5-25 所示。注意草图中圆弧被打断成两部分。

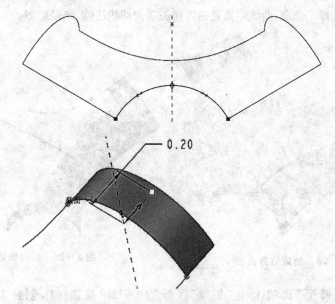

图 5-25　创建拉伸曲面

⑤ 选择曲面，单击"模型"选项卡中"编辑"区域的"阵列"按钮 ，弹出"阵列"选项卡，选择"轴"阵列方式，选择轴，阵列数为 3 个，如图 5-26 所示。

⑥ 单击"模型"选项卡中的"基准"下三角按钮,选择"曲线"选项,弹出"曲线:通过点"选项卡,依次选择曲线两个端点,曲线端点处的连接关系为切线连续,结果如图 5-27 所示。

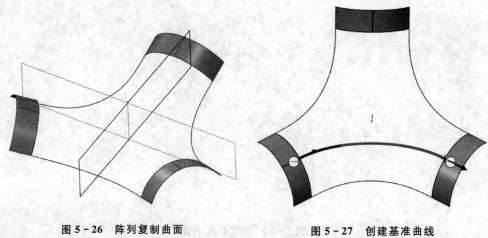

图 5-26   阵列复制曲面   图 5-27   创建基准曲线

⑦ 单击"模型"选项卡中"曲面"区域的"边界混合"按钮 ,选择曲线,创建边界曲面,如图 5-28 所示。

⑧ 单击"模型"选项卡中的"基准"下三角按钮,选择"曲线"选项,弹出"曲线:通过点"选项卡,依次选择三个点,曲线端点处的连接关系为切线连续,结果如图 5-29 所示。

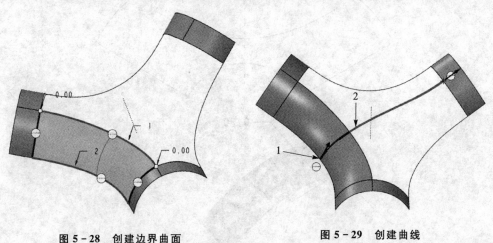

图 5-28   创建边界曲面   图 5-29   创建曲线

⑨ 单击"模型"选项卡中"基准"区域的"平面"按钮 ,创建基准平面,如图 5-30 所示。

⑩ 单击"模型"选项卡中"基准"区域的"点"按钮 ,选择平面与曲线,如图 5-31 所示。

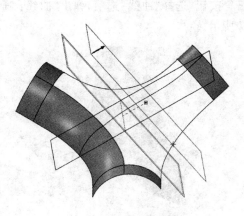

图 5 - 30　创建基准平面

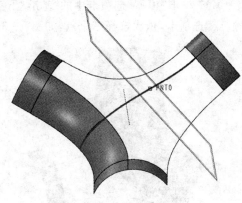

图 5 - 31　创建基准点

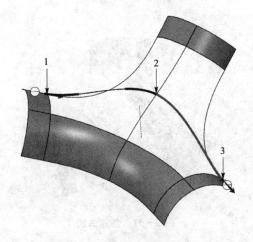

图 5 - 32　创建曲线

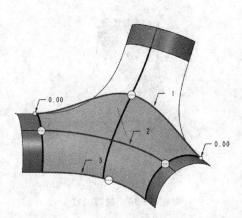

图 5 - 33　创建边界曲面

⑪ 单击"模型"选项卡中的"基准"下三角按钮,选择"曲线"选项,弹出"曲线:通过点"选项卡,依次选择三个点,曲线端点处的连接关系为切线连续,结果如图 5 - 32 所示。

⑫ 单击"模型"选项卡中"曲面"区域的"边界混合"按钮 🖉,选择曲线,创建边界曲面,如图 5 - 33 所示。

⑬ 单击"模型"选项卡中"基准"区域的"点"按钮 ⚡点,选择两条曲线,如图 5 - 34 所示。

⑭ 单击"模型"选项卡中的"基准"下三角按钮,选择"曲线"选项,弹出"曲线:通过点"选项卡,依次选择三个点,单击"放置"按钮,在"放置"选项卡中选择"在曲面上放置曲线"复选项,选择曲面,结果如图 5 - 35 所示。

⑮ 选择曲面,单击"编辑"工具栏中"编辑"区域的"修剪"按钮 🗗 修剪,选择曲线,如图 5 - 36 所示。

⑯ 单击"模型"选项卡中的"基准"下三角按钮,选择"曲线"选项,弹出"曲线:通过点"选项卡,依次选择三个点,如图 5 – 37 所示。

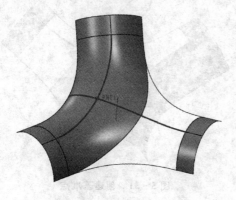

图 5 – 34 创建基准点

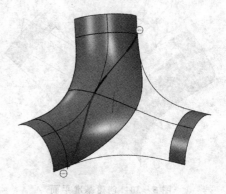

图 5 – 35 创建曲线

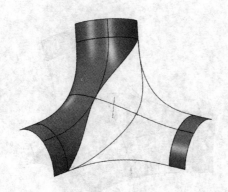

图 5 – 36 裁剪曲线

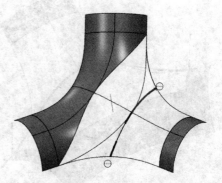

图 5 – 37 创建曲线

⑰ 单击"模型"选项卡中"曲面"区域的"边界混合"按钮 ⬚ ,选择曲线,创建边界曲面,如图 5 – 38 所示。

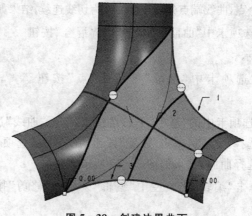

图 5 – 38 创建边界曲面

5.3.2　补面练习二

补面练习二如图 5 - 39 所示。

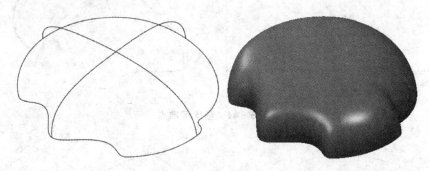

图 5 - 39　补面练习二

操作步骤如下：

① 打开光盘中文件 5 - 3 - 2,如图 5 - 40 所示。

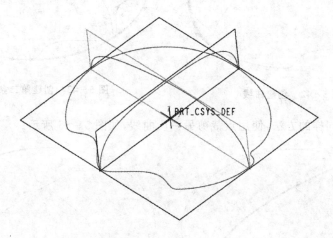

图 5 - 40　文件 5 - 3 - 2

② 单击"模型"选项卡中"基准"区域的"点"按钮 点,弹出"基准点"对话框,选择曲线,在"偏移"文本框中输入 0.2,如图 5 - 41 所示。

③ 单击"模型"选项卡中的"基准"下三角按钮,选择"曲线"选项,弹出"曲线:通过点"选项卡,依次选择曲线两个端点,曲线端点处的连接关系为切线连续,结果如图 5 - 42 所示。

④ 使用同样的方法创建第二条曲线,如图 5 - 43 所示。

⑤ 选择曲线,单击"编辑"工具栏中"编辑"区域的"修剪"按钮 修剪,选择裁剪曲线,注意要保留分割后的两段曲线,如图 5 - 44 所示。

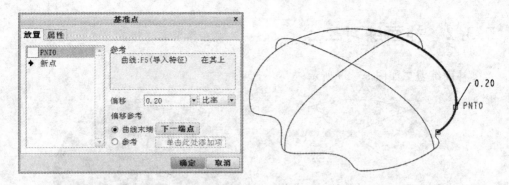

图 5 - 41　创建基准点

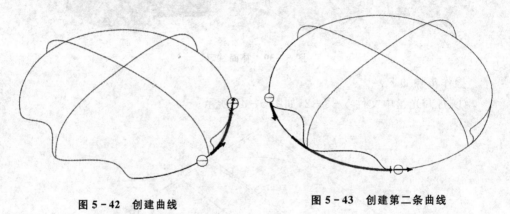

图 5 - 42　创建曲线　　　　　　　　图 5 - 43　创建第二条曲线

⑥ 采用同样的方法,使用点裁剪另一段曲线,如图 5 - 45 所示。

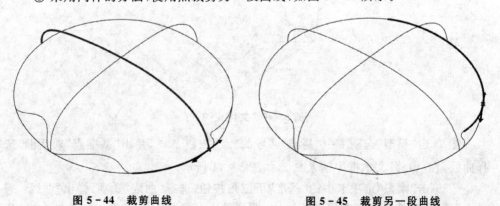

图 5 - 44　裁剪曲线　　　　　　　　图 5 - 45　裁剪另一段曲线

⑦ 选择曲线,单击"模型"选项卡中"操作"区域的"复制"按钮 复制,再单击"粘贴"按钮 粘贴,弹出"曲线:复合"选项卡,在"曲线类型"下拉列表中选择"逼近",单击"参考"按钮,在弹出的选项卡中单击"细节"按钮,弹出"链"对话框,按住 Ctrl 键,依次选择另外两条曲线,如图 5 - 46 所示。再单击"确定"按钮退出"链"对话

框,再单击"曲线:复合"选项卡中的 ✔ 按钮。

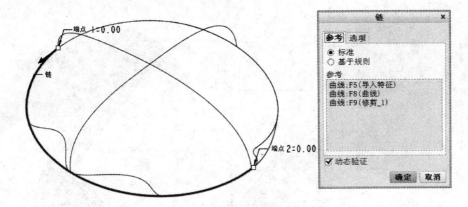

图 5-46　复制曲线

⑧ 使用同样的方法复制另一条曲线,如图 5-47 所示。

⑨ 单击"模型"选项卡中"曲面"区域的"边界混合"按钮 ⬡,在第一方向上选择三条曲线,在第二方向上选择一条曲线,如图 5-48 所示。

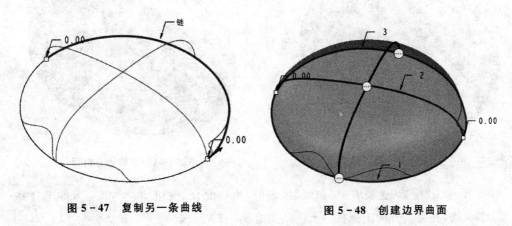

图 5-47　复制另一条曲线　　　　　图 5-48　创建边界曲面

⑩ 单击"模型"选项卡中"形状"区域的"拉伸"按钮 ⬚,在"拉伸"选项卡中单击"曲面"按钮 ⬜ 和"去除材料"按钮 ⬰,选择上一步创建的曲面,绘制草图切割曲面,结果如图 5-49 所示。

⑪ 使用步骤⑦中的方法复制曲线,如图 5-50 所示。

⑫ 单击"模型"选项卡中"曲面"区域的"边界混合"按钮 ⬡,在第一方向上选择三条曲线,在第二方向上选择一条曲线,如图 5-51 所示。

⑬ 使用步骤⑦中的方法复制曲线,如图 5-52 所示。

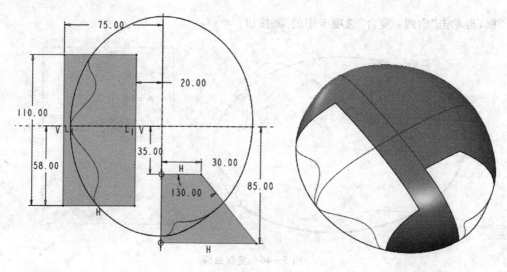

图 5 - 49　切割曲面

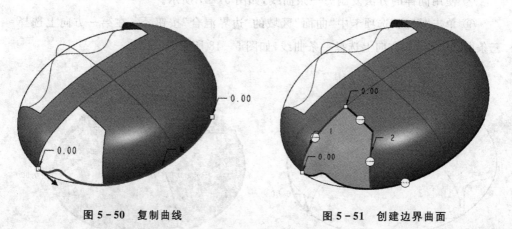

图 5 - 50　复制曲线　　　　　　　　图 5 - 51　创建边界曲面

⑭ 单击"模型"选项卡中"曲面"区域的"边界混合"按钮 ，在第一方向上选择三条曲线，在第二方向上选择一条曲线，如图 5-53 所示。

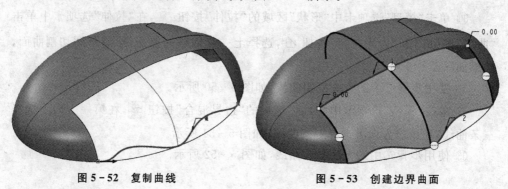

图 5 - 52　复制曲线　　　　　　　　图 5 - 53　创建边界曲面

5.3.3　补面练习三

补面练习三如图 5-54 所示。

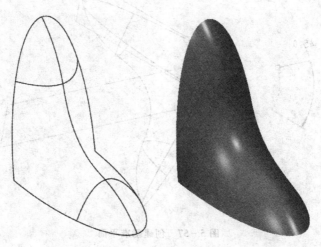

图 5-54　补面练习三

操作步骤如下：

① 打开光盘中文件 5-3-3，如图 5-55 所示。

② 单击"模型"选项卡中"基准"区域的"轴"按钮 轴，选择两个基准平面创建基准轴，如图 5-56 所示。

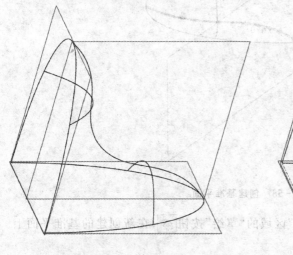

图 5-55　文件 5-3-3

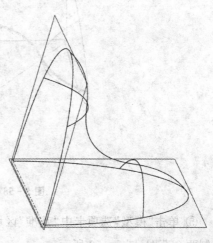

图 5-56　创建基准轴

③ 单击"模型"选项卡中"基准"区域的"平面"按钮 ▱ ，创建基准平面，如图 5-57 所示。

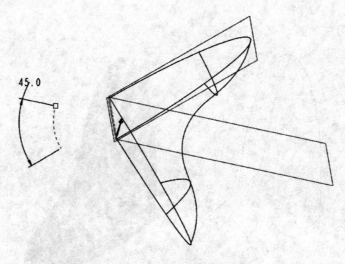

图 5-57　创建基准平面

④ 单击"模型"选项卡中"基准"区域的"点"按钮 ⋉点 ，选择平面与曲线，创建基准点，如图 5-58 所示。

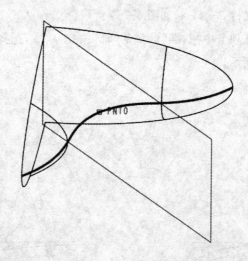

图 5-58　创建基准平面

⑤ 单击"模型"选项卡中"基准"区域的"草绘"按钮 ⬀ ，在新创建的基准平面上绘制两个草图，图 5-59 所示。

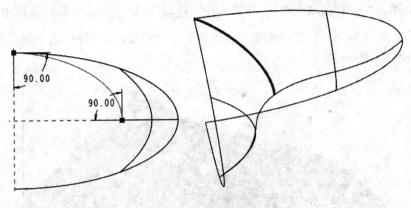

图 5 – 59　创建草绘图形

⑥ 单击"模型"选项卡中的"基准"下三角按钮,选择"带"选项,弹出"基准:带"对话框及相应的"菜单管理器",选择上一步创建的基准曲线为基础曲线,选择另外三条曲线为参考曲线,定义带的宽度为2,如图 5 - 60 所示。

⑦ 单击"模型"选项卡中"曲面"区域的"边界混合"按钮 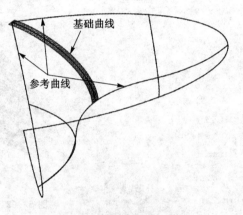,在曲面两侧边界上分别添加"垂直"和"相切"约束。"垂直"约束的参考为 TOP 基准平面,"相切"约束的参考为带曲面,如图 5 - 61 所示。

图 5 – 60　创建带曲面

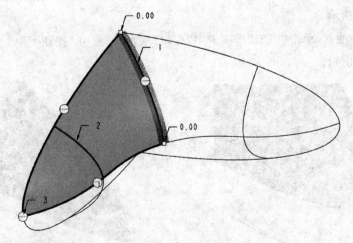

图 5 – 61　创建基准曲线

⑧ 单击"模型"选项卡中"形状"区域的"拉伸"按钮 ，在"拉伸"选项卡中单击"曲面"按钮 和"去除材料"按钮 ，选择上一步创建的曲面，绘制草图切割曲面，结果如图 5-62 所示。

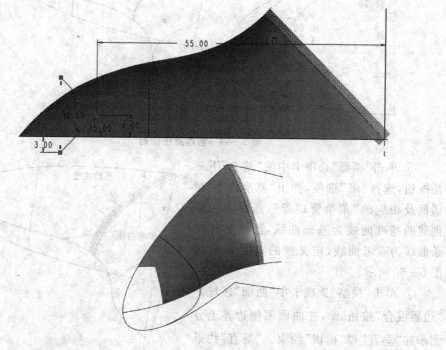

图 5-62　创建边界曲面

⑨ 单击"模型"选项卡中"曲面"区域的"边界混合"按钮 ，创建边界混合曲面，如图 5-63 所示。

⑩ 选择曲面，单击"模型"选项卡中"编辑"区域的"合并"按钮 ，合并曲面，如图 5-64 所示。

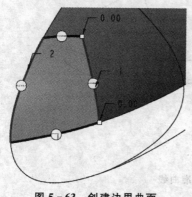

图 5-63　创建边界曲面

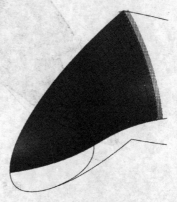

图 5-64　合并曲面

⑪ 选择曲面,单击"模型"选项卡中"编辑"区域的"镜像"按钮 ⅢⅨ 镜像,选择 FRONT 平面,结果如图 5-65 所示。

⑫ 选择曲面,单击"模型"选项卡中"编辑"区域的"合并"按钮 ☐合并,合并曲面, 如图 5-66 所示。

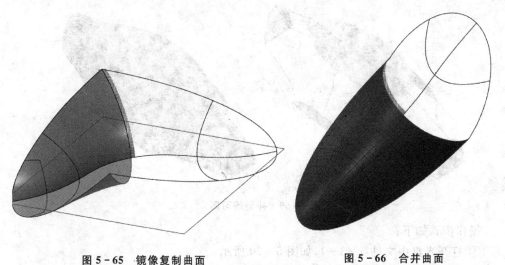

图 5-65 镜像复制曲面　　　　　　　　图 5-66 合并曲面

⑬ 选择曲面,单击"模型"选项卡中"编辑"区域的"镜像"按钮 ⅢⅨ 镜像,选择 FRONT 平面,结果如图 5-67 所示。

⑭ 选择曲面,单击"模型"选项卡中"编辑"区域的"合并"按钮 ☐合并,合并曲面, 如图 5-68 所示。

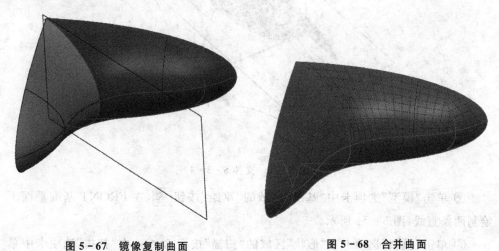

图 5-67 镜像复制曲面　　　　　　　　图 5-68 合并曲面

5.3.4　补面练习四

补面练习四如图 5-69 所示。

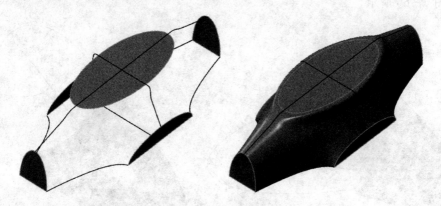

图 5-69　补面练习四

操作步骤如下：

① 打开光盘中文件 5-3-4，如图 5-70 所示。

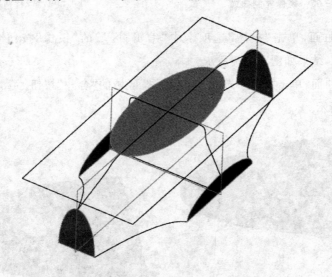

图 5-70　文件 5-3-4

② 单击"模型"选项卡中"基准"区域的"草绘"按钮 ⬜，在 FRONT 基准平面上绘制两条直线，图 5-71 所示。

③ 单击"模型"选项卡中"形状"区域的"扫描"按钮 ⬜扫描，在"扫描"选项卡中单击 ⬜ 按钮，依次选择三条轨迹，单击"草绘"按钮 ⬜ 绘制草图，结果如图 5-72 所示。

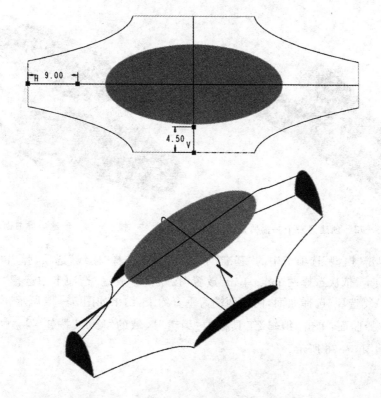

图 5-71　绘制草图

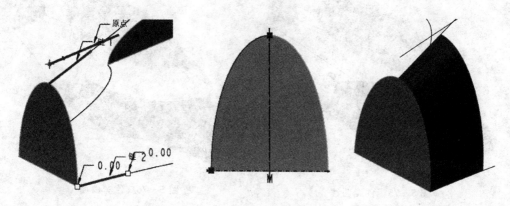

图 5-72　创建扫描曲面

④ 使用同样的方法创建另一个扫描曲面,如图 5-73 所示。

⑤ 单击"模型"选项卡中"曲面"区域的"边界混合"按钮,选择同一方向的两条边界创建曲面,边界上添加"曲率"约束,如图 5-74 所示。

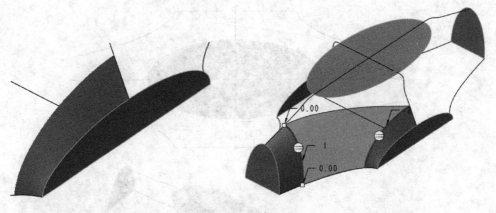

图 5-73　创建另一个扫描曲面　　　　　图 5-74　创建边界曲面

⑥ 单击"模型"选项卡中的"基准"下三角按钮,选择"曲线"选项,弹出"曲线:通过点"选项卡,依次选择两个点,单击"放置"按钮,在"放置"选项卡中选择"在曲面上放置曲线"复选项,选择曲面,曲线两端为垂直约束,结果如图 5-75 所示。

⑦ 选择曲面,单击"编辑"工具栏中"编辑"区域的"修剪"按钮 ⬚ 修剪,选择曲线,结果如图 5-76 所示。

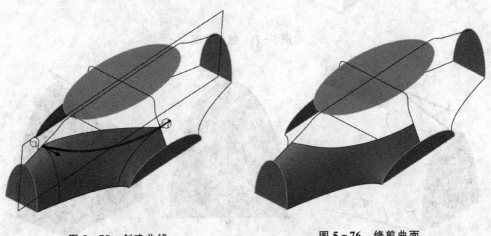

图 5-75　创建曲线　　　　　　　　　图 5-76　修剪曲面

⑧ 单击"模型"选项卡中"曲面"区域的"边界混合"按钮 ⬚,创建曲面,结果如图 5-77 所示。

⑨ 选择曲面,单击"模型"选项卡中"编辑"区域的"合并"按钮 ⬚合并,合并曲面,如图 5-78 所示。

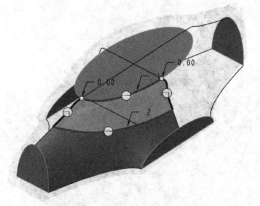

图 5-77　创建边界曲面

图 5-78　合并曲面

⑩ 选择曲面,单击"模型"选项卡中"编辑"区域的"镜像"按钮 ，选择 RIGHT 平面,结果如图 5-79 所示。

⑪ 选择曲面,单击"模型"选项卡中"编辑"区域的"合并"按钮 ，合并曲面,如图 5-80 所示。

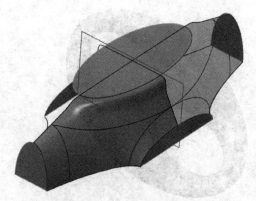

图 5-79　镜像复制曲面

图 5-80　合并曲面

⑫ 选择曲面,单击"模型"选项卡中"编辑"区域的"镜像"按钮 ，选择 RIGHT 平面,结果如图 5-81 所示。

⑬ 选择曲面,单击"模型"选项卡中"编辑"区域的"合并"按钮 ，合并曲面,如图 5-82 所示。

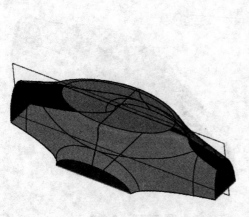

图 5 - 81   镜像复制曲面   图 5 - 82   合并曲面

5.3.5   补面练习五

补面练习五如图 5 - 83 所示。

图 5 - 83   补面练习五

操作步骤如下：

① 打开光盘中文件 5 - 3 - 5,如图 5 - 84 所示。

② 单击"模型"选项卡中"基准"区域的"草绘"按钮 $\boxed{\wedge}$,选择 RIGHT 基准平面为草绘平面,在草图环境中使用"投影"及"删除段"绘制图元,然后选择已经绘制的图元,单击"草绘"选项卡中的"操作"下三角按钮,选择"转换为"|"样条"选项,结果如图 5 - 85 所示。

③ 单击"模型"选项卡中"基准"区域的"草绘"按钮 $\boxed{\wedge}$,选择 TOP 基准平面为草绘平面,绘制草图,结果如图 5 - 86 所示。

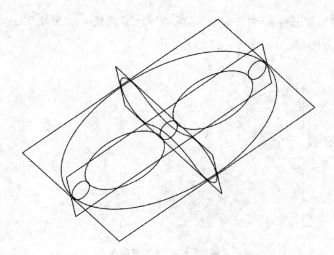

图 5-84 文件 5-3-5

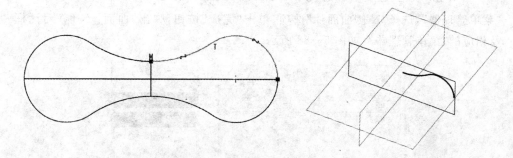

图 5-85 绘制草图 1

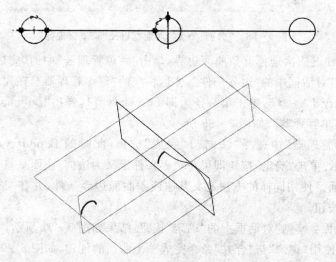

图 5-86 绘制草图 2

④ 单击"模型"选项卡中"基准"区域的"草绘"按钮 ，选择 TOP 基准平面为草绘平面，绘制草图，结果如图 5-87 所示。

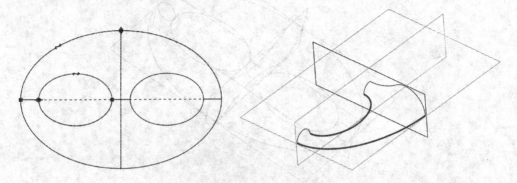

图 5-87 绘制草图 3

⑤ 单击"模型"选项卡中的 ⊙ 圆锥曲面和N侧曲面片 按钮（请参考 3.10 节），弹出"菜单管理器"，选择"N 侧曲面片"选项，单击"完成"按钮，弹出"曲面：N 侧"对话框及相应的"菜单管理器"，如图 5-88 所示。

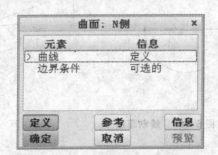

图 5-88 "曲面：N 侧"对话框以及"菜单管理器"

按住 Ctrl 键依次选择五条曲面边界，单击"菜单管理器"中的"完成"按钮。双击"曲面：N 侧"对话框中的"边界条件"，弹出相应的"菜单管理器"，在列表中显示了五条边 Boundary#1～#5，单击第一条边即 Boundary#1，弹出"Boundary#1"对话框及相应的"菜单管理器"，如图 5-89 所示。

在"菜单管理器"中选择"法向"|"完成"选项，此时的 Boundary#1 对话框如图 5-90 所示，单击"确定"按钮即可将边界条件定义为法向，曲面垂直于草绘边界所在的草绘平面。使用同样的方法定义其他四条曲面边界条件，并在"菜单管理器"中单击"完成"按钮。

单击"曲面：N 侧"对话框中的"确定"按钮，结果如图 5-91 所示。

⑥ 重复使用"镜像"与"合并"命令完成整个曲面的创建，如图 5-92 所示。

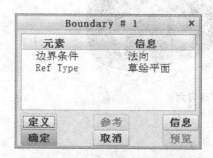

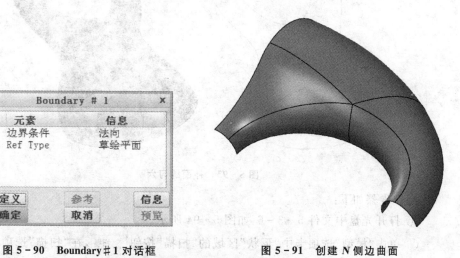

图 5－89　菜单管理器

图 5－90　Boundary＃1 对话框　　　　图 5－91　创建 N 侧边曲面

图 5－92　完成曲面

5.3.6 补面练习六

补面练习六如图 5-93 所示。

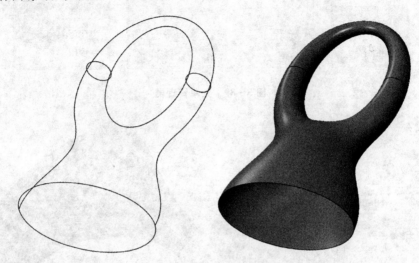

图 5-93 补面练习六

操作步骤如下:

① 打开光盘中文件 5-3-6,如图 5-94 所示。

② 单击"模型"选项卡中"形状"区域的"扫描"按钮 🗞扫描,在"扫描"选项卡中单击 🗖 按钮,依次选择二条轨迹,单击"草绘"按钮 ☑ 绘制草图,结果如图 5-95 所示。

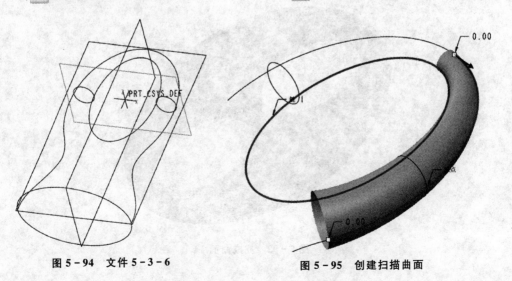

图 5-94 文件 5-3-6   图 5-95 创建扫描曲面

③ 单击"模型"选项卡中"基准"区域的"点"按钮 ✕✕点，选择平面与曲线，如图 5 - 96 所示。

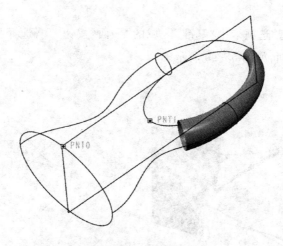

图 5 - 96　创建基准点

④ 单击"模型"选项卡中"基准"区域的"草绘"按钮 ⚞，选择草绘平面，绘制样条曲线，图 5 - 97 所示。

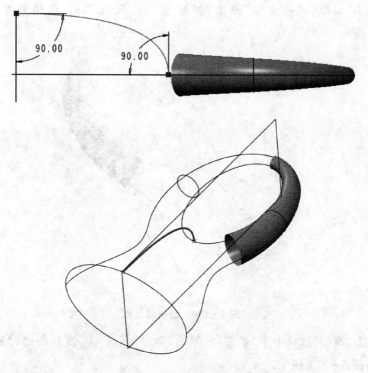

图 5 - 97　创建草绘曲线

207

⑤ 单击"模型"选项卡中的"基准"下三角按钮,选择"曲线"选项,弹出"曲线:通过点"选项卡,依次选择曲线两个端点,曲线端点处的连接关系为垂直,结果如图 5 - 98 所示。

⑥ 单击"模型"选项卡中"基准"区域的"平面"按钮 $\boxed{\varnothing}$,选择基准平面以及曲线断点创建基准平面,如图 5 - 99 所示。

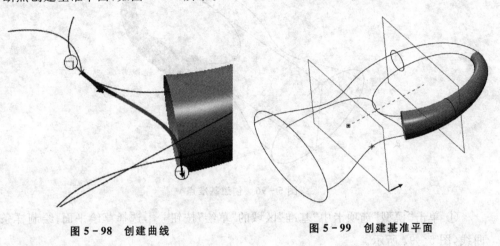

图 5 - 98　创建曲线　　　　　　　　　　　图 5 - 99　创建基准平面

⑦ 单击"模型"选项卡中"基准"区域的"点"按钮 $\boxed{^{x}_{x}点}$,选择平面与曲线,如图 5 - 100 所示。

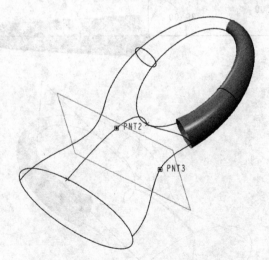

图 5 - 100　创建基准点

⑧ 单击"模型"选项卡中"基准"区域的"草绘"按钮 $\boxed{\sim}$,在新创建的基准平面上绘制草图,图 5 - 101 所示。

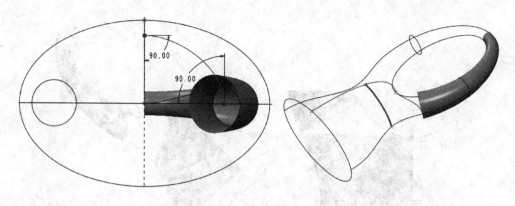

图 5 - 101　草绘曲线

⑨ 单击"模型"选项卡中"曲面"区域的"边界混合"按钮 ，选择曲线，创建边界曲面，如图 5 - 102 所示。

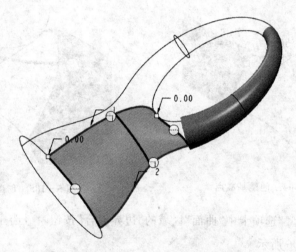

图 5 - 102　创建边界曲面

⑩ 单击"模型"选项卡中"形状"区域的"拉伸"按钮 ，在"拉伸"选项卡中单击"曲面" 和"去除材料"按钮 ，选择上一步创建的曲面，绘制草图切割曲面，结果如图 5 - 103 所示。

⑪ 单击"模型"选项卡中"基准"区域的"点"按钮 ，选择曲线，如图 5 - 104 所示。

⑫ 单击"模型"选项卡中的"基准"下三角按钮，选择"曲线"选项，弹出"曲线：通过点"选项卡，依次选择两个基准点，曲线端点处的连接关系为相切，结果如图 5 - 105 所示。

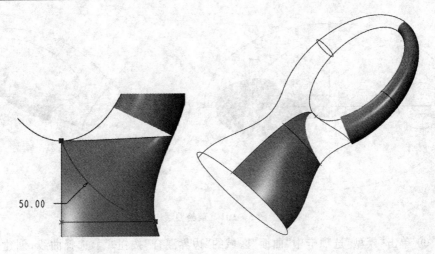

图 5 - 103　切割曲面

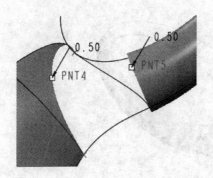

图 5 - 104　创建基准点

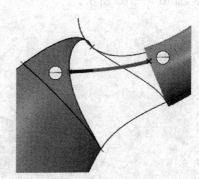

图 5 - 105　创建曲线

⑬ 单击"模型"选项卡中"曲面"区域的"边界混合"按钮，选择曲线，创建边界曲面，如图 5 - 106 所示。

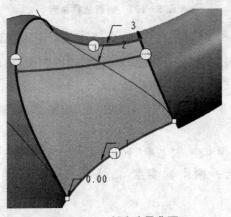

图 5 - 106　创建边界曲面

⑭ 选择曲面,单击"模型"选项卡中"编辑"区域的"合并"按钮 ，合并曲面,如图 5－107 所示。

⑮ 重复使用"镜像"与"合并"命令完成整个曲面的创建,如图 5－108 所示。

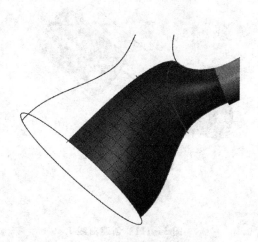

图 5－107 合并曲面

图 5－108 重复使用"镜像"与"合并"命令

5.3.7 补面练习七

补面练习七如图 5－109 所示。

图 5－109 补面练习七

操作步骤如下:

① 单击"模型"选项卡中"基准"区域的"点"按钮 ，选择平面与曲线创建基准点,如图 5－110 所示。

② 单击"模型"选项卡中的"基准"下三角按钮,选择"曲线"选项,弹出"曲线:通过点"选项卡,依次选择两个基准点,曲线端点处的连接关系为相切,结果如图5-111所示。

图5-110   创建基准点   图5-111   创建曲线1

③ 单击"模型"选项卡中的"基准"下三角按钮,选择"曲线"选项,弹出"曲线:通过点"选项卡,依次选择曲线两个端点,曲线端点处的连接关系为相切,结果如图5-112所示。

④ 单击"模型"选项卡中的"基准"下三角按钮,选择"曲线"选项,弹出"曲线:通过点"选项卡,依次选择曲线两个端点,曲线端点处的连接关系为相切,结果如图5-113所示。

图5-112   创建曲线2   图5-113   创建曲线3

⑤ 单击"模型"选项卡中"基准"区域的"轴"按钮 ╱ 轴，选择圆柱曲面，在圆柱的中心位置创建一条基准轴，使用同样的方法在另一个圆柱曲面中心创建基准轴，如图 5 - 114 所示。

⑥ 单击"模型"选项卡中"基准"区域的"平面"按钮 ⬜，选择两条基准轴创建基准平面，如图 5 - 115 所示。

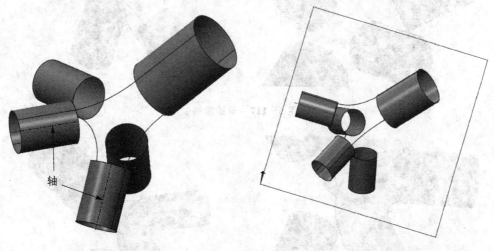

图 5 - 114　创建基准轴

图 5 - 115　创建基准平面

⑦ 单击"模型"选项卡中"基准"区域的"点"按钮 ⤬✕点，选择新创建的基准平面与曲线，创建四个基准点，如图 5 - 116 所示。

⑧ 单击"模型"选项卡中"基准"区域的"草绘"按钮 ⬚，在新创建的基准平面上绘制两个圆弧，如图 5 - 117 所示。

⑨ 单击"模型"选项卡中"曲面"区域的"边界混合"按钮 ⬲，选择曲线，创建边界曲面，如图 5 - 118 所示。

⑩ 单击"模型"选项卡中"基准"区域的"轴"按钮 ╱ 轴，选择圆柱曲面，结果如图 5 - 119 所示。

⑪ 单击"模型"选项卡中"基准"区域的"点"按钮 ⤬✕点，选择圆弧，在"基准点"对话框中的"参考"区域选择"居中"选项，如图 5 - 120 所示。

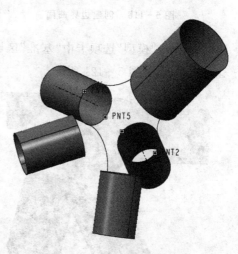

图 5 - 116　创建基准点

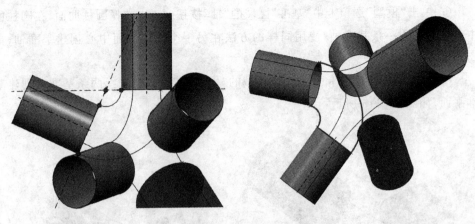

图 5 - 117　草绘曲线

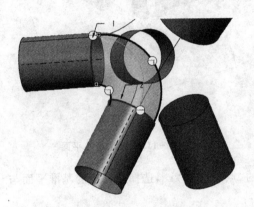

图 5 - 118　创建边界曲面

图 5 - 119　创建基准轴

⑫ 单击"模型"选项卡中"基准"区域的"平面"按钮□，选择基准轴和基准点创建基准平面，如图 5 - 121 所示。

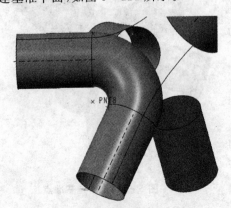

图 5 - 120　创建基准点

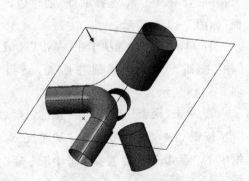

图 5 - 121　创建基准平面

⑬ 单击"模型"选项卡中"形状"区域的"拉伸"按钮，在"拉伸"选项卡中单击"曲面"按钮和"去除材料"按钮，选择边界曲面，绘制草图切割曲面，结果如图 5 – 122 所示。

图 5 – 122　切割曲面

⑭ 单击"模型"选项卡中"基准"区域的"点"按钮，选择基准平面与曲线，创建四个基准点，如图 5 – 123 所示。

⑮ 单击"模型"选项卡中的"基准"下三角按钮，选择"曲线"选项，弹出"曲线：通过点"选项卡，依次选择两个基准点，曲线端点处的连接关系为相切，结果如图 5 – 124 所示。

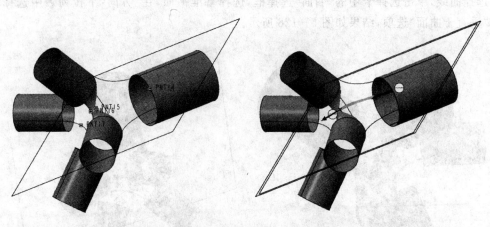

图 5 – 123　创建基准点　　　　　　图 5 – 124　创建曲线

⑯ 单击"模型"选项卡中"基准"区域的"点"按钮，选择基准平面与曲线，创建三个基准点，如图 5 – 125 所示。

⑰ 单击"模型"选项卡中的"基准"下三角按钮,选择"曲线"选项,弹出"曲线:通过点"选项卡,依次选择三个基准点,曲线端点处的连接关系为垂直,结果如图 5-126 所示。

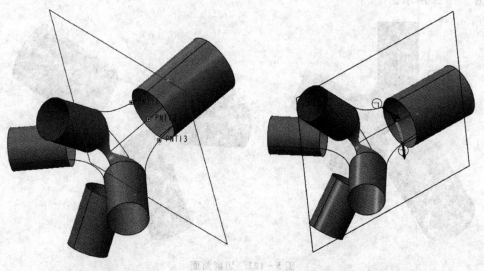

图 5-125　创建基准点　　　　　图 5-126　创建基准曲线

⑱ 单击"模型"选项卡中"曲面"区域的"边界混合"按钮 ⊘,选择曲线,创建边界曲面,如图 5-127 所示。

⑲ 单击"模型"选项卡中"编辑"区域的"投影"按钮 ⌇ 投影,弹出"投影"选项卡,选择曲线,单击选择卡中的"曲面"选择框,选择基准平面,在"方向"下拉列表中选择"垂直于曲面"选项,结果如图 5-128 所示。

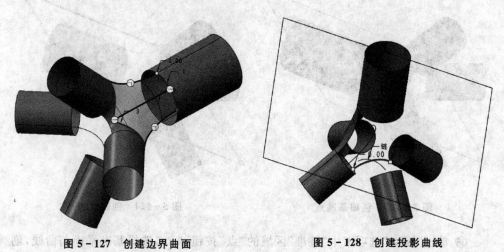

图 5-127　创建边界曲面　　　　　图 5-128　创建投影曲线

⑳ 单击"模型"选项卡中的"基准"下三角按钮,选择"曲线"选项,弹出"曲线:通过点"选项卡,依次选择连个基准点,曲线端点处分别与曲面和投影曲线相切,结果如图 5－129 所示。

㉑ 单击"模型"选项卡中"曲面"区域的"边界混合"按钮 🖉,选择曲线,创建边界曲面,如图 5－130 所示。

图 5－129　创建曲线

图 5－130　创建边界曲面

㉒ 选择曲面,单击"模型"选项卡中"编辑"区域的"镜像"按钮 🔛 镜像,镜像复制曲面,结果如图 5－131 所示。

㉓ 选择曲面,单击"模型"选项卡中"编辑"区域的"合并"按钮 🗗 合并,合并曲面,如图 5－132 所示。

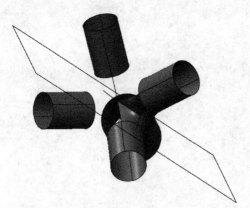

图 5－131　镜像复制曲面

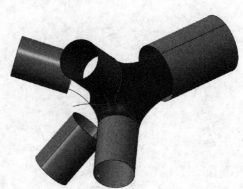

图 5－132　合并曲面

㉔ 重复"镜像"和"合并"命令完成整个曲面的创建,如图 5 - 133 所示。

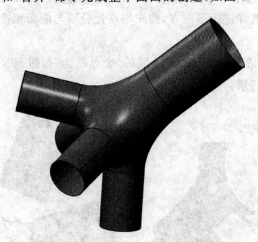

图 5 - 133　完成曲面创建

第6章 曲面分析

　　曲面分析应该贯穿在整个曲面外型的设计过程中,而不应该在最后完成阶段来做。曲面分析是一个迭代过程,通过曲面分析可以了解曲面的质量及其与相邻曲面之间的连接质量。曲面分析还可以检查曲面是否按指定的厚度值进行偏移,从而形成实体。

　　Creo Parametric 提供了丰富的曲面外形分析功能来对曲面进行分析,单击"分析"选项卡,在"检查几何"区域显示了多种曲面分析工具,如图 6-1 所示。

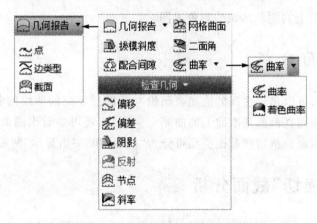

图 6-1　"检查几何"区域

➤ "二面角":显示共用一条边的两个曲面的法线之间的夹角。这对于检查相邻曲面间的连续性很有用。

➤ "点":计算在曲面上的基准点或指定点处的法向曲率矢量。分析并报告在曲线或边上的选定点处的曲率、法线、切线、二面角边点和半径。也可指定坐标系。

➤ "曲率":计算并显示曲面的曲率。曲率等于半径的倒数。

➤ "偏移":显示选定曲面组的偏移。

➤ "网格曲面":将曲面以网格的形式显示。

➤ "偏差":显示从曲面或基准平面到其要测量偏差的基准点、曲线或基准点阵列的偏差。

➤ "截面":计算曲面的连续性,尤其是在共享边界上的曲面连续性。

➢ "着色曲率"：为曲面上的每个点计算并显示最小和最大法向曲率。系统在显示曲率的范围内分配颜色值。光谱红端和蓝端的值分别表示最大和最小曲率。

➢ "拔模斜度"：分析零件设计以确定对于要在模具中使用的零件是否需要拔模。显示绘制的彩色出图。

➢ "斜率"：彩色显示相对于零件上的参考平面、坐标系、曲线、边或基准轴的曲面的斜率。

➢ "反射"：也称为斑马纹检测，显示从指定的方向上查看时描述曲面上因线性光源反射的曲线。反射分析是着色分析。要查看反射中的变化，可旋转模型并观察显示过程中的动态变化。

➢ "阴影"：显示由曲面或模型参考基准平面、坐标系、曲线、边或轴，投影在另一曲面上的阴影区域的彩色出图。

6.1　截面分析

"截面"分析可以显示选择的曲面或面组与基准面相交的曲线的曲率梳，它不但能反映出单独曲面在截面基准面上的曲率走向变化，还可以看出曲面与曲面接头处的曲率变化。截面分析按照截面类型可分为"横切"和"突出显示"两种。

6.1.1　"横切"截面分析

单击"分析"选项卡中"检查几何"区域的"几何报告"下三角按钮，选择"截面"选项，弹出"截面"对话框，在"曲面"选择框中选取要在其上执行曲面分析的一个或多个曲面、面组、零件或所有模型曲面。

在"方向"选择框中可以选取参照平面、坐标系、直线、边、轴或多个平面以指示截面的方向。单击方向参考中的箭头可反转方向。

默认情况下，"截面"下拉列表中选择的是"横切"类型，如图 6-2 所示。使用"横切"截面分析，将显示曲面或面组与基准面相交的曲线的曲率梳。

单击对话框中"显示截面图形的图形"按扭，弹出"图形工具"窗口。该窗口中将以图形的方式显示分析结果，如图 6-3 所示。

注意：只能查看"曲率"和"半径"类型出图的参数值。

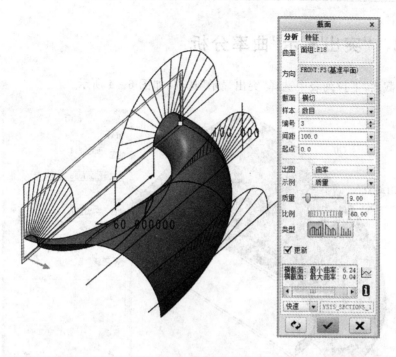

图 6-2　"横切"截面分析

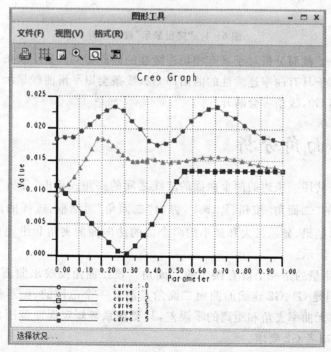

图 6-3　"图形工具"窗口

6.1.2 "突出显示"曲率分析

在"截面"下拉列表中选择"突出显示"选项,如图 6-4 所示。

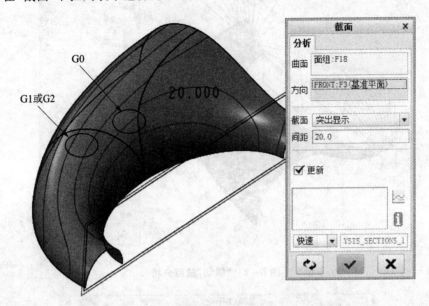

图 6-4 "突出显示"截面分析

"突出显示"截面分析对于具有相切连续性的曲面即 G1,显示线条会以尖角或者光滑显示。对于具有曲率连续性的曲面即 G2,线条会以平滑曲线显示。对于没有连续性的曲面即 G0,线条将会断开。

6.2 二面角分析

二面角是共用一条边的两个曲面的法线之间的夹角。单击"分析"选项卡中"检查几何"区域的"二面角"按钮 二面角 ,弹出"二面角"对话框,选择曲面交接的共同边界就能显示结果,显示最大和最小的两个面的法向面的夹角和出现夹角误差的位置,如图 6-5 所示。

图 6-6 测量的是一个没有误差的二面角。该二面角反映出曲面达到了 G1 或者 G2 要求,但是 G1、G2 连续的曲面二面角是需要一个范围的,而不是所有交接点都能做到绝对无曲率夹角和距离的零误差,只要在系统规定误差范围内都可以看成是达到了 G1 或者 G2 要求。

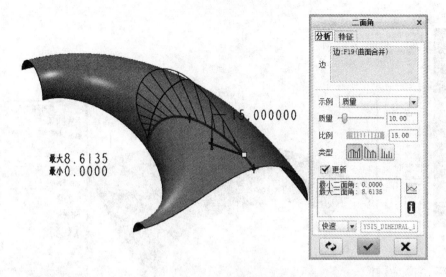

图 6 - 5　"二面角"分析

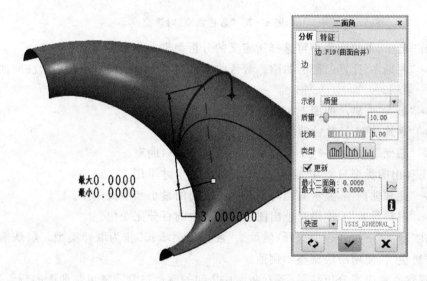

图 6 - 6　二面角为 0

6.3　着色曲率

　　着色曲率分析也叫高斯分析，单击"分析"选项卡中"检查几何"区域的"曲率"下三角按钮，选择"着色曲率"选项 ，弹出"着色曲率"对话框，选取要对其执行曲面分析的一个或多个曲面、面组、实体几何或小平面。如果选取实体几何，将会分析零件中的所有实体曲面，并弹出"颜色比例"对话框，如图 6-7 所示。

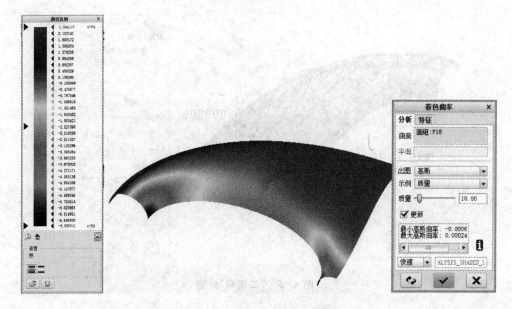

图 6 - 7 "着色曲率"对话框

在"出图"下拉列表中可选择所定义的分析类型:

➤ "高斯":计算曲面的曲率。着色曲率是曲面上每点的最小和最大法向曲率的乘积。

➤ "最大":显示曲面上每点的最大法向曲率。

➤ "平均值":计算曲线间的连续性。

➤ "截面":显示平行于参照平面的横截面切口曲率。

下列出图类型只有在"逆向工程"特征环境下才可用:

➤ "比较曲面":显示曲面与小平面顶点间的最小和最大偏差。

➤ "三阶导数":使用着色出图显示曲率中的百分比变化。

在"示例"下拉列表中选择"质量"、"数目"或"步长"作为取样类型。默认情况下选择"质量"。使用滑块调整示例值。

观察着色曲率分析结果,要看曲面片之间的颜色过渡或者单独曲面的颜色过渡,根据色标显示的其颜色范围内的高斯值来判断曲面的质量。光谱红端的值表示最大曲率或斜率。最小曲率值显示为光谱的蓝端颜色。

6.4 反射分析

反射分析就是常说的斑马纹分析,是利用一组平行光投影反射来分析曲面的走向,包括曲面间的连续状况。

单击"分析"选项卡中的"检查几何"下三角按钮,选择"反射"选项 ，弹出"反射"对话框,选择要进行曲面分析的一个或多个曲面、面组、实体几何或小平面,如图6-8所示。

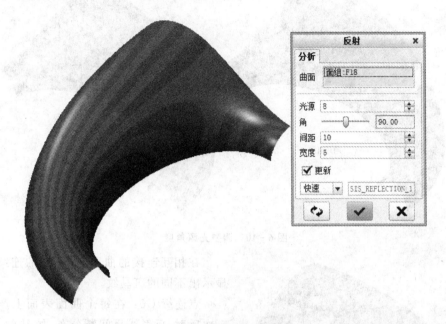

图6-8 "反射"对话框

在"光源"文本框中设置"光源"数量,如图6-9所示。

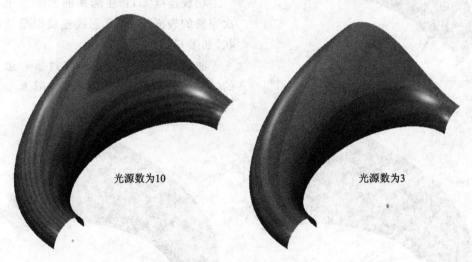

光源数为10 光源数为3

图6-9 光源数量

用"角"滑块来调整光源角度。默认值为90°,如图6-10所示。

在"间距"文本框中调整线性光源之间的间距,并在"宽度"文本框中调整宽度。默认值分别为10和5。

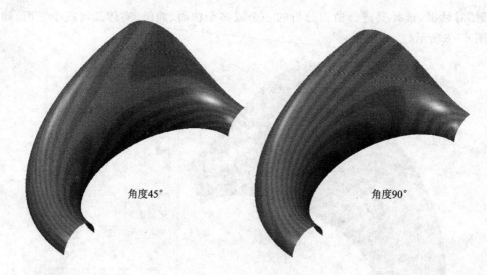

图 6－10　调整光源角度

角度45°　　　　　　　角度90°

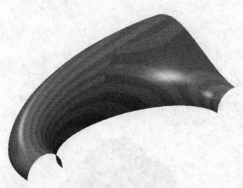

在相互连接的曲面上，不同的连续会显示出不同的斑马纹。

点连续 G0：在每个曲面表面上产生一次反射，反射线呈间断分布，如图 6－11 所示。

切线连续 G1：在选择曲面上产生一次完整的表面反射，反射线连续但呈扭曲状，如图 6－12 所示。

曲率连续 G2：将产生穿过所有边界的、完整的、光滑的反射线，如图 6－13 所示。

图 6－11　点连续

图 6－12　切线连续　　　　　**图 6－13　曲率连续**

6.5 网格曲面分析

网格曲面分析可以将选择的曲面以网格的方式显示,单击"分析"选项卡中"检查几何"区域的"网格曲面"按钮 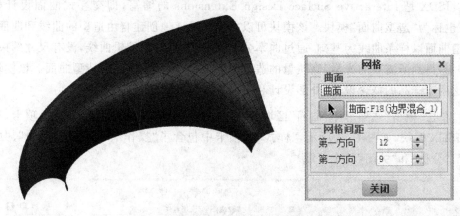 网格曲面 ,弹出"网格"对话框,选择曲面或面组,通过网格曲面可以直观地分析单一曲面与复合曲面,如图 6-14 所示。

图 6-14 复合网格曲面

在"网格"对话框中的"网格间距"区域输入两个方向网格的数量。通过网格曲面还可以发现曲面中的收敛退化,也就是三边曲面,如图 6-15 所示。

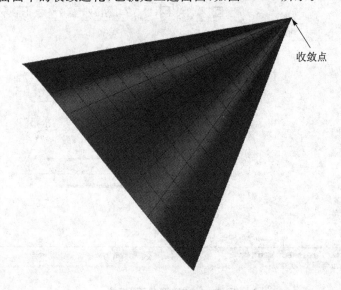

收敛点

图 6-15 收敛点

第 7 章　ISDX 交互式曲面设计

ISDX 是 Interactive Surface Design Extensions 的缩写，即交互式曲面设计模块，也称为"造型曲面"模块。该模块可以方便而迅速地创建自由造型的曲线和曲面，造型曲面以样条曲线为基础，通过曲率分布图，能够直观地编辑曲线，没有尺寸约束，可轻易得到所需要的光滑、高质量的造型曲线，进而产生高质量的造型曲面。该模块广泛用于产品的概念设计、外形设计和逆向工程等设计领域。

单击"模型"选项卡中"曲面"区域的"造型"按钮 ，将打开"样式"选项卡，进入 ISDX 模块，如图 7-1 所示，"样式"选项卡中包含了"操作"、"平面"、"曲线"、"曲面"、"分析"和"关闭"几个区域。

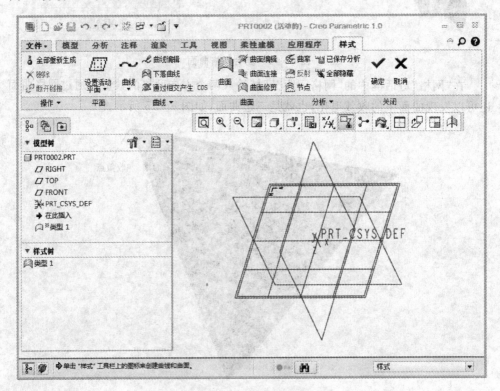

图 7-1　"造型曲面"模块

7.1 ISDX 环境设置

进入 ISDX 模块后选择"操作"下拉列表中的"首选项"选项,弹出"造型首选项"对话框,在该对话框中可以对 ISDX 环境进行相关的设置,如图 7-2 所示。

(1)"曲面"区域

"默认连接"复选项:在"造型曲面"创建期间自动连接曲面。

"连接图标比例"文本框:设置创建曲面过程中各种图标显示的大小。

(2)"栅格"区域

"显示栅格"复选项:打开或关闭活动基准平面的栅格显示。

"间距"文本框:定义活动平面显示栅格的行数,如图 7-3 所示。

(3)"自动重新生成"区域

"曲线"复选项:子曲线会根据父项修改自动重新生成。

"曲面"复选项:如果显示模式为线框,子曲面会根据父项修改自动重新生成。

"着色曲面"复选项:如果显示模式为线框或者着色,子曲面会根据父项修改自动重新生成。

图 7-2 "造型首选项"对话框

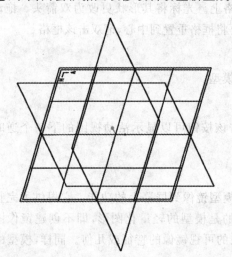

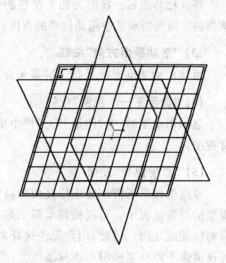

图 7-3 设置栅格间距

(4)"曲面网格"区域

"打开"单选项：显示曲面网格。

"关闭"单选项：关闭曲面网格显示。

"着色时关闭"单选项：选择"着色"显示模式时，关闭曲面网格显示。未选择"着色"显示模式时，显示曲面网格。

"质量"滑块：定义曲面网格的精细度，增加或减少在两个方向上显示的网格线数量。

7.2 视图和基准平面

在进入 ISDX 模块时，"图形"工具栏中将显示"样式显示过滤器"、"显示所有视图"、"活动平面方向"、"显示下一个视图"和"可视镜像"五个按钮，如图7-4所示。

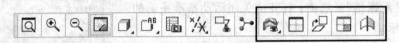

图7-4 "图形"工具栏

(1)"样式显示过滤器"按钮

根据图元属性显示或隐藏图元，可显示或隐藏的图元包括"曲线"和"曲面"。

(2)"显示所有视图"按钮

单击该按钮可以使用多视图环境创建或编辑图元。多视图环境支持几何的直接3D创建和编辑。可在一个视图中编辑几何，并同时在其他视图中查看该几何，如图7-5所示。

将光标移至划分视图为四个窗格的框格上。光标将其形状更改为双箭头。拖动该框格。箭头指示其中拖动框格的方向。要将框格重置到中心，请双击该框格。

(3)"活动平面方向"按钮

可使活动基准平面平行于屏幕来显示模型。

(4)"显示下一个视图"按钮

显示单视图时，在"图形"工具栏中单击该按钮可以显示活动视图的下一个逆时针视图。

(5)"可视镜像"按钮

可视镜像是无需创建实际几何即可将模型镜像到屏幕上的功能。它提供了完整模型的可视化表示。可视镜像实际上显示的是模型的轻量化图形，即不创建镜像图像的特征或几何。因此，用户无法选择对象的可视镜像的特征或几何。同样，模型的可视镜像不添加至模型的质量属性。

要创建模型的可视镜像图像，可单击"可视镜像"按钮，然后选择镜像基准平面。

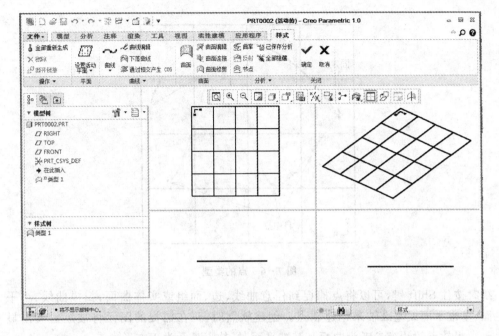

图 7－5　多视图环境

当用户在模型中更新特征或几何时,模型的可视镜像将自动更新以反映所做的更改。

可视镜像同样显示在模型上可执行以下类型的无方向性分析:

① 曲面和曲线的曲率分析。

② 着色曲率分析。

③ 反射分析。

④ 模型的可视镜像将显示诸如"拔模"和"斜度"的方向性分析。但是方向的结果可能不正确。

7.3　ISDX 曲线

质量高的曲线可以生成质量高的曲面,所以在创建高质量的曲面时要创建高质量的自由曲线,ISDX 模块可以方便快捷地创建高质量的自由曲线。

7.3.1　点的类型

ISDX 曲线中的点分为自由点、固定点和软点三种,如图 7－6 所示。

1. 软　点

软点以空心圆点表示,该点被部分约束,并可以沿着约束参考对象滑动。创建曲

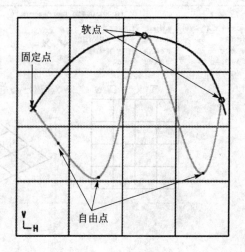

图 7 - 6　点的类型

线时按住 Shift 键,可以将点捕捉到任意曲线、边、面组或实体曲面、扫描曲线、小平面、基准平面或基准轴来创建软点。创建软点时,正在捕捉的图元将被短暂突出显示。当软点的约束参考为曲面和基准平面时,软点显示为正方形。

> **注意**:当拖动某个点进行捕捉时,可按住 Shift 键或者选择"样式"选项卡中"操作"下拉列表中的"捕捉"选项。
>
> 　　如果使某点捕捉到多个图元,则选择该软点,右击,选取"拾取软点"选项,然后在"拾取软点"对话框中选择所需图元。

2. 自由点

　　自由点使用实心圆表示,它可以自由移动,通过自由点的移动可以控制自由曲线的形状。自由点也叫插值点。

3. 固定点

　　固定点以十字叉丝显示。固定点是完全受约束的软点。它不可在约束参考对象上滑动,因为它受 X 轴、Y 轴和 Z 轴的约束。将软点变为固定点,有以下几种方法:
　　① 将曲线捕捉到基准点或顶点上。
　　② 如果曲面编辑时使用"锁定到点"选项,自由曲线上的软点将变为固定点,"锁定到点"会将软点移动到其父曲线上最近的定义点。

7.3.2　活动平面的设置

　　在 ISDX 模块中绘制平面曲线时,必须选择该曲线所在的平面,活动平面定义的对象可以是一个基准平面,如 FRONT、TOP 等基准平面,也可以是一个自定义基准平面。

单击"样式"选项卡中"平面"区域的"设置活动平面"按钮▥,选择需要定义为活动平面的曲面,活动平面将会显示栅格,如图 7-7 所示。

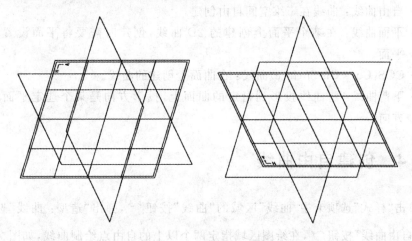

图 7-7　设置活动平面

在 ISDX 模块中可以直接创建一个新基准平面作为活动平面,但是该平面只是作为 ISDX 模块中的内部平面,推出 ISDX 模块后将不会显示在环境中。

单击"样式"选项卡中"平面"区域的"设置活动平面"按钮下的展开按钮,选择"内部平面"选项📐内部平面,弹出"基准平面"对话框,使用创建基准平面的方法创建一个新的内部平面,选择需要定义为活动平面的曲面,活动平面将会显示栅格,如图 7-8 所示。

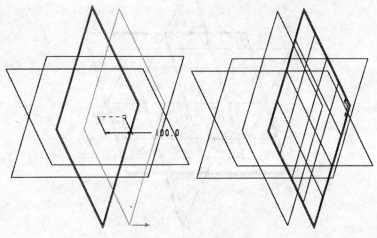

图 7-8　创建内部平面

7.3.3　ISDX 曲线类型

ISDX 曲线分为四种类型：
- ➤ 自由曲线：曲线在三维空间自由创建。
- ➤ 平面曲线：在某个平面上创建的 2D 曲线，创建时需要将平面设置为活动平面。
- ➤ COS(Cure On Surface)曲线：在曲面上创建的曲线。
- ➤ 下落曲线：将曲线投影到指定的曲面上，投影方向是某个选定平面的法线方向。

7.3.4　创建自由曲线

单击"样式"选项卡中"曲线"区域的"曲线"按钮 ～，弹出"造型：曲线"选项卡，单击"自由曲线"按钮 ～，在绘图区域指定两个以上的自由点绘制曲线，如图 7 - 9 所示。单击"图形"工具栏中的"显示所有视图"按钮 ▢，在各视图中指定自由点辅助创建 3D 的曲线。

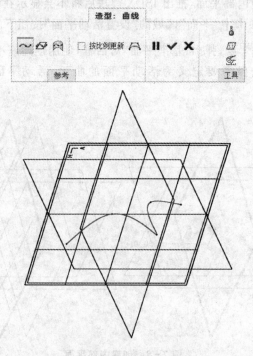

图 7 - 9　"造型：曲线"选项卡

绘制时在"造型：曲线"选项卡中单击"使用控制点编辑此曲线"按钮 ，绘制时将使用控制点定义曲线，如图 7 - 10 所示。

图 7 - 10　使用控制点创建曲线

选项卡右侧包含了三个创建曲线的辅助工具按钮："全部生成"按钮 、"设置活动平面"按钮 和"曲率"按钮 。

➢ "全部生成"按钮 ：重新生成所有过期的造型图元。

➢ "设置活动平面"按钮 ：选择当前作用的工作平面。

➢ "曲率"按钮 ：显示曲线曲率用以分析。

7.3.5　创建平面曲线

单击"样式"选项卡中"曲线"区域的"曲线"按钮 ，在"造型：曲线"选项卡中单击"创建平面曲线"按钮 ，即可通过选择自由点或者控制点在活动平面上创建曲线。

除了在指定的活动平面上创建曲线，也可以从活动平面偏移曲线，偏移值可以通过在"参考"选项卡的"偏移"文本框中输入一个值来设置。选择"偏移"复选项可导出偏移值，以便在 ISDX 模块外进行编辑，如图 7 - 11 所示。

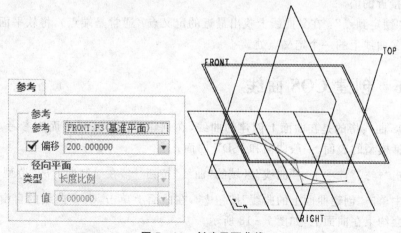

图 7 - 11　创建平面曲线

当"参考"选项卡的"参考"选项中选择的参照是曲线时,将在选择曲线的位置上创建一个临时的活动平面即软平面,曲线将创建在该软平面中,软平面与父曲线在选定点处垂直,如图 7-12 所示。同时,"参考"选项卡中的"径向平面"区域将被激活,其中"类型"下拉列表中有"长度比例"、"长度"、"参数"、"自平面偏移"和"锁定到点"五个选项。

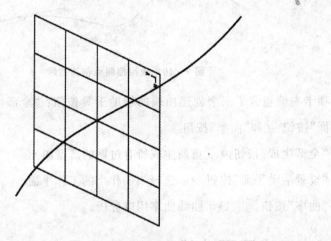

图 7-12　创建软平面

- ➢ "长度比例":将软平面设置为父曲线起点至软平面间的长度相对于父曲线总长度的长度百分比。
- ➢ "长度":将软平面的位置设置为从父曲线起点到软平面间的距离。
- ➢ "参数":通过沿曲线保持软平面的参数常量来维持其位置。
- ➢ "自平面偏移":通过使父曲线和特定偏移处的平面相交来设置软平面的位置。选择一个基准平面。如果找到多个交点,将使用在参数上与上一个值最接近的值。
- ➢ "锁定到点":在父曲线上找出最近的定义点(通常是端点),将软平面锁定在父曲线上的一个定义点处。

7.3.6　创建 COS 曲线

COS 曲线指的是在曲面上创建的曲线,在创建时需要选择曲面为参考,曲面的类型包括模型的表面、一般曲面和 ISDX 曲面。

单击"样式"选项卡中"曲线"区域的"曲线"按钮 ，在绘制曲前的"造型:曲线"选项卡中单击"创建曲面上的曲线"按钮 ，在曲面上单击,COS 曲线的自由点和控制点将会约束在曲面上,如图 7-13 所示。

有效的 COS 曲线可以为其设置曲率连续性。将曲线放置到复合曲面时,系统会为复合曲面的每个元件创建单独的 COS 曲线。同样,可通过指定复合曲面的单独元件上的点创建 COS 曲线。

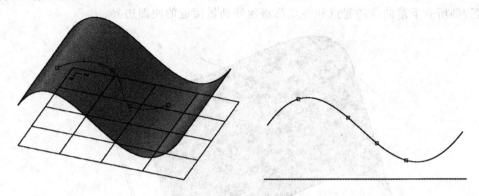

图 7 - 13　创建 COS 曲线

7.3.7　下落曲线

下落曲线是将选定的曲线投影到指定的曲面上所创建的曲线,投影方向是选定平面的法线方向。

单击"样式"选项卡中"曲线"区域的"下落曲线"按钮 下落曲线,弹出"造型:下降曲线"选项卡,选择投影的曲线、投影的曲面以及投影方向参照平面,如图 7 - 14 所示。

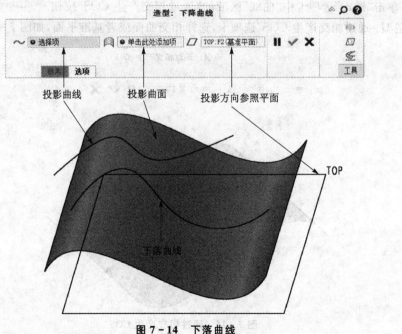

图 7 - 14　下落曲线

打开"选项"选项卡,在"延伸"区域选择"起点"或"终点"复选项,然后将下落曲线的起点或终点延伸到最近的曲面边界,如图 7-15 所示。如果选择多条曲线进行放置,则所有下落曲线的起点和终点都将延伸到最接近的曲面边界。

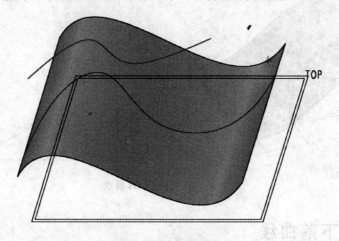

图 7-15　延长边界

7.3.8　通过相交产生 COS 曲线

　　相交的 COS 曲线是指将曲面与另一个曲面或基准平面相交来创建曲面上的曲线。

　　单击"样式"选项卡中"曲线"区域的"通过相交产生 COS"按钮 通过相交产生 COS ,弹出"造型:通过相交产生 COS"选项卡,选择相交曲面或者基准平面,如图 7-16 所示。

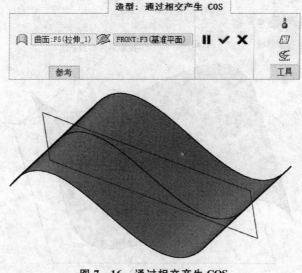

图 7-16　通过相交产生 COS

7.4　曲线编辑

ISDX 曲线创建完成后,经常需要通过对参照的编辑修改来达到要求。对 ISDX 曲线的编辑包括以下几个方面:

> ➢ 曲线上点的编辑。
> ➢ 曲线连接处切向量的设置。
> ➢ 曲线的复制、移动和删除。

7.4.1　曲线上点的编辑

ISDX 曲线的外形是通过移动曲线上的控制点、自由点以及软点来实现的。不同的点会有不同的移动操作方法。

双击曲线,或者选择 ISDX 曲线,单击"样式"选项卡中"曲线"区域的"曲线编辑"按钮 ，或者在曲线上右击,在弹出的快捷菜单中选择"编辑定义"选项,都将弹出"造型:曲线编辑"选项卡,如图 7 - 17 所示。

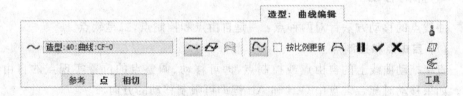

图 7 - 17　"造型:曲线编辑"选项卡

在弹出"造型:曲线编辑"选项卡的同时,曲线将显示其自由点以及软点,如图 7 - 18 所示。

图 7 - 18　显示自由点

若在"造型:曲线编辑"选项卡中单击"使用控制点编辑此曲线"按钮 ，将显示曲线的控制点,如图 7 - 19 所示。

在"造型:曲线编辑"选项卡中单击"在编辑前显示曲线副本"按钮 ，将会显示曲线编辑前后的效果可以作为对比,如图 7 - 20 所示。

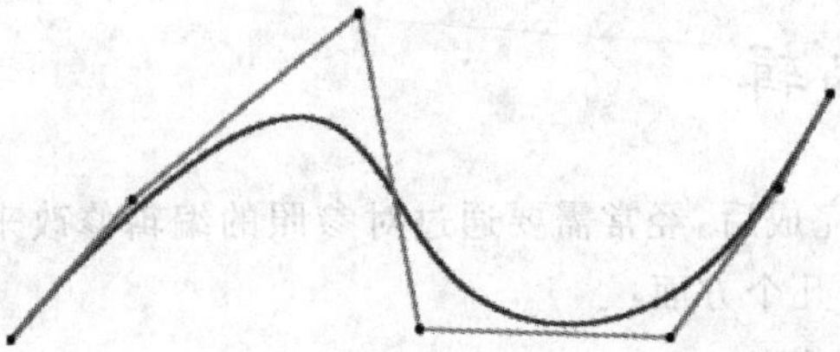

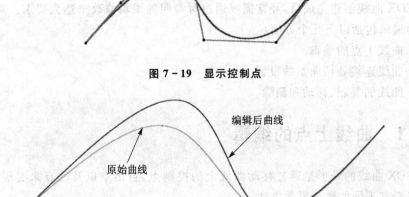

图 7 - 19 显示控制点

编辑后曲线

原始曲线

图 7 - 20 显示编辑前后效果

1. 点的移动

曲线点的移动方法针对两种点：一是自由点和控制点，二是软点。

(1) 自由点和控制点

直接拖动曲线上的自由点或控制点，即可移动、调整点的位置实现点的自由移动。如果移动时配合键盘中 Ctrl 和 Alt 键即可限制移动的方向。

水平/竖直方向移动：按住 Ctrl＋A 组合键，选择点即可以在水平、竖直方向移动，如图 7 - 21 所示。

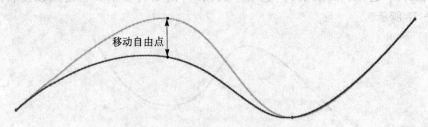

移动自由点

图 7 - 21 选择点在水平/竖直方向移动

法向移动：按住 Alt 键可垂直于活动平面拖动点，如图 7 - 22 所示。

单击"造型：曲线编辑"选项卡中"点"选项卡，如图 7 - 23 所示，选择相应的自由点以及控制点后，选项卡中的"坐标"区域和"点移动"区域将会激活。

"坐标"区域：在"坐标"区域的 X、Y、Z 文本框中输入相应的坐标值，自由点或控制点将会以活动平面的坐标系为参照坐标系进行移动。选择"相对"复选项，将 X、Y

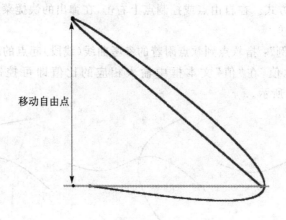

图 7 – 22　法向移动

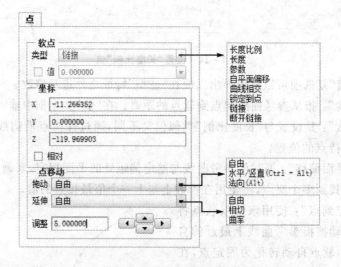

图 7 – 23　"点"选项卡

和 Z 坐标值作为距离原始位置的偏移。

　　"点移动"区域：在"拖动"下拉列表中选择相应的选项,点将按照相应的约束方式进行移动,方法与使用按键效果一样。

　　"延伸"下拉列表中提供了三种延伸方式,从列表中选择"相切"或"曲率"选项,同时按住 Shift 和 Alt 键,将曲线的新端点沿切线或曲率线拖动至所需位置。

　　(2) 软　点

　　创建曲线时按住 Shift 键,将点捕捉到任意曲线、边、面组或实体曲面、扫描曲线、小平面、基准平面或基准轴从而形成软点。在编辑曲线时,移动自由点并同时按住 Shift 键,同样可以捕捉到参考几何形成软点。

　　拖动软点可以让其在参考几何中移动。选中"软点"选项,单击"点"选项卡,"软点"区域将被激活,在"类型"下拉列表中显示了精确移动软点的几种方法,以及"软点"的几种操作方式。在自由点或控制点上右击,在弹出的快捷菜单中同样有相同的选项,其作用一样。

> "长度比例":指软点到软点附着的参考曲线(线段)起点的距离与参考曲线总长度的比值,在"值"文本框中输入相应的比值即可控制软点的位置,如图 7-24 所示。

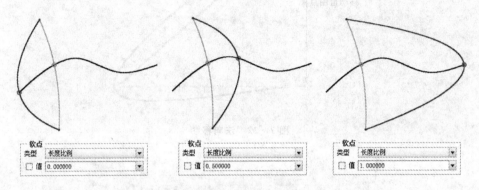

图 7-24 设置"长度比例"值

选择"值"复选项可以将值导出以便在"造型"特征之外进行修改。

> "长度":指从参考曲线起点到软点的距离。在"值"文本框中输入距离值。

> "参数":其设置与"长度比例"类似但又不同,通过保持点沿曲线常量的参数来保持点的位置。

> "自平面偏移":通过使参考曲线与给定偏距处的平面相交,来确定点的位置。如果找到多个交点,将使用在参数上与上一个值最接近的值。

> "锁定到点":使用该选项软点将会自动捕捉参考曲线上最近的自由点,软点自动转化为固定点,在图形窗口显示为"x",如图 7-25 所示。

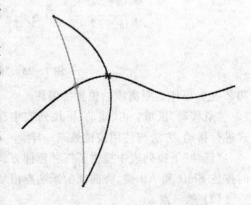

> "链接":指的是一种状态,当自由点捕捉到参考曲线上时将会变成软点或者固定点,其状态就是"链接"状态。

> "断开链接":用来断开软点与父项几何之间的"链接"状态。此点变成自由点,并定义在当前位置,符号会转换为实心的原点"●"。

图 7-25 锁定到点

2. 比例更新

如果 ISDX 曲线具有两个或两个以上软点,则在"造型:曲线编辑"选项卡中选择"按比例更新"复选项,移动其中一个软点,在两软点间的外形会随拖拉软点而成比例地调整。如图 7 - 26 所示,该 ISDX 曲线含有两个软点,如果选择"按比例更新"选项,拖动其中一个软点,两个软点之间的曲线形状将成比例调整。如果不选择"按比例更新"选项,则两个软点之间的曲线形状将不会成比例调整,如图 7 - 27 所示。

图 7 - 26　按比例调整　　　　　　　　　图 7 - 27　不按比例调整

3. 点的添加与删除

在 ISDX 曲线中可以根据用户的需要添加自由点,曲线中增加一个自由点时控制点也会同时增加,但是不可以直接增加控制点,所以需要增加控制点时就要增加自由点。

曲线添加自由点时,会通过定义点重新调整曲线。有时,曲线的形状会得到明显的更改。单击"样式"选项卡中"曲线"区域的"曲线编辑"按钮 曲线编辑 ,在曲线上右击,在弹出的快捷菜单中可以看到"添加点"和"添加中点"两个选项。

"添加点":将自由点添加到曲线,如图 7 - 28 所示。

"添加中点":在单击处的区间段的中点处添加自由点,如图 7 - 28 所示。

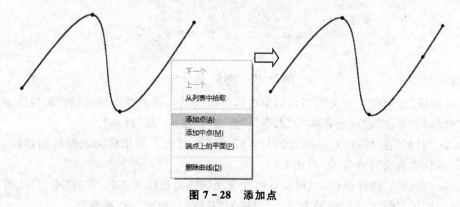

图 7 - 28　添加点

右击曲线上的自由点以及控制点,在弹出的快捷菜单中选择"删除"选项,即可将自由点或者控制点删除掉。

注意:ISDX 曲线中,自由点的存在个数最低为 2 个,控制点的最低个数为 4 个。所以如果自由点和控制点为最低限制,则不可以删除。

4. 曲线端点切向量的编辑

单击"样式"选项卡中"曲线"区域的"曲线编辑"按钮,选择曲线,单击曲线的端点,会激活一条橘色的相切线,如图 7-29 所示,拖动相切线的角度以及改变相切线的长短都可以改变曲线的形状。该相切线除了改变曲线形状外,还可以创建与相连接的曲线或曲面的连接关系。

激活曲线端点相切线后,单击"造型:曲线编辑"选项卡中的"相切"选项卡,如图 7-30 所示。该选项卡包括"约束"、"属性"和"相切"三个区域。

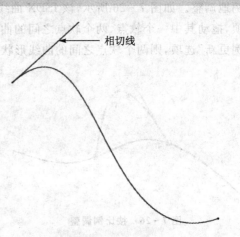

图 7-29　相切线

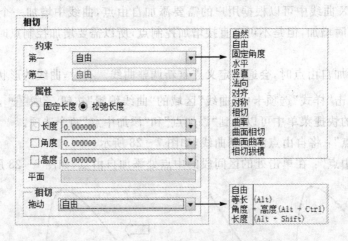

图 7-30　"相切"选项卡

"约束"区域用于定义相切线的属性以及曲线的连接关系。相切线的属性选项包括"自然"、"自由"、"固定角度"、"水平"、"竖直"、"法向"和"对齐"。

> "自然":由系统自动确定的相切线长度与方向。如果移动或旋转相切线,该选项将会自动变为"自由"。

> "自由":选择该选项,可以自由改变相切线的长度及方向,并且"相切"选项卡中的"属性"区域将被激活,可以输入"长度"、"角度"及"高度"。

➢ "固定角度"：保持当前相切线的角度和高度，只能改变其长度。

➢ "水平"：相切线相对于活动基准平面的栅格水平（与 H 方向一致），只能通过拖拉改变其长度，如图 7 - 31 所示。

➢ "竖直"：相切线相对于活动基准平面的栅格垂直（与 V 方向一致），只能通过拖拉改变其长度，如图 7 - 32 所示。

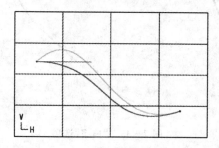

图 7 - 31　相切线水平

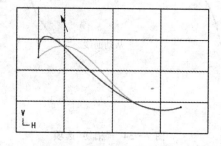

图 7 - 32　相切线垂直

➢ "法向"：相切线与用户定义的参考基准平面垂直，选择该选项后还需要选择参考基准平面。

➢ "对齐"：相切线与另一条曲线上的参考位置对齐，如图 7 - 33 所示。

曲线连接包括导引曲线和从动曲线。导引曲线保持其形状，从动曲线则为满足导引曲线的要求而使形状发生变化。

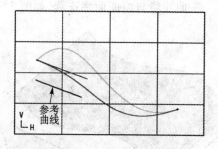

图 7 - 33　相切线对齐

曲线之间的连接关系包括"对称"、"相切"和"曲率"选项。

➢ "对称"：当两条曲线在端点处相连时，编辑其中一条曲线，单击连接处端点的相切线，选择"对称"选项，完成操作后两条曲线在该端点的切线方向相反，并且其类型会改变为"相切"。

➢ "相切"：选择该选项，从动曲线与导引曲线在连接处相切。如果两条曲线是在端点处相连，那么将显示两个曲线的相切线，从动曲线的相切线变为箭头，拖动时只能更改其长度；如果拖动引导曲线的相切线，则从动曲线的相切线将一起拖动，两曲线形状都会发生改变，但是相切关系不会改变，如图 7 - 34 所示。

➢ "曲率"：从动曲线与导引曲线在连接处曲率连续，从动曲线切线变为双线箭头，如图 7 - 35 所示。

曲线与曲面之间的连接关系包括"曲面相切"、"曲面曲率"和"相切拔模"选项。

➢ "曲面相切"：当曲线的端点或者软点附着在曲面或曲面边界上，选择该选项，曲线将与曲面相切，如图 7 - 36 所示。

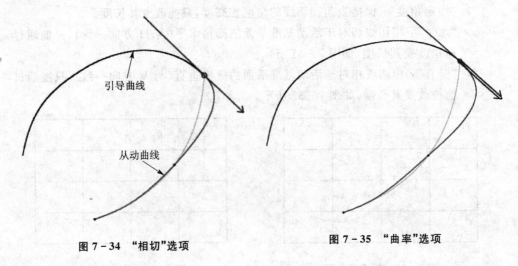

图 7 - 34 "相切"选项   图 7 - 35 "曲率"选项

➤ "曲面曲率"：当曲线的端点或者软点附着在曲面或曲面边界上，选择该选项，
曲线将与曲面曲率连续，如图 7 - 37 所示。

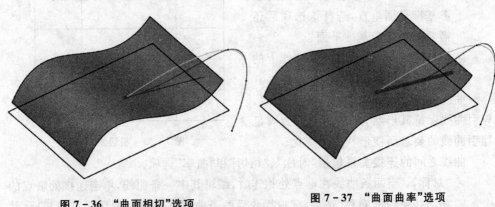

图 7 - 36 "曲面相切"选项   图 7 - 37 "曲面曲率"选项

➤ "相切拔模"：当曲线的端点在曲面的边界上时，设置该选项可以与选定平面
或曲面成某一角度，如图 7 - 38 所示。

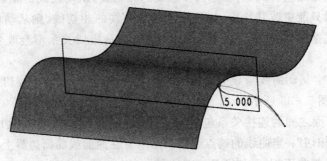

图 7 - 38 "相切拔模"选项

当曲线切线的第一约束是"曲面相切"、"曲面曲率"或"相切拔模"时,通过定义第二切线约束,可以进一步约束其放置。可用的第二约束包括"自然"、"自由"、"角度"、"水平"、"竖直"、"法向"、"对齐"、"垂直于边/曲线"、"沿 U 方向"和"沿 V 方向"。

"属性"区域可以使用户通过"长度"、"角度"和"高度"三个属性精确控制曲线相切线,根据切线类型可以激活相应的属性。

当创建切线连接时,可以选择"固定长度"或"松弛长度"选项。如果应用"固定长度"选项,在更改曲线过程中会保留设置的"长度"值,并且可以创建能够在 ISDX 模式外编辑的长度参数。在 Pro/Engineer Wildfire 5.0 之前版本中创建的相切连接都是固定长度。

如果选择"松弛长度"选项,则曲线长度和切线长度的比例会保持不变。当曲线重新生成时,切线将更新。对于新的相切曲线连接,该项为默认设置,但可以在曲线编辑时固定其长度。松弛切线长度只能在 ISDX 模式内编辑。

注意：使用"控制点"模式将不能选择"固定长度"或"松弛长度"选项。

"相切"区域用于更改曲线相切线的方向约束,其选项可以配合键盘使用。

➤ "自由"：不约束相切方向。

➤ "等长"(Alt)：拖动多条切线时,将相同长度值应用到每条活动切线中。

➤ "角度＋高度"(Alt ＋Ctrl)：锁定长度,以便只有角度和高度发生更改。

➤ "长度"(Alt ＋ Shift)：锁定方向,以便只有长度发生更改。

注意：拖动设置不会将约束应用到选定的相切。

7.4.2　曲线的分割与组合

对曲线的分割和组合是曲线比较重要的编辑操作。

分割曲线功能可在曲线自由点上将一条曲线分成两部分。在曲线自由点上右击,在弹出的快捷菜单中选择"分割"选项,即可将一条曲线分割为两条曲线,如图 7-39 所示。

图 7－39　分割曲线

图分割后由于曲线重新拟合到新定义点,因此生成的曲线形状会发生变化,并且其中一条曲线是以软点的形式连接到另一条曲线的,如图 7 - 40 所示。

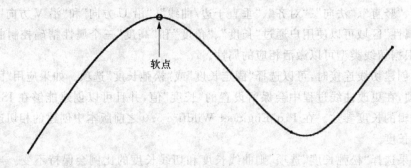

图 7 - 40　分割后曲线的连接

组合曲线功能可将两条端点和端点连接的曲线组合成一条曲线。其中一条曲线必须在另一条曲线上具有软点。组合曲线会更改形状以保持平滑度。

双击两条在端点处相互连接曲线中的任意一条曲线,激活其编辑状态,在连接的端点处右击,在弹出的快捷菜单中选择"组合"选项,如图 7 - 41 所示。

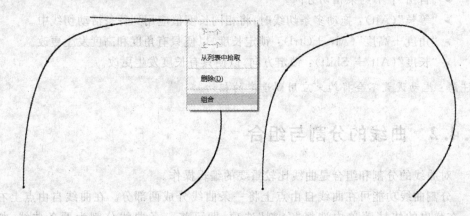

图 7 - 41　组合曲线

7.4.3　曲线的复制和移动

ISDX 曲线除了使用"曲线编辑"命令进行曲线形状编辑外,还可以使用"样式"选项卡中"曲线"区域的其他命令来对曲线进行复制、移动。"复制"命令和"移动"命令操作基本相同,只是结果不一样,在复制或移动几何时,可以对曲线进行平移、缩放或旋转操作。移动和复制功能仅适用于 ISDX 曲线,包括平面曲线和自由曲线、圆和弧,但 COS 曲线除外。

单击"样式"选项卡中的"曲线"下拉列表,选择"复制"选项,弹出"造型:复制"选项卡,如图7-42所示。

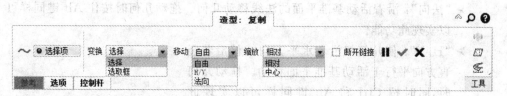

图7-42 "造型:复制"选项卡

选择一条曲线,此时曲线中出现一个类似于坐标系的控制杆以及一个选取框,如图7-43所示。控制杆主要用于旋转操作,选取框主要用于缩放操作。

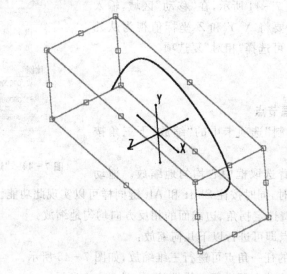

图7-43 控制杆和选取框

1. 操作对象的选择

单击"造型:复制"选项卡中的"变换"下三角按钮,弹出"选择"和"选取框"两个选项。

- ➤ "选择":此选项的操作对象为几何。在坐标系上右击,选择"变换选择"选项同样可以实现此功能。
- ➤ "选取框":此选项的操作对象为控制杆以及选取框。在坐标系上右击,选择"变换选取框"选项同样可以实现此功能。

2. 平移操作

(1) 拖动曲线

可以在图形窗口中拖动曲线,单击"造型:复制"选项卡中的"移动"下三角按钮,选择一个选项,即可指定平移几何时的方向约束,约束包括"自由"、"H/V"和"法向"。

➤ "自由"：几何可自由移动。

➤ "法向"：沿着活动基准平面的法线移动几何。拖动几何时按住 Alt 键同样可以实现此功能。

➤ "H/V"：使几何仅沿着水平方向或仅沿着竖直方向平行于活动基准平面移动。拖动几何时，同时按 Ctrl 和 Alt 键同样可以实现此功能。

（2）精确移动曲线

单击"造型：复制"选项卡中的"选项"按钮，弹出"选项"选项卡，如图 7-44 所示，在"移动"区域，输入 X、Y 和 Z 坐标值。要将 X、Y 和 Z 坐标值视为从几何原始位置的偏移，可选择"相对"复选项。

图 7-44 "选项"选项卡

3. 缩放操作

（1）拖动选取框节点

单击"造型：复制"选项卡中的"缩放"下三角按钮，选择缩放类型。

➤ "中心"：绕着选取框中心均匀地缩放。拖动选取框节点时，同时按住 Shift 和 Alt 键同样可以实现此功能。

➤ "相对"：沿着选定拐角、边或面的相反方向均匀地缩放。

拖动选取框节点即可进行以下几何缩放：

➤ 拖动选取框的任一角点可进行三维缩放，如图 7-45 所示。

➤ 拖动选取框边节点可进行二维缩放，如图 7-46 所示。

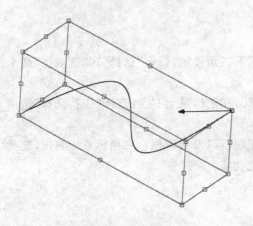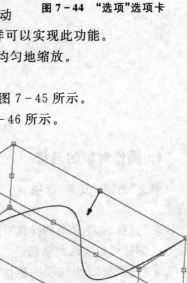

图 7-45 三维缩放　　　图 7-46 二维缩放

➤ 将鼠标放置在选取框边节点时会显
示出两个方向的箭头，拖动其中一
个箭头可进行一维缩放，如图 7 - 47
所示。

(2) 指定缩放坐标值

单击"选项"按钮，弹出"选项"选项卡，
在"缩放"区域输入 X、Y 和 Z 坐标值。要
锁定 X、Y 和 Z 坐标的缩放值，可单击 📷
按钮。

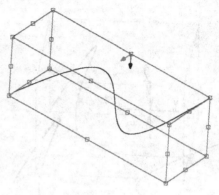

图 7 - 47　一维缩放

4. 旋转操作

(1) 设置旋转中心

旋转中心由控制杆位置定义。要更改旋转中心，需要拖动控制杆上远离端点的
任意位置，并将控制杆拖动到新位置。必要时要结合"变换"功能使用。

要将控制杆放置在选取框中心，单击"选项"按钮，弹出"选项"选项卡，在"旋转"
区域单击 📷 按钮。或者，右击旋转控制杆并从快捷菜单中选取"将控制杆置于中
心"选项。

要将控制杆与活动平面对齐，单击"选项"按钮，弹出"选项"选项卡，在"旋转"区
域单击 📷 按钮。或者，右击旋转控制杆并从快捷菜单中选取"对齐控制杆"选项。

(2) 拖动控制杆旋转几何

拖动控制杆端点即可旋转几何。

(3) 指定旋转坐标值

单击"选项"按钮，弹出"选项"选项卡，在"旋转"区域输入 X、Y 和 Z 坐标值。

5. 链　接

如果曲线中存在软点或者约束，则当移动或者复制曲线时，曲线将会保持软点或
约束，选取框中的节点变为实心点，不可以进行缩放和旋转，如图 7 - 48 所示。

要移除被复制原始几何的任何参考和约束，可选择"造型：复制"选项卡中的"断
开链接"复选项，操作结果如图 7 - 49 所示。取消"断开链接"复选项则可保留被复制
原始几何的所有参考。

6. 按比例复制

按比例复制功能可以在复制期间将选定几何中第一条曲线的端点移动到新位置
时保留原始比例。复制曲线将不保留原始曲线的历史。但是，复制曲线会保留为复
制而选定的曲线组中单独曲线之间存在的关系。

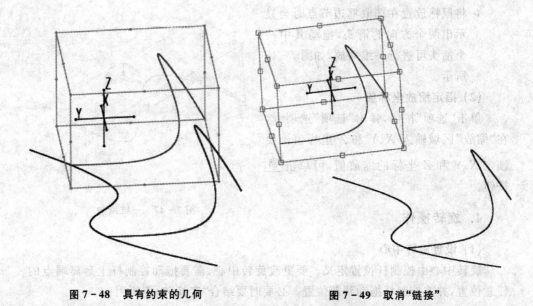

图 7-48　具有约束的几何　　　　　　　图 7-49　取消"链接"

单击"样式"选项卡中的"曲线"下三角按钮,选择"按比例复制"选项,弹出"造型:按比例复制"选项卡,如图 7-50 所示。

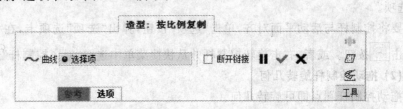

图 7-50　"造型:按比例复制"选项卡

选择一条或多条曲线,也可选择一个圆或一个弧。在选择集中的第一个几何的两个端点处将显示两个定义点的原始和新位置两个矢量箭头,在选择集中,两个矢量的默认基础是第一条曲线的端点。拖动矢量的箭头以缩放、平移或旋转所复制的曲线,如图 7-51 所示。

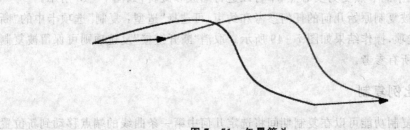

图 7-51　矢量箭头

单击"选项"按钮,弹出"选项"选项卡,选择"统一"复选项可以统一缩放所复制曲线的各坐标,若非统一地缩放所复制曲线的各坐标,则取消"统一"复选项,如图 7－52 所示。

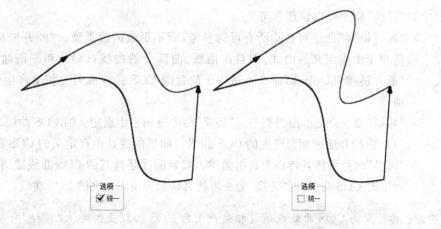

图 7－52　"统一"复选项

注意:要向曲线的副本中添加软点,请在拖动曲线时按住 Shift 键。

　　软点约束不允许按比例复制曲线。选择"断开链接"复选项将取消软点约束,如果被约束曲线在按比例复制过程中没有选择"断开链接"复选项,则受约束的曲线将连同父项曲线一起被按比例复制,如图 7－53 所示。

图 7－53　"断开链接"复选项

7.4.4　断开链接和转换曲线

　　ISDX 曲线可具有相对其他几何图元的参考。有些参考是必需的,而另一些则是可选的。例如,平面曲线必须具有平面参考,否则它将无法继续充当平面类型的曲线。而软点参考和相切约束则是可选的,即可在不更改曲线类型的情况下移除它们。

对于曲面而言,连接和内部曲线是可选参考。

使用"样式"选项卡中"操作"区域的"断开链接"按钮 ⬚断开链接 和"曲线"下拉列表中的"转换"命令可以管理参考。

- ➤ "断开链接"命令可移除所有可选参考,而不更改曲线类型。"断开链接"命令适用于由点定义的曲线,即自由曲线、曲面上的曲线(COS)和平面曲线。而"断开链接"(Unlink)命令不适用于放置的 COS 曲线或通过相交产生的 COS 曲线。

- ➤ "转换"命令会更改曲线类型。"转换"命令适用于由点定义的 COS 曲线、放置的 COS 曲线和通过相交产生的 COS 曲线。如果曲线是由点定义的 COS 曲线,则"转换"命令可将其转换为自由曲线。如果曲线是放置的 COS 曲线或通过相交产生的 COS 曲线,则"转换"命令可将其转换为由点定义的 COS 曲线。

注意:对放置的 COS 曲线或通过相交产生的 COS 曲线使用两次"转换"命令可将曲线转换为自由曲线。

通过放置或相交创建的 COS 曲线会保持历史记录。对父项或原始定义几何的修改会影响子 COS 曲线。将放置的 COS 曲线或通过相交产生的 COS 曲线转换为由点定义的 COS 曲线时,将断开放置的 COS 曲线或通过相交产生的 COS 曲线与原始定义几何之间的关联性。

7.4.5 ISDX 曲线曲率图

曲率图是显示曲线上每个集合点处的曲率或半径的图形,从曲率图上可以看出曲线的变化方向以及曲线的光滑程度。

1. 曲率图设置

在 ISDX 环境下,单击"样式"选项卡中"分析"区域的"曲率"按钮 ⬚曲率,弹出"曲率"对话框,如图 7-54 所示,选择要查看其曲率的曲线,即可显示曲率图,如图 7-55 所示。

曲率图中显示的是曲线法线,法线越长,该处的曲率值越大。

- ➤ "几何":用于收集需要分析的几何,可以是单个也可是多个。
- ➤ "坐标系":用于收集参考坐标系,一般情况下不需要选择。
- ➤ "出图":该选项用于定义分析的结果,包括"曲率"、"半径"和"切线",默认值为"曲率"。分析结果不同,其分析图形也是不同的,如图 7-56 所示。
- ➤ "示例":该选项用于设置曲率计算的项目,包括"质量"、"数目"和"步骤"。选择相应的显示方式后,下方的调整选项自动切换为当前设置选项以便于参数的调整。

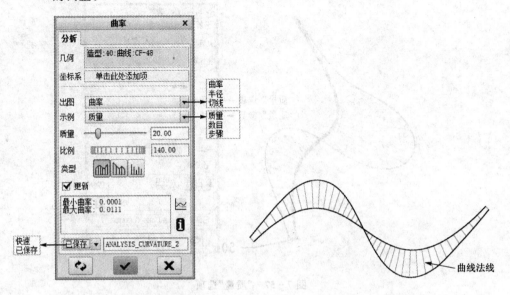

图 7 - 54　"曲率"对话框　　　　　图 7 - 55　曲率显示

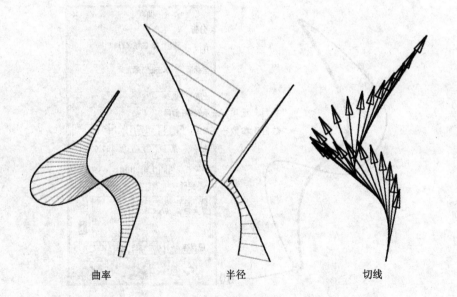

图 7 - 56　分析结果

"质量"：按照曲率大小自动排列垂直线间距，如图 7 - 57 所示。

"数目"：设置显示法线的数目，如图 7 - 58 所示。

"步骤"：设置显示法线间的步长，如图 7 - 59 所示。

注意："示例"的数目必须大于 1，"步骤"的增量值必须在模型单位中大于 0.001。

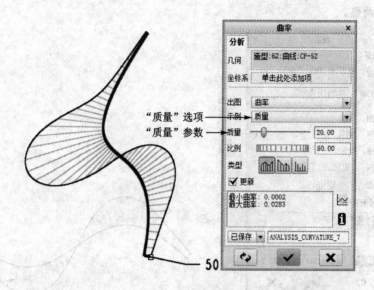

图 7-57 "质量"选项

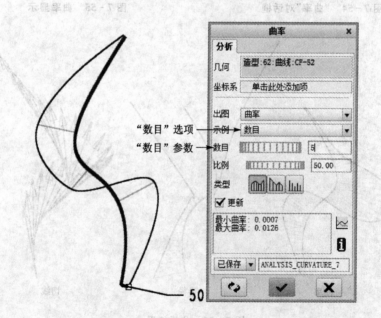

图 7-58 "数目"选项

➤ "比例":设置出图比例,如图 7-60 所示。

➤ "类型":设置三种波峰显示方式,如图 7-61 所示。

🔲 :显示波峰且平滑的连接。

🔲 :显示波峰并采用线性连接。

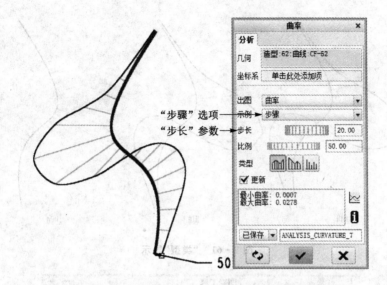

"步骤"选项 →
"步长"参数 →

图 7-59 "步骤"选项

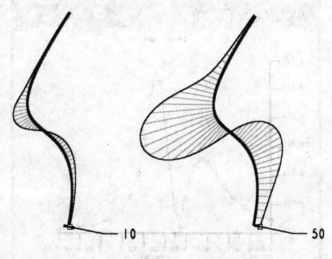

图 7-60 "比例"选项

> 仅显示波峰。

> "更新"：该选项默认情况下是选定的,用户可在选择或更改分析图的同时看到执行效果。

> ：单击该按钮将弹出"图形工具"对话框,在窗口中以图形方式显示分析结果,如图 7-62 所示。

> ：单击该按钮可在"信息窗口"对话框中查看结果,如图 7-63 所示。

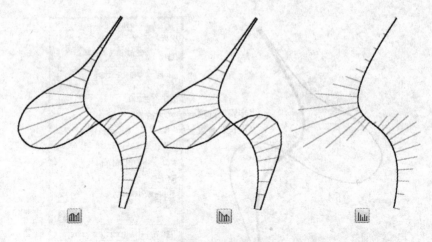

图 7 - 61　"类型"显示

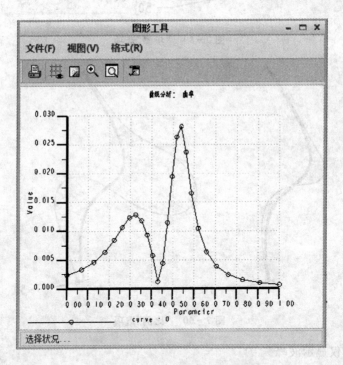

图 7 - 62　"图形工具"对话框

➤ "快速"：临时显示检测结果。

➤ "已保存"：保存现有检测结果，单击"样式"选项卡中"分析"区域的"已保存分析"按钮 [已保存分析] ，弹出"已保存分析"对话框，如图 7 - 64 所示。该对话框中显示了已保存的分析结果，利用该对话框可以删除、隐藏、显示和编辑已保存的分析结果。

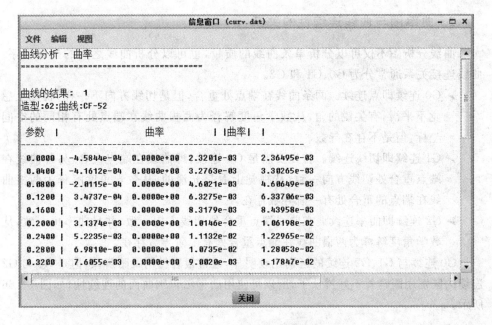

图 7 - 63　"信息窗口"对话框

除了直接单击"样式"选项卡中"分析"区域的"曲率"按钮  激活曲率分析外，在 ISDX 曲线的创建和编辑过程中，为了保证曲线质量，可以参照显示曲线曲率进行控制。在激活创建或编辑曲线的命令时，单击选项卡右侧的"曲率"按钮 ，即可显示当前绘制或编辑曲线的曲率，如图 7-65 所示。

图 7 - 64　"已保存分析"对话框

图 7 - 65　"曲率"按钮

2. 曲率图与曲线连续性的关系

曲线分析图不仅可以分析单条曲线的质量,也可以分析曲线之间的连接关系。曲线连接关系通常分为 G0、G1 和 G2。

➢ G0 连续即点连续。两条曲线在端点处重合,但是切线方向不一样,视觉上感觉不平滑,有尖锐的角,从数学角度解释为两根曲线在端点处有相同的空间坐标,但是不存在导数。

➢ G1 连续即切线连续。首先要满足 G0 连续,即曲线在端点重合,另外曲线在端点重合处切线方向一致,从视觉上看是光滑的,从数学角度解释为两根曲线在端点的重合处有一阶导数存在。

➢ G2 连续即曲率连续。在曲线端点重合处切线方向一致,并且曲率也一致,从数学角度解释为两根曲线在端点重合处有二阶导数存在。

G0 连续与 G1、G2 连续的区别比较明显,通常很容易用眼睛辨认,但是 G1 与 G2连续的区别用眼睛就不好辨认了,所以可使用曲率图识别曲面的连续性,如图 7 - 66所示。

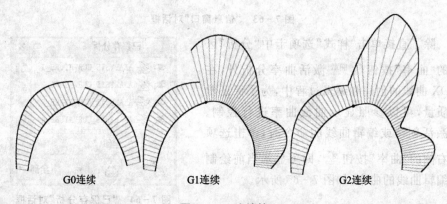

G0连续　　　　　　　　G1连续　　　　　　　　G2连续

图 7 - 66　连续性

G0 连续的曲线曲率图法线不重合,两个曲线曲率图在连接处明显有个豁口。

G1 连续的曲线曲率图在连接处法线重合,但是法线的长度不相等,所以会有台阶的感觉。

G2 连续的曲线曲率图在连接处法线重合,法线的长度相等。

7.4.6　编辑多条曲线

使用"曲线编辑"选项卡,可同时编辑多条曲线。可以在图形窗口中拖动点或曲线,或者指定精确的放置或测量值。对多条曲线可执行表 7 - 1 中的操作。

表 7 - 1　曲线操作

编辑类型	操　作
移动点和曲线	在一条曲线上移动多个点或拖动多条切线
	在多条曲线上移动一个点或一条切线
	在多条曲线上移动多个点或多条切线
	偏移多条平面曲线
调整切线	更改切线类型
	更改一条或多条切线的长度、角度或仰角
	更改一个或多个拔模角
	将长度类型设置为固定或松弛
	添加曲面相切、曲面曲率或相切拔模约束
更改曲线类型或参考	将平面曲线转换为自由曲线,或反之
	将 COS 曲线转换为自由曲线
	更改平面曲线的参考

不能对一组曲线执行以下操作:

① 添加点或删除点。

② 执行合并或分割操作。

③ 更改软点约束,包括"断开链接"操作。

1. 移动多个点

按住 Ctrl 键,选择要编辑的曲线,单击"曲线编辑"按钮 ✎ 曲线编辑 ,曲线显示自由点或者控制点,如图 7 - 67 所示。

按住 Ctrl 键,选择两条曲线的自由点或者控制点,将选定的点拖动到新的位置,被选择点的相对位置不会改变如图 7 - 68 所示。

单击"造型:曲线编辑"选项卡中的"点"选项卡,选择"相对"复选项以将 X、Y 和 Z 坐标值视为距离点的原始位置的偏移,并指定 X、Y 和 Z 坐标值。

2. 更改切线选项

按住 Ctrl 键,选择要编辑的曲线,单击"曲线编辑"按钮 ✎ 曲线编辑 ,曲线显示自由点或者控制点,按住 Ctrl 键,选择两条曲线的端点,显示端点上的相切线,如图 7 - 69 所示。

将选定的相切线拖动到新的位置,如图 7 - 70 所示。

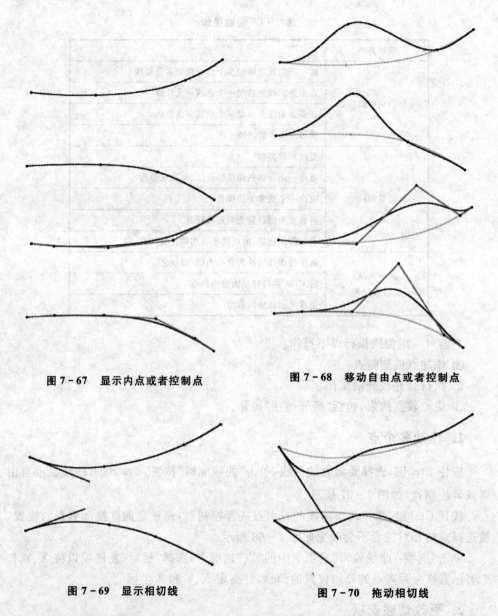

图 7 - 67　显示内点或者控制点　　　　图 7 - 68　移动自由点或者控制点

图 7 - 69　显示相切线　　　　　　　　图 7 - 70　拖动相切线

单击"造型：曲线编辑"选项卡中的"相切"选项卡。在"第一"或"第二"文本框中选择相切类型。在"属性"区域选择"松弛长度"或"固定长度"选项。如果相切类型为"拔模相切"选项，则在"拔模"文本框中输入值。

3. 转换多条曲线

按住 Ctrl 键，选择要编辑的曲线，单击"曲线编辑"按钮 ╰╱曲线编辑，单击"造型：

曲线编辑"选项卡中的"更改自由曲线"按钮  和"更改平面曲线"按钮 ，即可转换曲线。

7.5　ISDX 曲面的创建

ISDX 曲面也叫自由曲面，要创建自由曲面，需要使用一条或多条曲线为线架。单击"样式"选项卡中"曲面"区域的"曲面"按钮 ，弹出"造型：曲面"选项卡，如图 7-71 所示。

图 7-71　"造型：曲面"选项卡

7.5.1　创建边界曲面

创建边界曲面前，要绘制少 3 条或者 4 条曲线，这些曲线要相互封闭，但不一定首尾相连，图 7-72 所示的是一个首尾相连的 4 条曲线。

单击"样式"选项卡中"曲面"区域的"曲面"按钮 ，弹出"造型：曲面"选项卡，单击 按钮右侧的选择框，按住 Ctrl 键依次选择曲线为曲面边界，如图 7-73 所示。

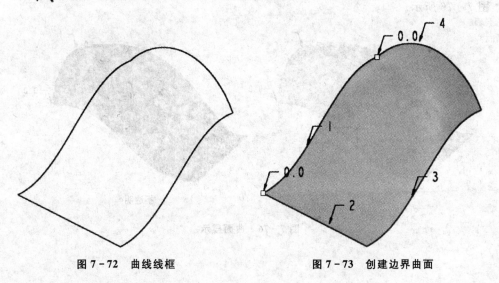

图 7-72　曲线线框　　　　　　　　图 7-73　创建边界曲面

单击"造型：曲面"选项卡中的"参考"按钮，弹出"参考"选项卡，如图 7-74 所示，在"首要"区域列表中显示了作为曲面边界的曲线，选择一条边界链单击右侧的上下箭头按钮即可调整边界链的次序。单击"细节"按钮可以定义多个相互连接的曲线为一条边界链。

单击选项卡中的 按钮右侧的选择框，选择内部曲线，该内部曲线将会添加到"参考"选项卡中"内部"区域。内部曲线是用来控制曲面内部形状的曲线，如图 7-75 所示。

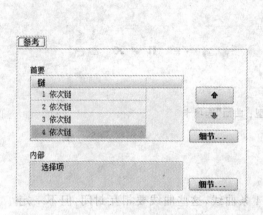

图 7-74　"参考"选项卡　　　　　图 7-75　绘制内部曲线

在"造型：曲面"选项卡中单击按钮 ，即可切换预览曲面的透明和不透明，如图 7-76 所示。

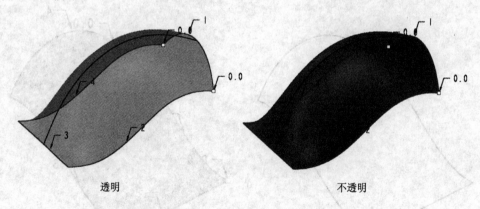

透明　　　　　　　　　　　　　不透明

图 7-76　曲面显示

7.5.2　创建放样曲面

放样曲面是指由一组不相交,但以相同方向排列的曲线所创建的曲面,图 7 - 77 所示为创建放样曲面线架。

单击"样式"选项卡中"曲面"区域的"曲面"按钮 ,弹出"造型:曲面"选项卡, 按住 Ctrl 键依次选择曲线,如图 7 - 78 所示。

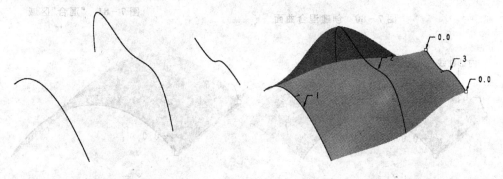

图 7 - 77　放样曲面线架　　　　　　图 7 - 78　创建放样曲面

7.5.3　创建混合曲面

混合曲面是由一条或两条轮廓曲线,以及至少一条内部曲线所创建的曲面,内部 曲面必须与轮廓曲线相交,如图 7 - 79 所示为混合曲面线架。

图 7 - 79　混合曲面线架

单击"样式"选项卡中"曲面"区域的"曲面"按钮 ,弹出"造型:曲面"选项卡, 选择一条曲线为边界链,选择一条曲线为内部曲线,如图 7 - 80 所示。

单击"造型:曲面"选项卡中的"选项"按钮,弹出"选项"选项卡。该选项卡中的 "混合"区域包含了混合曲面的"径向"和"统一"两个选项,如图 7 - 81 所示。

➢ "径向":选择该选项内部曲线将沿边界链平滑旋转。取消该复选项可保留原 始方向。该选项仅在有一条边界链时可用,如图 7 - 82 所示。

➢ "统一":沿边界链统一缩放曲面。取消该复选项可进行可变缩放,如图 7 - 83 所示。该选项有两条边界链时可用。

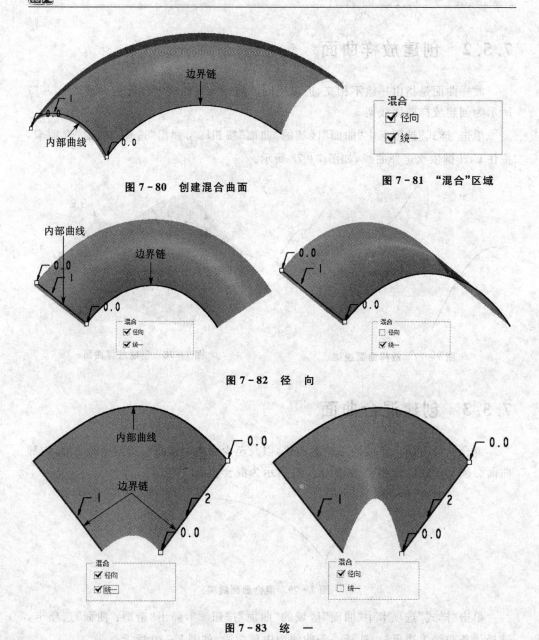

图 7-80　创建混合曲面

图 7-81　"混合"区域

图 7-82　径　向

图 7-83　统　一

7.5.4　内部曲线

内部曲线是定义曲面的横截面形状的曲线。根据以下规则,向由边界定义的曲面中添加任何数量的内部曲线:

➢ 不能将 COS 曲线添加为内部曲线。

➢ 内部曲线不能与(邻近的)边界链相交,如图 7-84 所示。

➢ 通常,内部曲线在曲面边界链或其他内部曲线相交处必有软点,如图 7-85 所示。

➢ 如果两条内部曲线穿过相同边界链,则它们不能在曲面内相交,如图 7-86 所示。

➢ 内部曲线必须同曲面的两条边界都相交,如图 7-87 所示。

➢ 内部曲线不能在多于两点处与曲面边界相交,如图 7-88 所示。

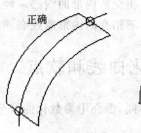
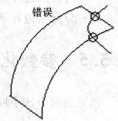

图 7-84　边界相交

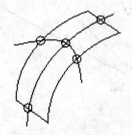

图 7-85　相交软点

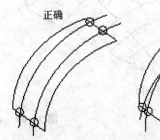

图 7-86　不能相交

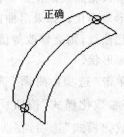

图 7-87　边界相交

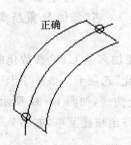
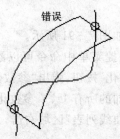

图 7-88　两点相交

> 三角曲面中的内部曲线可与自然边界相交,也可与之不相交。
  - 与自然边界相交的内部曲线必须经过退化顶点。
  - 与自然边界不相交的内部曲线必须与其他两个边界链相交。

7.5.5　参数化曲线和软点

创建曲面方法不同,曲面中参数化曲线分布也不一样,如图7-89所示。

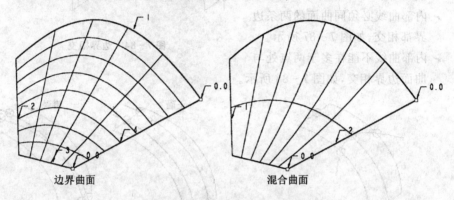

边界曲面　　　　　　　　混合曲面

图7-89　参数化曲线

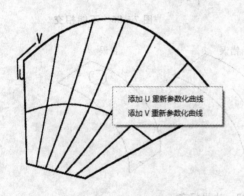

图7-90　快捷菜单

在创建 ISDX 曲面的过程中,可以添加参数化曲线以使曲面扭曲和等值线变形最小化。如果沿曲面拖动重新参数化曲线,则会修改等值线,从而更改曲面形状。

单击"造型:曲面"选项卡中的"重新参数化模式"按钮,激活"重新参数化模式"选项,在曲面上右击,弹出快捷菜单,如图7-90所示。

选择"添加 U 重新参数化曲线"或者"添加 V 重新参数化曲线"选项,即可创建参数化曲线,如图7-91所示。

重复使用上述快捷菜单中命令可以添加多条 U、V 参数化曲线,单击"造型:曲面"选项卡中的"参数化"按钮,弹出"参数化"选项卡。该选项卡中,"重新参数化曲线列表"区域显示所添加的所有 U、V 参数化曲线,如图7-92所示。

在"重新参数化曲线列表"区域右击,弹出快捷菜单,如图7-93所示。

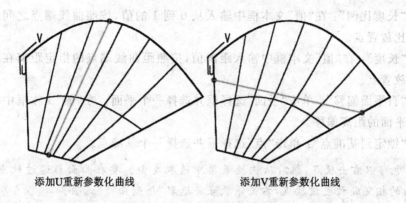

添加U重新参数化曲线　　　　　　　　添加V重新参数化曲线

图 7 - 91 创建参数化曲线

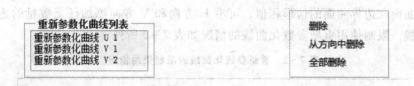

图 7 - 92 "重新参数化曲线列表"区域　　　　　　　**图 7 - 93 快捷菜单**

➢ "删除"：删除所选参数化曲线。

➢ "从方向中删除"：将所选方向的参数化曲线全部删除。

➢ "全部删除"：删除所有参数化曲线。

新添加参数化曲线的端点是软点，并且它们位于曲面边界曲线上。沿边界曲线拖动新添加参数化曲线或其中一个软点将直接改变参数化曲线的分布，如图 7 - 94 所示。

添加的参数化曲线可以选择软点的位置参考，输入值将其定位，当添加、修改或删除曲线以定义曲面时，重新参数化曲线的软点会自动更新。

单击"造型：曲面"选项卡中的"参数化"按钮，弹出"参数化"选项卡，在"重新参数化软点"区域的"类型"下拉列表中选择定义软点的类型，如图 7 - 95 所示。

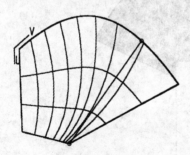

图 7 - 94 拖动新添加参数化曲线

图 7 - 95 定义软点类型

> ➤ "长度比例": 在"值"文本框中输入从 0 到 1 的值,按照曲线端点之间距离的比放置点。

> ➤ "长度": 在"值"文本框中输入距离值,按照距曲线端点的指定距离在曲线上放置点。

> ➤ "自平面偏移": 单击"平面"选择框并选择一个平面。在"值"文本框中输入距平面的距离偏移。

> ➤ "锁定到基准点": 单击"点"选择框并选择一个基准点。

注意: 也可以右击软点,然后从快捷菜单中选取类型。要在曲面与通过软点的法向平面的相交处放置该软点,右击该软点并选取"排列曲线"选项。

要向曲面添加重新参数化曲线,这个曲面必须沿某个给定方向上有多条曲线,这与放样曲面和边界曲面的情形相似。可沿 U 方向和 V 方向添加任意数量的重新参数化曲线。限制使用重新参数化曲线的情况如表 7-2 所列。

表 7-2 重新参数化曲线的限制使用情况

曲面类型	限　制
放样曲面	只可沿一个方向添加重新参数化曲线
修剪的矩形	不可以添加重新参数化曲线
混合曲面	只可以在两条或多条内部曲线之间添加重新参数化曲线

7.5.6　曲面连接

创建 ISDX 曲面时,如果其边界链为另曲面的边,或共用一个边界链,其上将显示连接图标,默认为虚线即"位置"连续,在其上右击将会显示曲面连续选项快捷菜单,如图 7-96 所示。

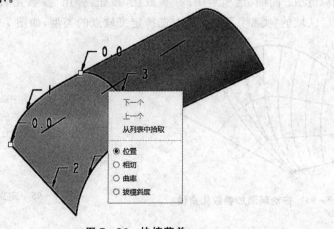

图 7-96　快捷菜单

　　曲面连接与曲线连接类似,都是基于父项和子项的概念。父项曲面不更改其形状,而子曲面会更改形状以满足父曲面的要求。曲面连接箭头从父项曲面指向子项曲面。可使用"曲面"工具或"曲面连接"工具创建以下连接:

➤ "位置"(G0):曲面与曲面的边界重合,共用一个公共边界,连接标志为虚线。
➤ "相切"(G1):两个曲面在公共边界的每个点彼此相切,连接标志为单线箭头,如图 7 - 97 所示。
➤ "曲率"(G2):两个曲面沿边界相切连续,并且它们沿公共边界的曲率相同,连接标志为多线箭头,如图 7 - 98 所示。

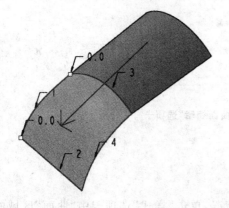

图 7 - 97　相切连接

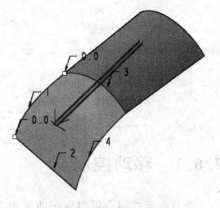

图 7 - 98　曲率连接

➤ "法向":支持连接的边界曲线是平面曲线,而所有与边界相交的曲线的切线都垂直于此边界所在平面。
➤ "拔模":所有相交边界曲线都具有相对于共用边界同参考平面或曲面成相同角度的拔模曲线连接。如果选取"拔模"选项,需要选择拔模参考。将以 10°的默认拔模角创建连接。

　　在 ISDX 模块中曲面的连接符号是可以更改显示大小的,单击"样式"选项卡中"操作"区域的"操作"下三角按钮,选择"首选项"选项,弹出"造型首选项"对话框,在"曲面"区域的"连接图标比例"文本框中输入符号的大小值,单击"确定"按钮,如图 7 - 99 所示。

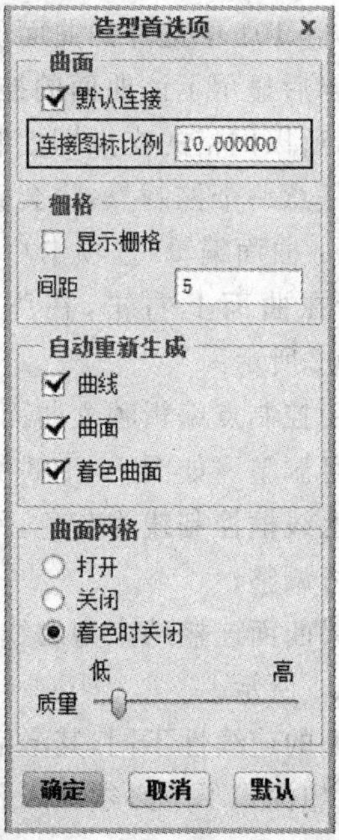

图 7 - 99　"造型首选项"对话框

7.6　曲面编辑

使用 ISDX 模块"曲面编辑"工具可编辑和调整彼此独立地控制点和节点。所编辑的曲面不一定是 ISDX 曲面。如果曲面是非 ISDX 曲面,将其复制到当前 ISDX 环境中,然后编辑副本。可以显示曲面编辑与原始曲面之间的比较。

单击"样式"选项卡中"曲面"区域的"曲面编辑"按钮 曲面编辑,弹出"造型:曲面编辑"选项卡,如图 7-100 所示。

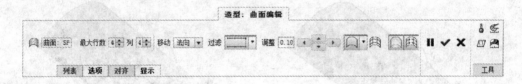

图 7-100　"造型:曲面编辑"选项卡

7.6.1　移动控制点

调节曲面控制点可以缓解曲面扭曲的情况,单击"样式"选项卡中"曲面"区域的"曲面编辑"按钮 曲面编辑,选择需要编辑曲面,如图 7-101 所示。

图 7-101 中选择的曲面上有一条边界链上与相邻曲面存在曲率连续关系,激活曲面编辑后显示了该曲面的控制网格,默认的曲面网格为 4 行 4 列,由于曲面存在连接关系,所以网格的交点即控制点,将不被激活,不可以调整,如果调整了其 4 行 4 列网格中任意一个控制点,将会破坏曲面连接的连续性。如果需要调整其控制点,需要在"造型:曲面编辑"选项卡中的"最大行数"和"列"文本框中增加网格的行数和列数,或者在曲面上右击,在弹出的快捷菜单中选择"添加行"或者"添加列",如图 7-102 所示。

使用控制点编辑独立曲面时,曲面的边界约束到了线框之上,所以边界上线框控制点不可调整。如图 7-103 所示,曲面和相邻曲面之间为"位置"连续,即独立曲面,其边界上线框控制线为灰色,不被激活,不能调整,而中间四个控制点加亮显示,可以选择进行调整。

如果曲面连接约束为切线连续时,将会激活约束边界后第二排以后的控制点,如图 7-104 所示。

曲面的连续性不同,其激活的控制点也不同,其根本原因与 NURBS 曲面的特性有关,要想深入了解必须深入研究 NURBS 曲面,这里不详细讲述。

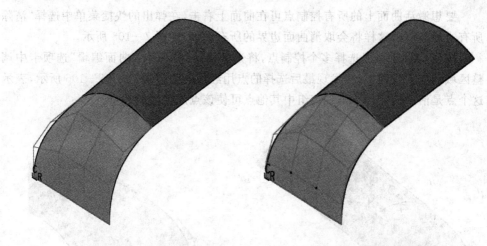

| 图 7 - 101　选择曲面 | 图 7 - 102　添加控制点 |

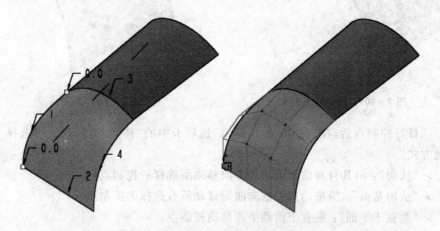

图 7 - 103　编辑独立曲面

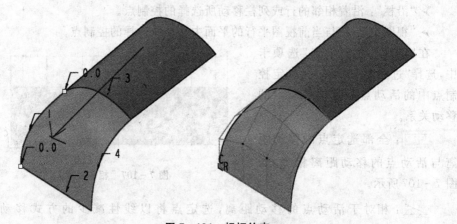

图 7 - 104　相切约束

要想激活曲面上的所有控制点可在曲面上右击,在弹出的快捷菜单中选择"清除所有边界"选项,这样将会取消曲面边界的所有约束,如图 7-105 所示。

　　按住 Ctrl 键可以选择多个控制点,将光标移动到"造型:曲面编辑"选项卡中调整区域的箭头按钮上,会发现最后选择的点用红色的圆包围,如图 7-106 所示,表示这个点是活动的点。单击选定组中其他点可使该点成为活动的点。

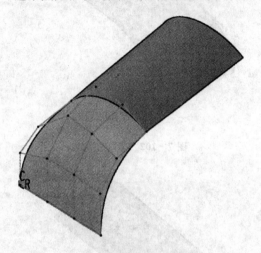

图 7-105　取消边界约束

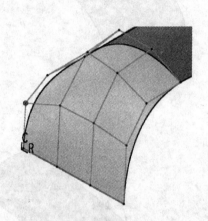

图 7-106　活动点

　　选择好控制点后,在"造型:曲面编辑"选项卡中的"移动"下拉列表中选择一种移动方式。

　　➤ "法向":沿其自身曲面的法向方向移动所选择的控制点。

　　➤ "法向常量":沿拖动点的法向曲面移动所有选择的控制点。

　　➤ "垂直于平面":垂直于活动平面移动控制点。

　　➤ "自由":自由移动所选择的控制点。

　　➤ "沿栏":沿着相邻的行或列栏移动所选择的控制点。

　　➤ "视图中":在与当前视图平行的平面中移动所选择的控制点。

　　在"造型:曲面编辑"选项卡中,选择"过滤器"选项定义选定控制点中的活动点和其他控制点的移动关系。

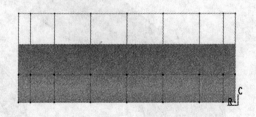

图 7-107　相等距离

　　▭:全部选定点的移动距离与活动点的移动距离相等,如图 7-107 所示。

　　◺:相对于活动点的移动距离,选定点将以线性减少的方式移动,如图 7-108 所示。

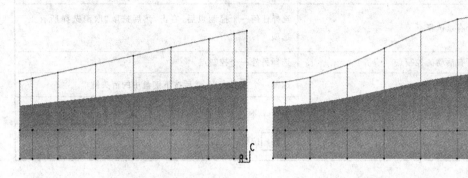：相对于活动点的移动距离，选定点将以平滑下降或者上升的方式移动，如图 7 - 109 所示。

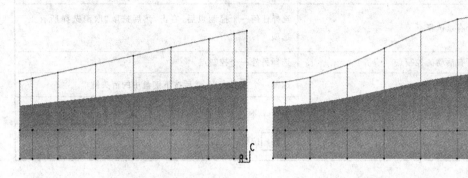

图 7 - 108　线性减少　　　　　　　**图 7 - 109　平滑移动**

在"造型：曲面编辑"选项卡中的"调整"文本框中输入选定点微调步幅距离，单击右侧的方向按钮，可以指定选定点按照按钮方向以步幅值为距离移动。

控制点的各种操作如表 7 - 3 所列。

表 7 - 3　控制点的各种操作

操　作	命　令
更改或移除边界约束	将光标移动到网格边界上，右击，然后选取"无一保留"、"保留位置"、"保留相切"或"保留曲率"选项
移除选定曲面的所有边界约束	将光标移动到曲面上，右击，然后选取"清除所有边界"选项
修改曲面网格	选择一个或多个控制点，然后进行拖动
沿直线移动点	按住 Alt＋Shift 组合键，选择和拖动某个点
沿屏幕平面移动点	按住 Alt 键，选择和拖动某个控制点
选择该行或列中的所有点	选择网格条线
选择并拖动该行或列中的所有点	选择并拖动一条网格线
选择同一行或列上的一组点	选择该组中的第一个点，按住 Shift 键，然后选择该组中的最后一个点
选择矩形区域中的所有点	选择该组中的第一个点，按住 Shift 键，然后选择对应第一个点的点对角

操 作	命 令
清除所有点选择	选择任何一个控制点后,右击,然后选取"取消选择所有点"选项
更改所有活动的控制点	选择另外一个控制点
移动一个或多个点	选择一个或多个点,然后按下键盘中的箭头键
	选择一个或多个点,然后单击 ▲ 、▼ 、◀ 或 ▶ 按钮

7.6.2　添加删除网格

利用添加删除网格功能,用户可以使用更少的网格对曲面进行较大的更改,以及使用更多的网格对同一曲面进行更精细的更改。建议用户在开始编辑时就添加足够的行和列,以适应预期的修改,然后根据需要激活或取消激活网格的行和列。

"曲面编辑"命令可以更改或重新定义曲面连接关系,单击"样式"选项卡中"曲面"区域的"曲面编辑"按钮 ⚒ 曲面编辑,弹出"造型:曲面编辑"选项卡,选择需要编辑的曲面,更改选项卡中"最大行数"和"列"文本框,即可调整网格数量。

在曲面上右击,弹出快捷菜单,选取"添加行"或"添加列"选项,以分别将行或列添加至曲面网格。继续添加行和列,直至网格达到进一步编辑所需的密度,如图 7 - 110 所示。

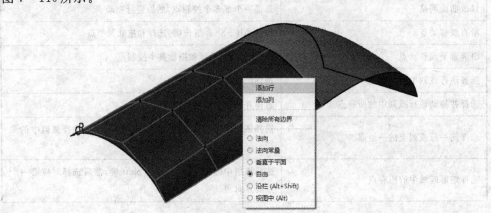

图 7 - 110　快捷菜单

可通过取消激活某些行和列来使用较简单的网格进行处理。取消激活行和列会使它们暂时不能用于编辑。不过,用户可在必要时激活这些行和列。

> 右击控制网格行或列,然后选取"取消激活行"或"取消激活列"选项,以取消激活行或列,如图 7-111 所示。
> 如果任何行或列已取消激活,则可在曲面上右击,然后选取"全部激活"选项,以激活行和列。
> 还可通过移除某些行和列来使用较简单的网格进行处理。不过,这会永久性地移除这些行和列,而且会对先前应用的编辑产生某些影响。
> 右击行或列,然后选取"移除行"或"移除列"选项,以移除行或列。

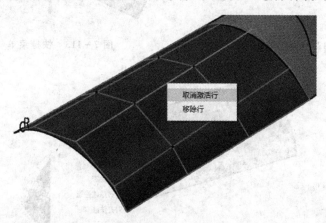

图 7-111　取消激活

注意:以上操作如果在网格数量为默认的 4 行 4 列时,将不可行。

7.6.3　对齐曲面

在编辑曲面的过程中,用户可以保持曲面的连接关系,也可以取消连接关系。单击"样式"选项卡中"曲面"区域的"曲面编辑"按钮 ,选择需要编辑的曲面。该曲面在编辑前与相邻的曲面之间是切线连续关系,如图 7-112 所示。

选择要编辑的曲面后,将显示曲面控制网格,右击与曲面相邻网的网格边界,弹出快捷菜单,如图 7-113 所示。

在快捷菜单中选择"无一保留"单选项,将取消所有曲面的连接。

再次右击与曲面相邻网的网格边界,弹出快捷菜单,选择一个曲面对齐的类型,如图 7-114 所示。

单击"造型:曲面编辑"选项卡中的"对齐"按钮,弹出"对齐"选项卡,在"相邻"选择框中选择对齐参考,即可重新建立曲面连接关系,如图 7-115 所示。

根据对齐的类型,选择进行对齐操作的参考如表 7-4 所列。

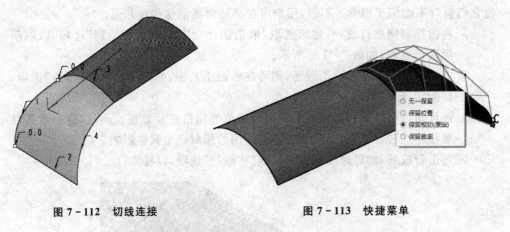

图 7 - 112　切线连接　　　　　　　　图 7 - 113　快捷菜单

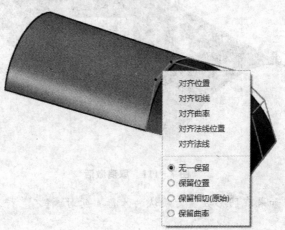

图 7 - 114　对齐类型

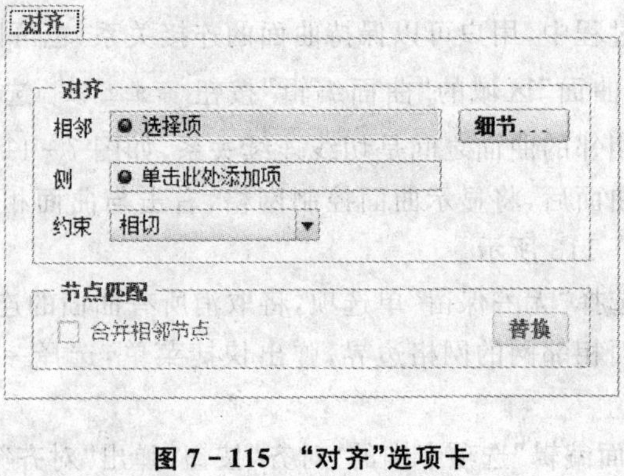

图 7 - 115　"对齐"选项卡

表 7 - 4 对齐操作参考

类　型	参　考
对齐切线	边、曲面上的曲线或相邻的曲面
对齐曲率	
对齐位置	自由曲线、边或曲面上的曲线
对齐法线位置	相邻曲面（或基准平面）和曲线（或边）
对齐法线	平面曲面或基准平面

7.7　曲面连接

曲面连接与曲线连接类似，都是基于父项和子项的概念。父项曲面不更改其形状，而子曲面会更改形状以满足父曲面的要求。曲面连接箭头从父项曲面指向子项曲面。可使用"曲面"工具或"曲面连接"工具创建位置、相切、曲率、法向和拔模五种连接。

在复合曲面中控制曲面连接时可控制沿复合边界的连接，但不能控制复合曲面内的连接。如果关联边界曲线具有曲率连续性、相切连续性或位置连续性，则复合曲面的连续性最大。沿曲面复合边界的连接类似于组的功能，并且以不同的颜色进行显示。

单击"样式"选项卡中"曲面"区域的"曲面连接"按钮 曲面连接，弹出"造型：曲面连接"选项卡，如图 7 - 116 所示。

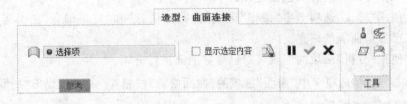

图 7 - 116　"造型：曲面连接"选项卡

：选择曲面参考。

"显示选定内容"复选项：仅显示选定相邻曲面的连接。

：显示可以转换为"拔模"连接的连接。

连接符号显示了连接类型、父项曲面和子项曲面。以下符号表示曲面连接：

➢ "位置"：虚线。

➢ "相切"：从父项曲面指向子项曲面的箭头。

➢ "曲率"：从父项曲面指向子项曲面的双箭头。

➤ "法向"：从连接边界向外指，但不与边界相交的箭头。

➤ "拔模"：从公共边界向外指的虚线箭头。

选择两个或多个要连接的曲面，沿曲面边界显示连接符号。将光标移动到连接符号上方，右击，然后选取连接类型。

如果曲面是自动连接，将弹出一个消息输入窗口。阅读信息并单击"是"按钮以接受所做的更改并进行连接。曲面随即连接起来。

7.8　曲面裁剪

在 ISDX 模块中，可以使用一组曲线来修剪曲面和面组。可以保留或删除所得到的被修剪面组部分。默认情况下不删除任何被修剪的部分。

> **注意**：每次使用"修剪"命令时，ISDX 模块均会在活动"样式"特征内创建新的曲面子特征。
>
> 修剪曲面不会更改其参数定义。在修剪操作后，任何软点或 COS 均不会发生变化。
>
> 为修剪曲面而选择的曲线必须位于面组上。

使用修剪操作时，可以：

➤ 在另一个修剪操作中使用已修剪的曲面。

➤ 在被修剪曲面上创建 COS、放置曲线和软点。

➤ 在整个修剪边界间创建连接。

➤ 使用"样式"选项卡中"操作"区域的"图元信息"和"特征信息"工具可以获得已修剪曲面的信息。

➤ 使用"分析"区域的工具可对已修剪曲面进行分析。

单击"造型"选项卡中"曲面"区域的"曲面修剪"按钮 曲面修剪，弹出"造型：曲面修剪"选项卡，如图 7-117 所示。

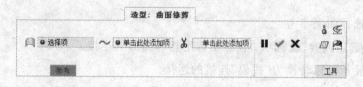

图 7-117　"造型：曲面修剪"选项卡

选择一个或多个要修剪的面组，添加到 选择框中，选择用于修剪面组的曲线填入 选择框，曲线要求必须位于选定的面组上。选择需要删除的曲面添加到 选择框中,如图 7 - 118 所示,请勿选择要删除的所有被修剪部分。

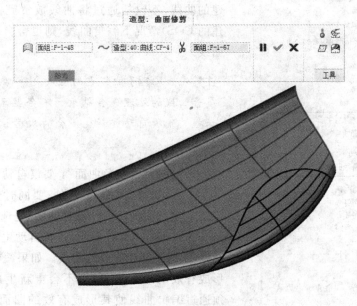

图 7 - 118　修剪曲面

7.9　重新生成

　　ISDX 模块中特征有一个内部重新生成机制,仅在图元因其父项更改而导致数据过期的情况下才重新生成图元。所有过期的图元均会重新生成。任何最新的图元均不会重新生成。

　　在特征重新生成期间,只重新生成包含在 ISDX 特征中的图元,而不重新生成整个 Creo Parametric 模型。

　　单击"样式"选项卡中"操作"区域的"全部重新生成"按钮 全部重新生成 ,可重新生成全部过期的 ISDX 特征。

　　模型更新时交通灯呈绿色;模型过期时呈黄色;如果重新生成失败则呈红色。

　　曲面和曲线都可以自动重新生成,选择"操作"下拉列表中"首选项"命令,弹出"造型首选项"对话框,在"自动重新生成"区域选择自动重新生成的选项,如图 7 - 119 所示。

　　➤ "曲线":如果 ISDX 特征非常复杂,包含大量曲线,则可以不选择此选项,以避免影响性能。

　　"自动重新生成"适用于所有曲线编辑操作。所修改曲线的子曲线会被更新。在分割曲线时,将更新原曲线和生成的曲线的所有子项。通常,子曲线包含父曲线上的一个软点,但在其他情况下,例如具有对齐切线的曲线,可以创建父子关系。如果在

图 7-119　"自动重新生成"区域

多条曲线或所有从属曲线（不包括作为曲面而创建的曲线，不包括通过将曲线放置到曲面上而创建的 COS)情况下编辑曲线，则也会自动重新生成曲线。

> 注意：如果某子曲线重新生成失败，则其他非从属子曲线的处理也会结束。不会显示"解决"对话框。下次自动重新生成会再次尝试更新失败的图元。

➢ "曲面"、"着色曲面"：要仅自动生成线框曲面，选择"曲面"复选项；要同时生成线框和着色曲面，选择"着色曲面"复选项。

如果编辑下列任意项目，将自动生成曲面：

① 用于创建曲面的曲线。如果编辑的曲线未形成有效的闭合边界，则不会重新生成曲面。必须通过编辑曲线使其形成有效的曲面边界，并单击"全部重新生成"按钮 全部重新生成 来解决此问题。

② 曲面的内部曲线。所有 COS 和从属子项也会被更新，以便能位于重新生成后的曲面之上。

7.10　追踪草绘

"追踪草绘"功能可以方便地将图片放置于绘图环境中，通过 ISDX 模块中快捷方便的曲线和曲面功能来构建造型。在实际的工作中，设计师提供的视图都是多角度多视图的，需要把这些视图都拼到设计环境中，以方便设计者参考各个视图的尺寸，如图 7-120 所示。但要注意的是，这些视图之间的尺寸未必都能对应得上，所以在拼图的时候要注意进行取舍，一般的原则是：保证重要尺寸，摊分形状偏差，利用辅助基准。

"追踪草绘"功能可以将参照图片显示在环境中，但是它并不是一个特征，单击"视图"选项卡中的"模型显示"下三角按钮，选择"追踪草绘"选项按钮，弹出"追踪草绘"选项卡，如图 7-121 所示。

"追踪草绘"选项卡中包含了"透明"、"方向"、"图像"、"调整"、"比例"和 Offset 几个区域。

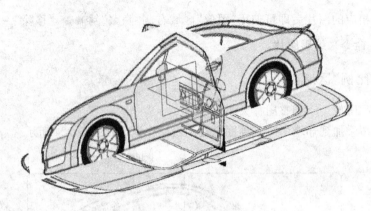

图 7-120　追踪草绘

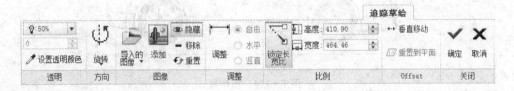

图 7-121　"追踪草绘"选项卡

1."图像"区域

"图像"用于在平面上添加、移除图像,并控制显示或者隐藏图像。

单击"图像"区域的"添加"按钮 ,选择添加图片的平面曲面或基准平面,弹出"打开"对话框,选择图片,单击"打开"按钮,如图 7-122 所示。

单击"图像"区域的"导入的图像"下三角按钮,将会显示出所添加的图片列表,如图 7-123 所示。在该列表中可以轻易地选择需要操作的图片。

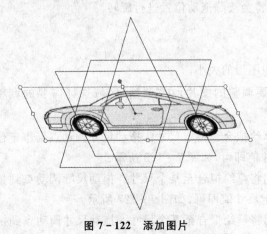

图 7-122　添加图片　　　　　　　图 7-123　图像列表

选择相应的图片后即可使用"图像"区域右侧"隐藏" 隐藏、"移除" 移除 和"重置" 重置命令来编辑图片。

2."比例"区域

"比例"区域用于调整图片大小。

图片在添加到环境中时其周围会显示出操作框,如图 7 - 124 所示。

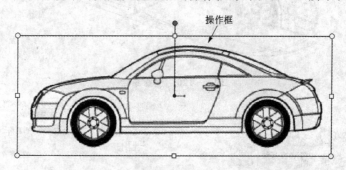

操作框

图 7 - 124　操作框

默认情况下,"锁定长宽比"按钮是被激活的,拖动操作框周围的八个节点,图片将会按比例缩放显示。取消"锁定长宽比"按钮的锁定,图片将会按照节点的拖动方向进行缩放。如果在"比例"区域的"高度"和"宽度"文本框中输入相应的数值,图片将会按照数值精确缩放。

3."方向"区域

单击"方向"区域的"旋转"下三角按钮,将会显示四种图片旋转方式,如图 7 - 125 所示。

拖动操作框中的绿色手柄,图片将会按照拖动位置进行旋转。

4."调整"区域

"调整"区域用于精确调整图片中图形的大小。

单击"调整"按钮,选择需要调整的图片,在"调整"区域选择需要的调整形式:

➤ "自由":在定义的两点间将草绘拟合至指定尺寸。拖动尺寸调动点到指定位置,双击尺寸值,输入指定尺寸值即可,如图 7 - 126 所示。

➤ "水平":在水平对齐的两点间将草绘拟合至某个尺寸。拖动尺寸调动点到指定位置,双击尺寸值,输入指定尺寸值即可,如图 7 - 127 所示。

➤ "竖直":在竖直对齐的两点间将草绘拟合至某个尺寸。拖动尺寸调动点到指定位置,双击尺寸值,输入指定尺寸值即可,如图 7 - 128 所示。

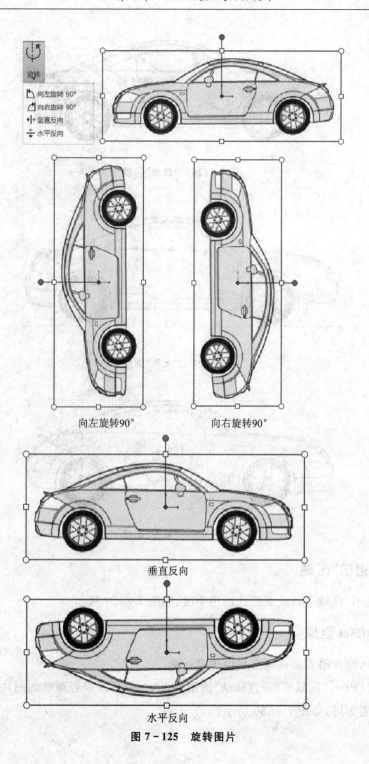

图 7 – 125　旋转图片

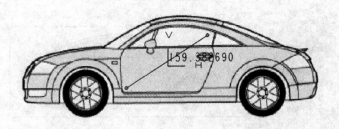

图 7 - 126　"自由"调整

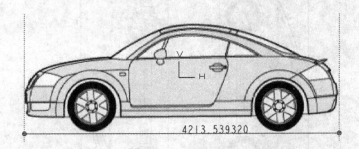

图 7 - 127　"水平"调整

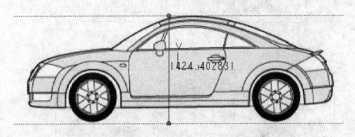

图 7 - 128　"竖直"调整

5. "透明"区域

在"透明"区域可以设置图片的透明度,如图 7 - 129 所示。

6. Offset 区域

将插入图片沿着图片所在平面垂直移动。

单击"Offset"区域的"垂直移动"按钮 ↔ 垂直移动,选择需要调整的图片,拖动图片到指定位置即可,如图 7 - 130 所示。

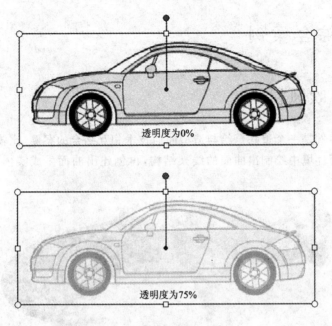

透明度为0%

透明度为75%

图 7 - 129   调整透明度

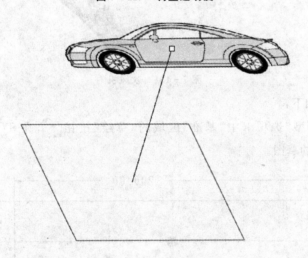

图 7 - 130   垂直移动

单击"重置到平面"按钮 ⊞重置到平面 将会取消"垂直移动"操作。

注意： 图片添加到零件文件中需要将选项中的 save_texture_with_model 设为 yes，才可以将追踪草绘位图文件嵌入到此模型文件中。

7.11 综合案例

7.11.1 吹风机

吹风机案例是一个追踪草绘与造型曲面技术相互结合的案例,比较简单,通过图片在造型曲面环境中绘制出曲面的线架结构,再创建出曲面生成实体,如图 7-131 所示。

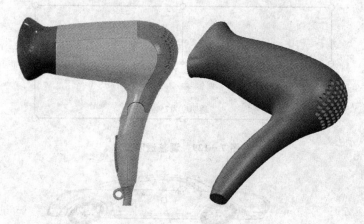

图 7-131 吹风机

操作步骤如下:

① 单击"模型"选项卡中"基准"区域的"草绘"按钮 ,在 TOP 平面上绘制图 7-132 所示的草图。

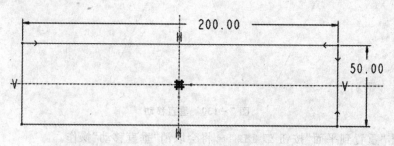

图 7-132 创建草图

② 单击"视图"选项卡中的"模型显示"下三角按钮,选择"追踪草绘"选项,弹出"追踪草绘"选项卡,单击"图像"区域的"添加"按钮,选择 TOP 平面,弹出"打开"对话框,选择源文件中的"吹风机.jpg"文件,将图片导入到 TOP 平面上。

③ 单击"追踪草绘"选项卡中"方向"区域的"旋转"下三角按钮,选择"向左转90°"选项拖动图片图框的角点,将图片中的吹风机放大并将其放入矩形草绘框中,如图 7-133 所示,单击"确定"按钮,退出"追踪草绘"选项卡。

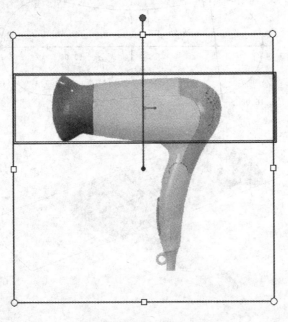

图 7-133 导入图片

④ 单击"模型"选项卡中"基准"区域的"草绘"按钮,在 TOP 平面上绘制一个圆弧,如图 7-134 所示。

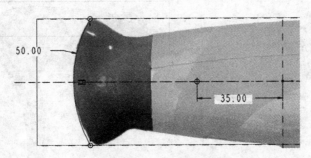

图 7-134 绘制圆弧

⑤ 单击"草绘"按钮,在 RIGHT 平面上绘制图 7-135 所示的草图。

⑥ 按住 Ctrl 键,选择两个草图,选择菜单"编辑"|"相交"选项,结果如图 7-136 所示。

⑦ 单击"模型"选项卡中"曲面"区域的"造型"按钮,进入"造型"模块,单击"曲线"按钮,在图片中吹风机图像轮廓上描绘曲线,单击"曲线编辑"按钮,移

动曲线的编辑点,使其更加贴合吹风机轮廓,单击工具栏中的"完成"按钮 ✔,退出"造型"模块,如图 7-137 所示。

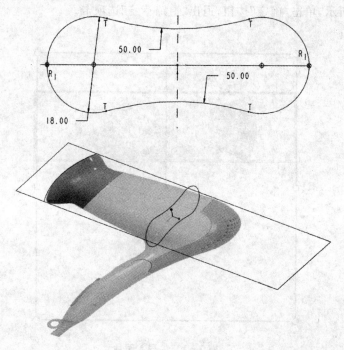

图 7-135　绘制草图

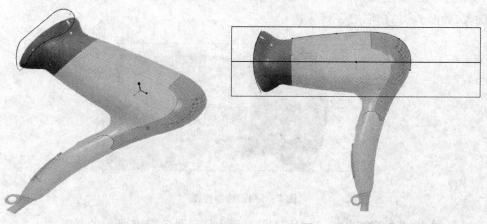

图 7-136　创建相交曲线　　　　　　图 7-137　绘制曲线

⑧ 单击"模型"选项卡中的"旋转"按钮 ⊛,在控制面板中单击"曲面"按钮 ▱,选择 FRONT 平面为草绘平面,绘制图 7-138 所示的草图,在控制面板中输入旋转角度 360,单击"完成"按钮 ✅。

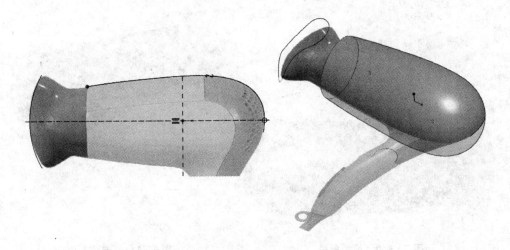

图 7 - 138　旋转曲面

⑨ 单击"点"按钮，创建两个基准点，如图 7 - 139 所示。

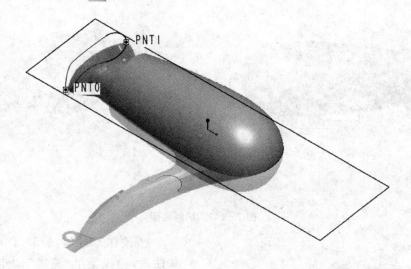

图 7 - 139　创建基准点

⑩ 单击"曲线"按钮，创建两条曲线，曲线的一端与曲面相切，如图 7 - 140 所示。

⑪ 单击"边界混合"按钮，创建一个边界曲面，如图 7 - 141 所示。

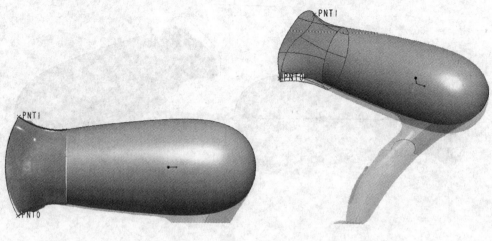

图 7－140 绘制曲线   图 7－141 创建曲面

⑫ 单击"拉伸"按钮 ⬚，绘制草图切割曲面，结果如图 7－142 所示。

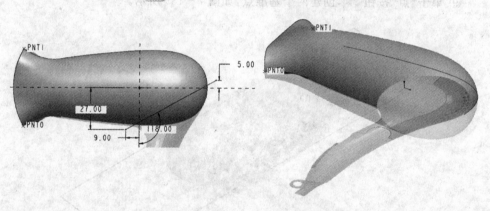

图 7－142 切割曲面

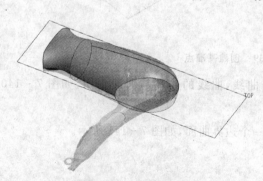

图 7－143 创建交线

⑬ 按住 Ctrl 键，旋转 TOP 平面和曲面，选择菜单"编辑"|"相交"选项，创建相交曲线，结果如图 7－143 所示。

⑭ 单击"造型"按钮 ▱，进入"造型"模块，绘制两条曲线，如图 7－144 所示。

⑮ 单击"曲线"按钮 ∿，创建一条直线，如图 7－145 所示。

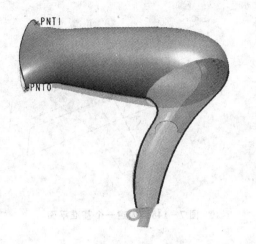

图 7 - 144　绘制曲线

图 7 - 145　创建直线

⑯ 单击"平面"按钮 $\boxed{\square}$，创建一个过直线，并且垂 TOP 平面的基准平面，如图 7 - 146 所示。

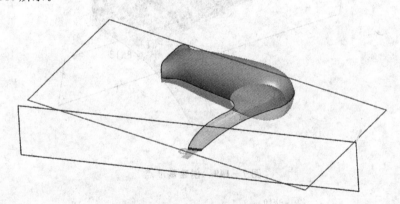

图 7 - 146　创建基准平面

⑰ 单击"草绘"按钮 $\boxed{\diagdown}$，在新创建的基准平面上绘制一个半圆，如图 7 - 147 所示。

⑱ 单击"平面"按钮 $\boxed{\square}$，创建一个基准平面，如图 7 - 148 所示。

⑲ 单击"点"按钮 $\boxed{\cdot\cdot}$，创建两个基准点，如图 7 - 149 所示。

⑳ 单击"草绘"按钮 $\boxed{\diagdown}$，在新创建的基准平面上绘制一个半圆，如图 7 - 150 所示。

㉑ 单击"边界混合"按钮 $\boxed{\oslash}$，创建曲面，注意曲面连接关系，如图 7 - 151 所示。

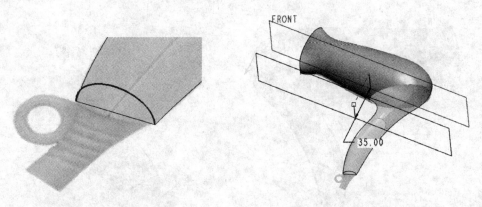

图 7 - 147　绘制草图　　　　　　　图 7 - 148　创建一个基准平面

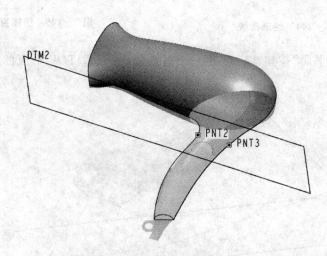

图 7 - 149　创建基准点

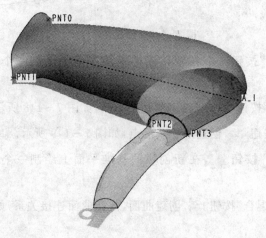

图 7 - 150　创建圆弧

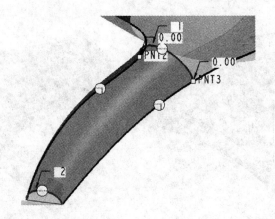

图7-151 创建曲面

㉒ 单击"拉伸"按钮 ⬜，创建一个拉伸曲面，尺寸不是很严格，形状位置基本一致即可，结果如图7-152所示。

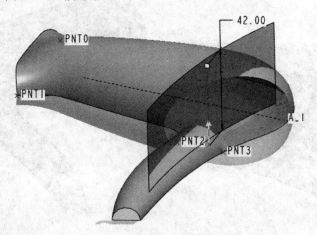

图7-152 创建拉伸曲面

㉓ 单击"点"按钮 ⬚，创建两个基准点，如图7-153所示。

㉔ 单击"曲线"按钮 ～，创建一条曲线，曲线两端与曲面相切，如图7-154所示。

㉕ 单击"边界混合"按钮 ⬚，创建曲面，注意曲面连接关系，如图7-155所示。

㉖ 选择曲面，单击"合并"按钮 ⬚，合并曲面，如图7-156所示。

㉗ 选择曲面，单击"镜像"按钮 ⬚镜像，镜像复制合并曲面，如图7-157所示。

㉘ 选择曲面，单击"合并"按钮 ⬚，合并曲面，如图7-158所示。

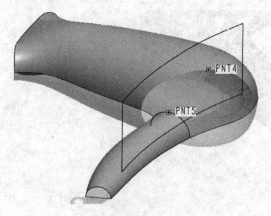

图 7 - 153　创建基准点

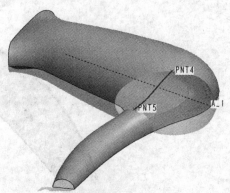

图 7 - 154　创建曲线

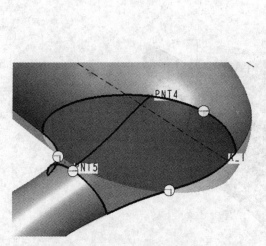

图 7 - 155　创建曲面

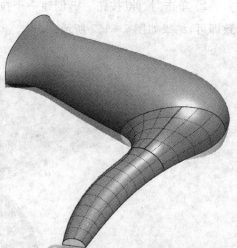

图 7 - 156　合并曲面

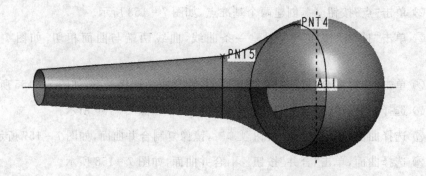

图 7 - 157　镜像复制合并曲面

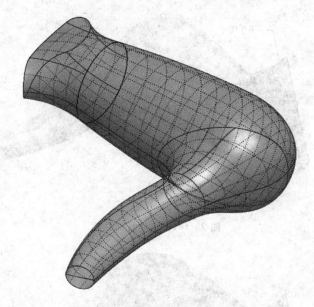

图 7 - 158　合并曲面

㉙ 选择菜单"编辑"|"填充"选项,创建一个填充曲面,结果如图 7 - 159 所示。

㉚ 选择曲面,单击"合并"按钮![按钮],合并曲面,如图 7 - 160 所示。

图 7 - 159　填充曲面

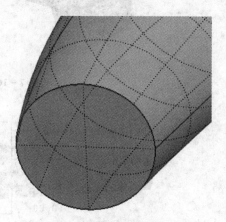

图 7 - 160　合并曲面

㉛ 单击"拉伸"按钮![按钮],创建一个拉伸曲面,尺寸不是很严格,形状位置基本一致即可,结果如图 7 - 161 所示。

㉜ 选择曲面,单击"合并"按钮![按钮],合并曲面,如图 7 - 162 所示。

㉝ 选择曲面,选择菜单"编辑"|"偏移"选项,在控制面板中选择"具有把模特征"选项![按钮],输入偏移深度 1.5,拔模角度 30,单击"参照"选项,单击"草绘"区域的"编辑"按钮,绘制草图,结果如图 7 - 163 所示。

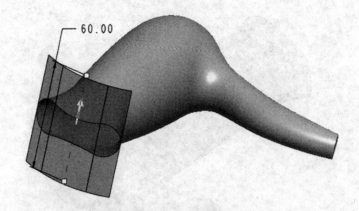

图 7 - 161　创建拉伸曲面

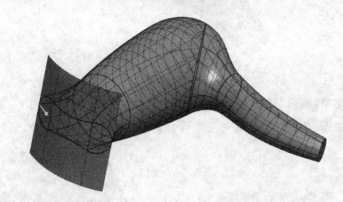

图 7 - 162　合并曲面

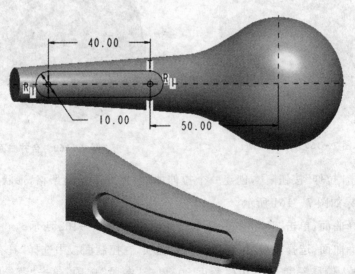

图 7 - 163　创建偏移曲面

㉞ 选择曲面,选择菜单"编辑"|"实体化"选项,单击"完成"按钮 ✔ 。

㉟ 单击"圆角"按钮 🔧 ,创建两个半径为 0.5 的圆角,如图 7 – 164 所示。

㊱ 单击"壳"按钮 🔲 ,选择要去除的表面,输入壳体厚度 2,结果如图 7 – 165 所示。

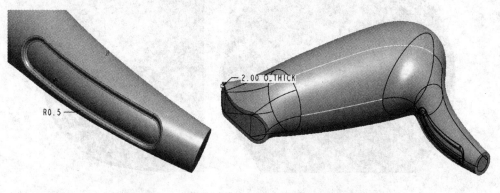

图 7 – 164　创建圆角　　　　　　　　　图 7 – 165　抽　壳

㊲ 单击"平面"按钮 🔲 ,选择 RIGHT 平面以及上一步创建的点,如图 7 – 166 所示。

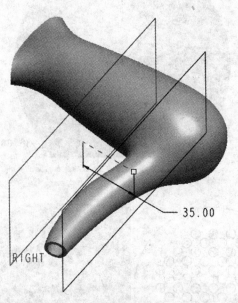

图 7 – 166　创建基准平面

㊳ 单击"拉伸"按钮 🔲 ,创建一个拉伸孔,结果如图 7 – 167 所示。

㊴ 选择拉伸孔特征,单击"阵列"按钮 🔲 ,在控制面板中选择"填充"和"正方形"

选项,单击"参照"选项,单击"草绘"区域的"编辑"按钮,绘制草图,其他参数如图 7-168 所示。

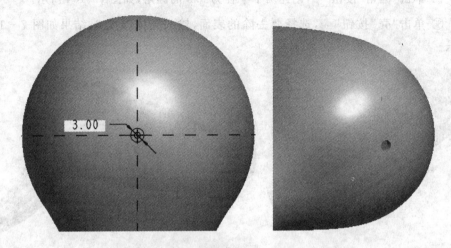

图 7-167 创建拉伸孔

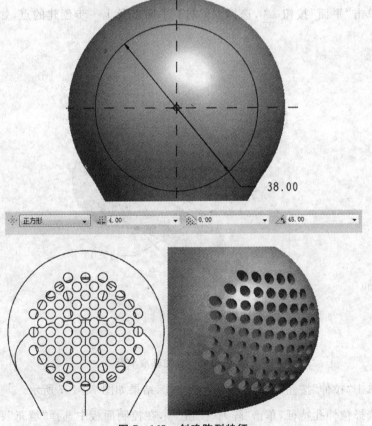

图 7-168 创建阵列特征

7.11.2　异形茶壶

异形茶壶案例中空间曲线的绘制非常重要,通过空间曲线搭建的线架来生成曲面,另外追踪草绘的图片的定位方法也是本练习的重点之一,如图 7-169 所示。

操作步骤如下:

① 新建零件文件,单击"视图"选项卡中的"模型显示"下三角按钮,选择"追踪草绘"选项,弹出"追踪草绘"选项卡,单击"图像"区域的"添加"按钮 ,选择 FRONT 基准平面,弹出"打开"对话框,选择源文件中的 chihu.jpg,将图片导入 FRONT 平面上。

移动图片,将图片的底部贴近于 TOP 平面,将图片中茶壶造型的中间位置趋近于 RIGHT 基准平面,单击"追踪草绘"选项卡中的"完成"按钮,如图 7-170 所示。

图 7-169　异形茶壶

② 单击"模型"选项卡中"基准"区域的"草绘"按钮 ,在 FRONT 平面上绘制一个矩形,矩形要贴近于图片中茶壶轮廓,如图 7-171 所示。

图 7-170　导入图片

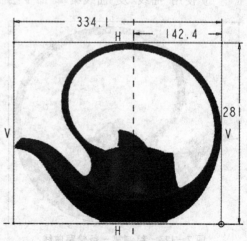

图 7-171　绘制矩形

③ 单击"视图"选项卡中的"模型显示"下三角按钮,选择"追踪草绘"选项,弹出 "追踪草绘"选项卡,单击"图像"区域的"添加"按钮 ,选择 TOP 基准平面,弹出"打 开"对话框,选择源文件中的 TOP.jpg 文件,将图片导入到 TOP 平面上。

单击"追踪草绘"选项卡中"方向"区域的"旋转"下三角按钮 ,选择"向左转 90°" 隐藏基准平面的显示,拖动曲面控制框中的角点缩放图片,以草绘矩形为参照移动图 片,如图 7-172 所示。单击"追踪草绘"选项卡中的"完成"按钮。

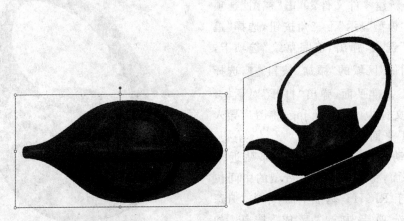

图 7-172 放置 TOP 图片

④ 单击"模型"选项卡中"曲面"区域的"造型"按钮 ,进入"造型"模块,单击 "曲线"区域的"曲线"按钮 ,弹出"造型:曲线"选项卡,单击"创建平面曲线"按钮 ,单击"设置活动平面"按钮 ,选择 FRONT 平面,绘制第一条轮廓曲线。

单击"曲线编辑"按钮 ,选择绘制的曲线,移动曲线的编辑点,如图 7-173 所示。
⑤ 使用"曲线"及"曲线编辑"命令绘制第二条轮廓曲线,如图 7-174 所示。

图 7-173 绘制第一条轮廓曲线

图 7-174 绘制第二条轮廓曲线

⑥ 使用同样的方法绘制第三条曲线,如图 7-175 所示。

⑦ 在 TOP 视图上绘制一条曲线,如图 7-176 所示,单击"样式"选项卡中的"确定"按钮。

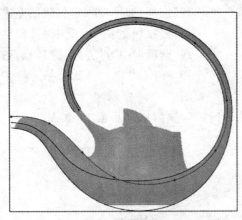

图 7-175　绘制第三条曲线　　　　　　图 7-176　绘制曲线

⑧ 单击"模型"选项卡中"基准"区域的"点"按钮 ，选择步骤⑥绘制的曲线,并在曲线上创建两个基准点,如图 7-177 所示。

⑨ 单击"模型"选项卡中"形状"区域的"拉伸"按钮 ，创建一个拉伸曲面,如图 7-178 所示。

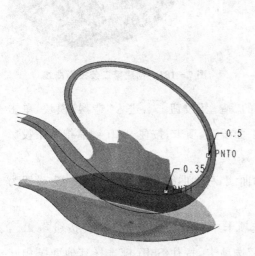

图 7-177　创建基准点

图 7-178　创建拉伸曲面

⑩ 单击"模型"选项卡中"基准"区域的"平面"按钮 ，选择 FRONT 平面,创建一个基准平面,基准平面要放置在茶壶手柄轮廓上,如图 7-179 所示。

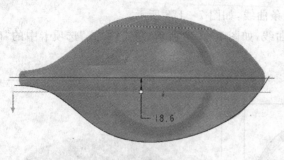

图 7-179　创建基准平面

⑪ 单击"模型"选项卡中"编辑"区域的"投影"按钮 ⚮ 投影，选择曲线，在曲线的端点处右击，在弹出的快捷菜单中选择"修剪位置"选项，选择步骤⑧创建的基准点，要投影的曲面，单击"投影曲线"选项卡中"沿方向"选择框，选择 FRONT 平面，结果如图 7-180 所示。

⑫ 使用同样的方法将曲线的另一段投影到新创建的基准平面上，如图 7-181 所示。

⑬ 将拉伸曲面以及基准平面隐藏显示。

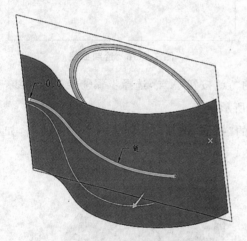

图 7-180　投影第一条曲线

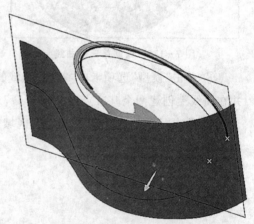

图 7-181　创建第二条投影曲线

⑭ 单击"模型"选项卡中"曲面"区域的"造型"按钮 ▢，进入"造型"模块，单击"曲线"区域的"曲线"按钮 ∿，弹出"造型：曲线"选项卡，按住 Shift 键捕捉两条投影曲线。

单击"曲线编辑"按钮 ✐，选择绘制的曲线，移动曲线端点，将端点处约束设置为"相切"，如图 7-182 所示。

⑮ 双击一条投影曲线，单击"模型"选项卡中"操作"区域的"复制"按钮 ▤ 复制，单击"粘贴"按钮 ▤ 粘贴，弹出"曲线：复合"选项卡，按住 Shift 键选择其他两条相互连接的曲线，单击"确定"按钮，如图 7-183 所示。

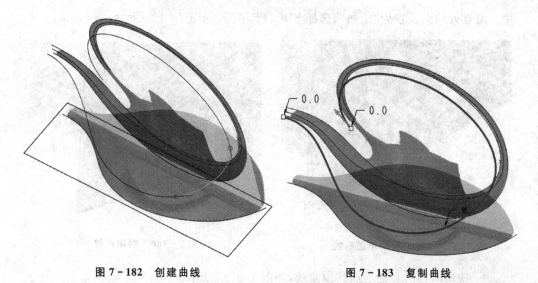

图 7 - 182　创建曲线　　　　　　　　　图 7 - 183　复制曲线

⑯ 单击"模型"选项卡中"形状"区域的"拉伸"按钮 ⬚，创建一个拉伸曲面，如图 7 - 184 所示。

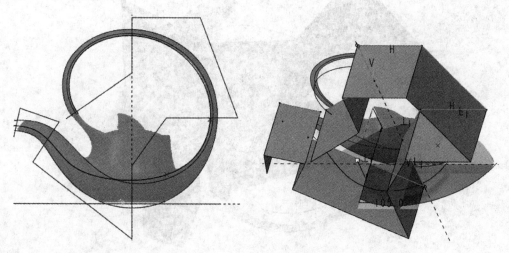

图 7 - 184　创建拉伸曲面

⑰ 单击"模型"选项卡中"曲面"区域的"造型"按钮 ⬚，进入"造型"模块，单击"曲线"区域的"曲线"按钮 ～，弹出"造型：曲线"选项卡，单击"平面曲线"按钮 ⬚，单击选项卡右侧的"设置活动平面"按钮 ⬚，选择拉伸曲面中的一个平面为草绘平面，按住 Shift 键捕捉曲线。绘制完第一条曲线后单击鼠标中键，使用同样的方法捕捉曲线绘制第二条曲线，如图 7 - 185 所示。

⑱ 单击"曲线编辑"按钮 ⬚，选择绘制的曲线，调整曲线端点的手柄位置，将其

中一端点处约束设置为"法向",选择 FRONT 平面,如图 7-186 所示。

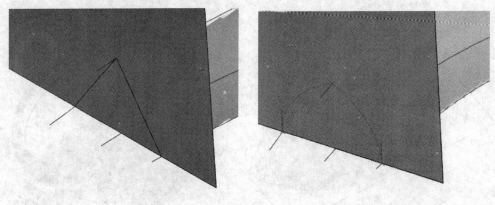

图 7-185　绘制平面曲线　　　　　　　　图 7-186　编辑曲线

　⑲ 使用同样的方法绘制其他曲线,如图 7-187 所示。

图 7-187　绘制曲线

　⑳ 将拉伸曲面隐藏,单击"模型"选项卡中"曲面"区域的"边界混合"按钮，选择两个方向相应的曲线,定义其中一条曲面边界的约束条件为"垂直",如图 7-188 所示。

　㉑ 使用同样的方法创建另一个边界曲面,如图 7-189 所示。

　㉒ 单击"模型"选项卡中"基准"区域的"平面"按钮，选择 TOP 平面,创建一个基准平面,如图 7-190 所示。

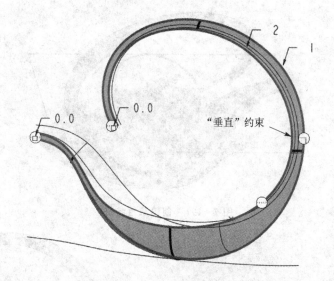

图 7 - 188　创建边界曲面

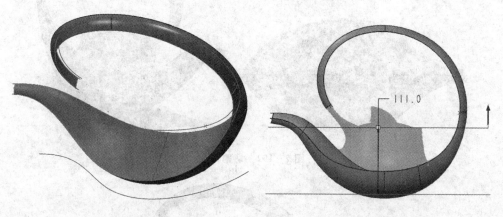

图 7 - 189　创建另一个边界曲面　　　　　　图 7 - 190　创建基准平面

㉓ 单击"模型"选项卡中"基准"区域的"草绘"按钮，在新创建的平面中绘制一个圆，如图 7 - 191 所示。

㉔ 单击"模型"选项卡中"形状"区域的"拉伸"按钮，使用拉伸特征切割曲面，如图 7 - 192 所示。

㉕ 单击"模型"选项卡中"曲面"区域的"造型"按钮，进入"造型"模块，创建并编辑三条平面曲线，曲线在其中的一个端点处与曲面相切，如图 7 - 193 所示。

㉖ 将拉伸曲面隐藏，单击"模型"选项卡中"曲面"区域的"边界混合"按钮，选择两个方向相应的曲线，定义其中一条曲面边界的约束条件为"垂直"，如图 7 - 194 所示。

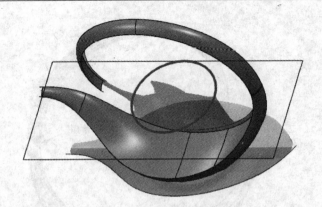

图 7 - 191　创建草绘特征

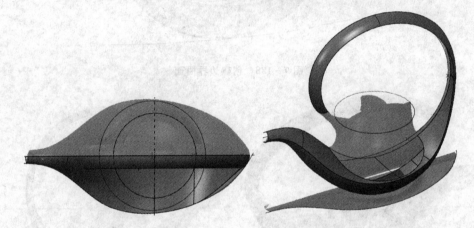

图 7 - 192　切割曲面

图 7 - 193　创建曲线

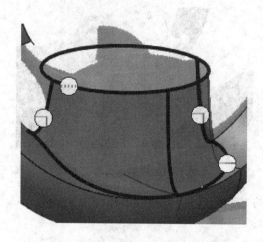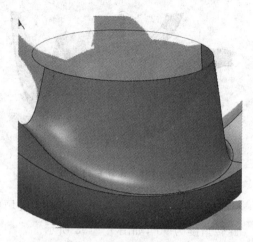

图 7 - 194 创建边界曲面

㉗ 单击"模型"选项卡中"形状"区域的"拉伸"按钮 ⬜，使用拉伸特征切割曲面，如图 7 - 195 所示。

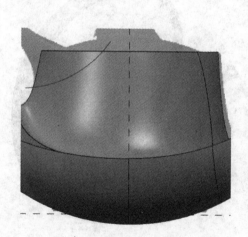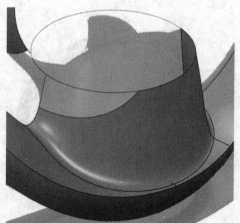

图 7 - 195 切割曲面

㉘ 单击"模型"选项卡中"曲面"区域的"造型"按钮 ⬜，进入"造型"模块，创建并编辑两条自由曲线，曲线与曲面边缘相切，如图 7 - 196 所示。

㉙ 将拉伸曲面隐藏，单击"模型"选项卡中"曲面"区域的"边界混合"按钮 ⬜，创建边界曲面，如图 7 - 197 所示。

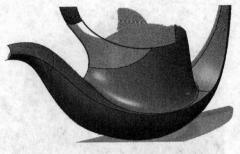

图 7-196　绘制自由曲线

图 7-197　创建边界曲面

㉚ 单击"模型"选项卡中"形状"区域的"旋转"按钮 旋转，创建一个旋转曲面，旋转角度为 90°，如图 7-198 所示。

㉛ 单击"模型"选项卡中"曲面"区域的"造型"按钮 ，进入"造型"模块，创建并编辑自由曲线，曲线与曲面边缘相切，如图 7-199 所示。

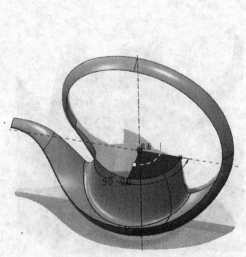

图 7-198　旋转曲面

图 7-199　创建自由曲线

㉜ 单击"模型"选项卡中"曲面"区域的"边界混合"按钮 ，创建边界曲面，如图 7-200 所示。

㉝ 选择曲面，单击"模型"选项卡中"编辑"区域的"合并"按钮 合并，将所有曲面合并在一起，如图 7-201 所示。

㉞ 选择合并后的曲面，单击"模型"选项卡中"编辑"区域的"镜像"按钮 镜像，选择 FRONT 平面为镜像复制平面，结果如图 7-202 所示。

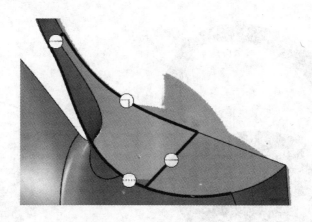

图 7 - 200　创建边界曲面

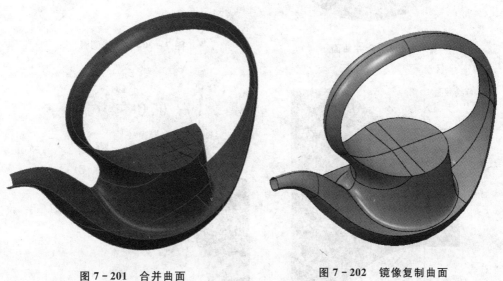

图 7 - 201　合并曲面　　　　　　　　图 7 - 202　镜像复制曲面

　　㉟ 选择曲面,单击"模型"选项卡中"编辑"区域的"合并"按钮 合并,合并镜像曲面,如图 7 - 203 所示。

　　㊱ 单击"模型"选项卡中"基准"区域的"草绘"按钮,在 FRONT 平面上绘制一个圆弧,如图 7 - 204 所示。

　　㊲ 单击"模型"选项卡中"形状"区域的"扫描"按钮 扫描,选择上一步创建草绘圆弧为轨迹,创建一个曲面,如图 7 - 205 所示。

　　㊳ 选择扫描曲面以及茶壶曲面,单击"模型"选项卡中"编辑"区域的"合并"按钮 合并,合并镜像曲面,如图 7 - 206 所示。

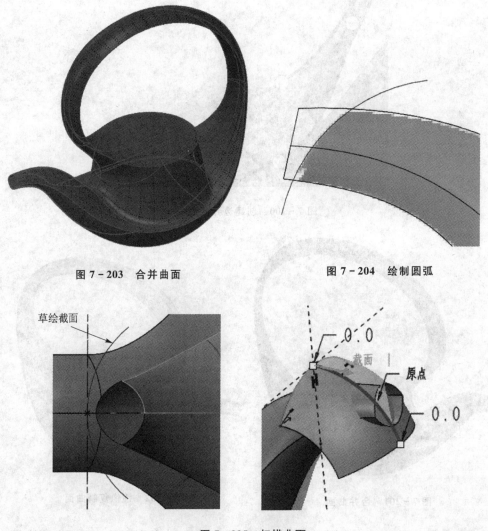

图 7-203　合并曲面　　　　　　　　　图 7-204　绘制圆弧

图 7-205　扫描曲面

㊟ 选择曲面，单击"模型"选项卡中"编辑"区域的"实体化"按钮 ⚟ 实体化，将曲面转变为实体。

㊴ 选择 FRONT 平面，单击"模型"选项卡中"编辑"区域的"实体化"按钮 ⚟ 实体化，使用"实体化"命令切割茶壶，如图 7-207 所示。

㊵ 单击"模型"选项卡中"基准"区域的"点"按钮 ✕✕ 点，在茶壶轮廓上创建 5 个点，如图 7-208 所示。

㊶ 单击"模型"选项卡中"工程"区域的"倒圆角"按钮 🖉 倒圆角，以上一步创建的基准点作为位置参照，创建变半径倒角特征，如图 7-209 所示。

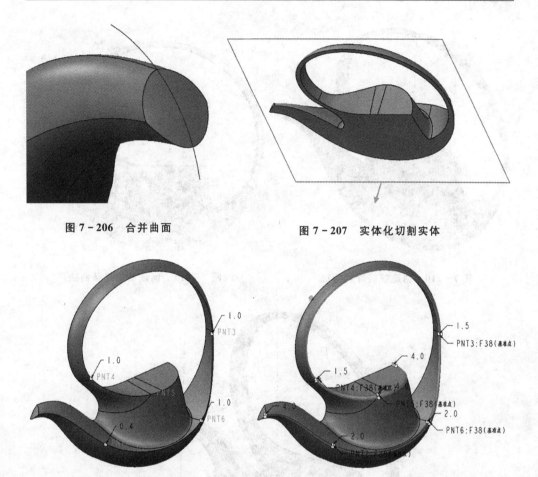

图 7 - 206　合并曲面　　　　　　　图 7 - 207　实体化切割实体

图 7 - 208　创建基准点　　　　　　图 7 - 209　创建变半径倒角

㊸ 单击"模型"选项卡中"形状"区域的"旋转"按钮 旋转，使用旋转特征切割实体，如图 7 - 210 所示。

㊹ 单击"模型"选项卡中"基准"区域的"草绘"按钮 ，在 FRONT 平面上绘制一条样条曲线，如图 7 - 211 所示。

㊺ 单击"模型"选项卡中"形状"区域的"扫描混合"按钮 扫描混合，使用"扫描混合"特征切割实体，如图 7 - 212 所示。

㊻ 单击"模型"选项卡中"工程"区域的"倒圆角"按钮 倒圆角，创建倒角。如图 7 - 213 所示。

㊼ 选择实体表面右击，在快捷菜单中选择"实体表面"选项，单击"模型"选项卡中"操作"区域的"复制"按钮 复制，单击"粘贴"按钮 粘贴，弹出"曲面：复制"对话框，单击"完成"按钮 ，如图 7 - 214 所示。

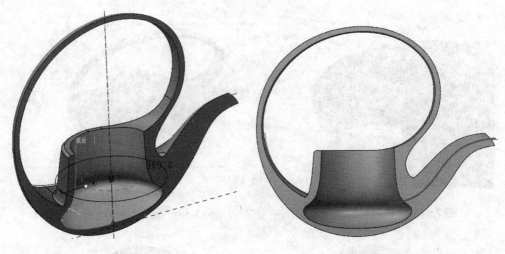

图 7 - 210　创建旋转除料特征　　　　　　图 7 - 211　创建草绘样条曲线

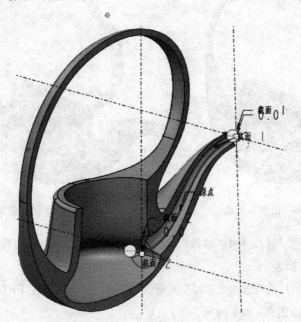

图 7 - 212　"扫描混合"特征

⑱ 选择复制曲面,单击"模型"选项卡中"编辑"区域的"镜像"按钮 镜像,选择 FRONT 平面为镜像复制平面,结果如图 7 - 215 所示。

⑲ 选择镜像复制曲面,单击"模型"选项卡中"编辑"区域的"实体化"按钮 实体化,将曲面转变为实体。

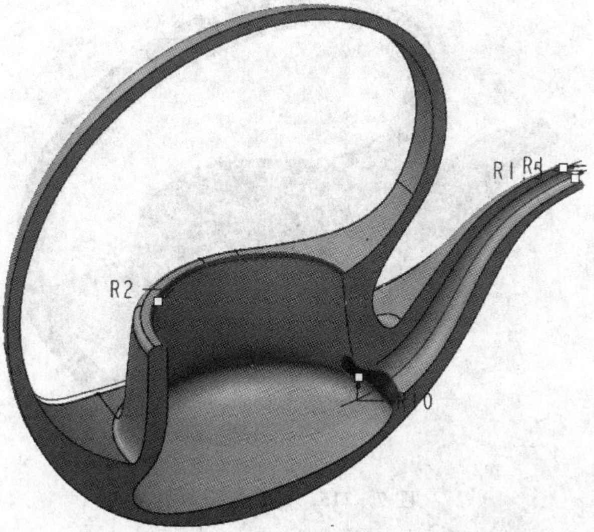

图 7－213　创建圆角

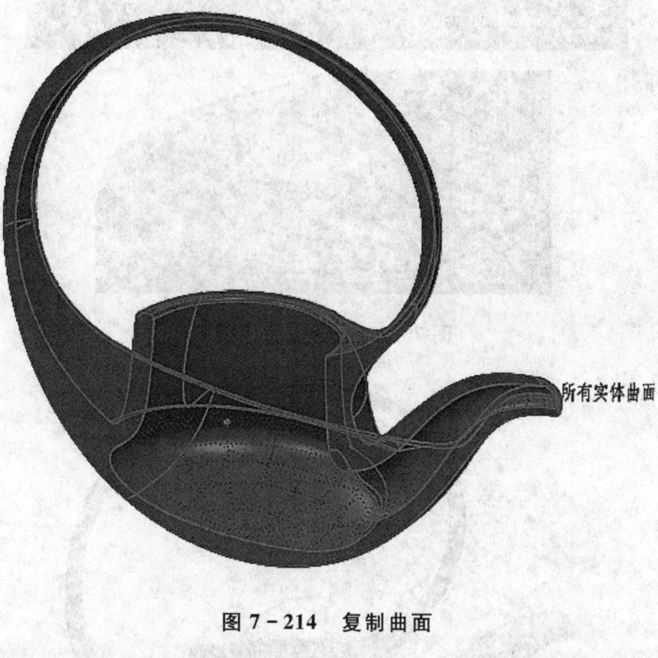

图 7－214　复制曲面

㊿ 单击“模型”选项卡中“形状”区域的“旋转”按钮旋转,创建一个旋转曲面,旋转角度为 90°,如图 7－216 所示。

(51) 单击“模型”选项卡中“基准”区域的“草绘”按钮,在 FRONT 平面上绘制一条圆弧,如图 7－217 所示。

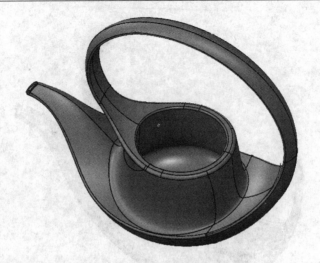

图 7 - 215　镜像复制曲面

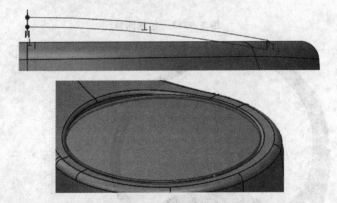

图 7 - 216　创建旋转特征

图 7 - 217　创建草绘圆弧

(52) 选择茶壶盖上表面，单击“模型”选项卡中“操作”区域的“复制”按钮 复制，单击“粘贴”按钮 粘贴，弹出“曲面：复制”对话框，单击“完成”按钮 ✓，如图 7－218 所示。

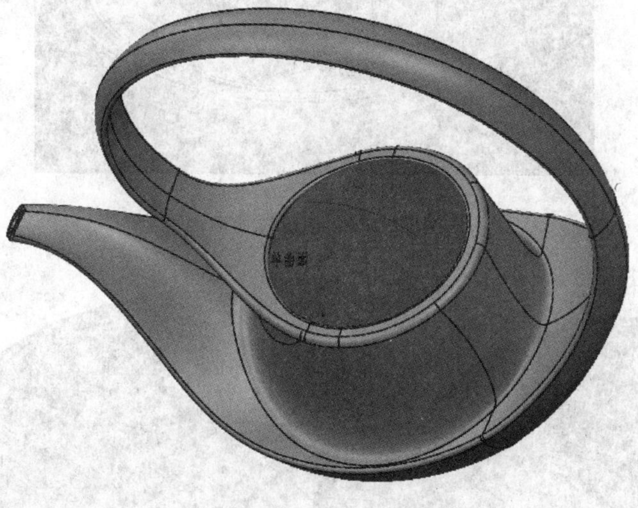

图 7－218　复制曲面

(53) 单击“模型”选项卡中“形状”区域的“扫描”按钮 扫描，选择上一步创建草绘圆弧为轨迹，创建一个曲面，如图 7－219 所示。

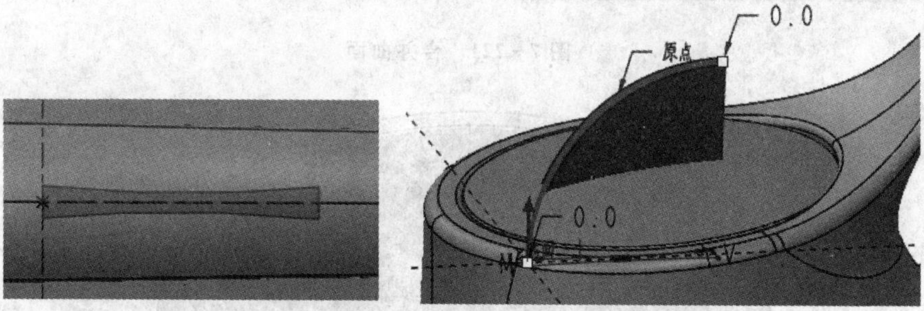

图 7－219　绘制扫描曲面

(54) 单击“模型”选项卡中“形状”区域的“拉伸”按钮，创建一个拉伸曲面，如图 7－220 所示。

(55) 选择拉伸曲面以及扫描曲面，单击“模型”选项卡中“编辑”区域的“合并”按钮 合并，合并镜像曲面，如图 7－221 所示。

(56) 选择曲面再次合并曲面，如图 7－222 所示。

(57) 选择合并后的曲面，单击“模型”选项卡中“编辑”区域的“实体化”按钮

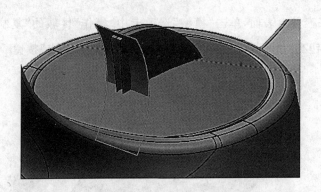

图 7-220　创建拉伸曲面

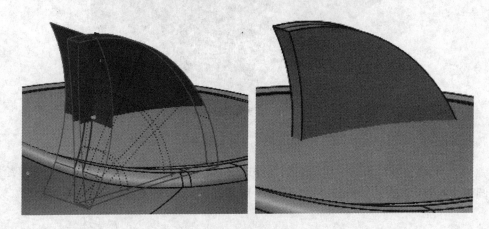

图 7-221　合并曲面

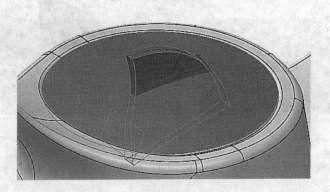

图 7-222　再次合并曲面

⚄实体化，将曲面转变为实体。

㊷ 单击"模型"选项卡中"工程"区域的"倒圆角"按钮 ➚倒圆角，创建圆角特征，如图 7-223 所示。

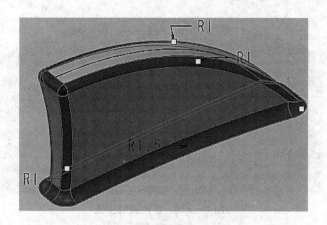

图 7 - 223　创建圆角

⑤ 单击"模型"选项卡中"形状"区域的"拉伸"按钮，使用拉伸命令切割实体，如图 7 - 224 所示。

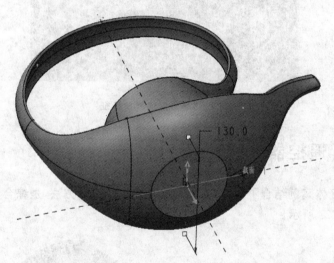

图 7 - 224　切割实体

⑥ 单击"模型"选项卡中"形状"区域的"扫描"按钮，选择实体边为轨迹，如图 7 - 225 所示。

⑥ 单击"模型"选项卡中"工程"区域的"倒圆角"按钮，创建圆角特征，如图 7 - 226 所示。

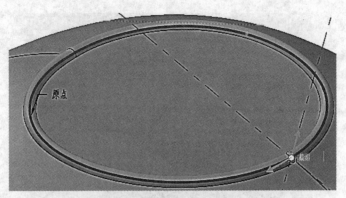

图 7 - 225　创建扫描特征

图 7 - 226　创建倒角特征

7.11.3　遥控器

遥控器壳体案例结合了曲面、实体和自顶向下等设计方法,是综合性比较强的案例,如图 7 - 227 所示。

图 7 - 227　遥控器

操作步骤如下：

① 创建新的零件文件 yaokongqi.pat，模板为 mmns_part_solid。

② 单击"模型"选项卡中"基准"区域的"草绘"按钮 ⌂，选择 TOP 平面为草绘平面，绘制图 7-228 所示的草图。

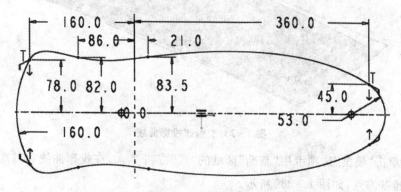

图 7-228　草绘图形

③ 在 FRONT 平面中创建另一个草图，如图 7-229 所示。

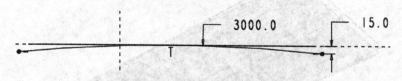

图 7-229　创建另一个草图

④ 单击"模型"选项卡中"形状"区域的"拉伸"按钮 ⌐，在"拉伸"选项卡中单击"拉伸为曲面"按钮 ⌐，选择步骤③绘制的草图，拉伸方式为"对称拉伸" ⊟，拉伸高度为 250，如图 7-230 所示。

⑤ 单击"模型"选项卡中"编辑"区域的"投影"按钮 ⌐投影，在"投影曲线"选项卡中单击"参考"按钮，在"链"选择框中选择步骤②绘制的草图，在"曲面"选择框中选择拉伸曲面，在"方向参考"选择框中选择

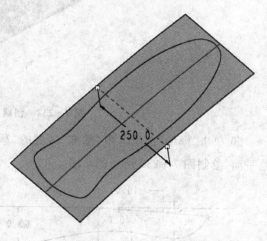

图 7-230　拉伸曲面

TOP 平面，单击"反向"按钮调整投影方向，结果如图 7-231 所示。

⑥ 将步骤②和步骤③创建的草绘特征隐藏。

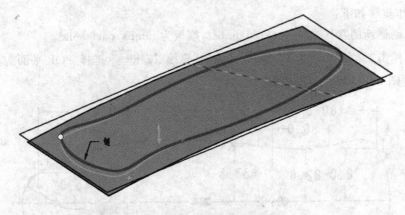

图 7 - 231　创建投影曲线

⑦ 单击"模型"选项卡中"基准"区域的"点"按钮 ⌗⌗点 ，在投影曲线和基准平面相交处创建基准点，如图 7 - 232 所示。

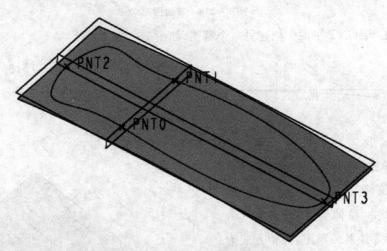

图 7 - 232　创建基准点

⑧ 单击"模型"选项卡中"基准"区域的"草绘"按钮 ，选择 FRONT 平面为草绘平面，绘制图 7 - 233 所示的草图。

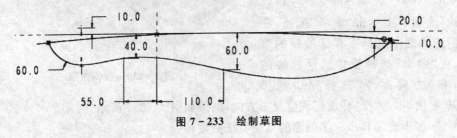

图 7 - 233　绘制草图

⑨ 单击"模型"选项卡中"形状"区域的"扫描"按钮 ⟲扫描,在"扫描"选项卡中单击"扫描为曲面"按钮 ⟐ 以及"变化"按钮 ⟋,选择投影曲线,单击"草绘截面"按钮 ✐,绘制扫描截面草图,结果如图 7-234 所示。

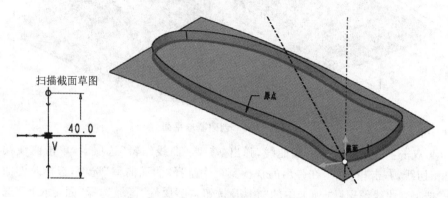

图 7-234 创建扫描曲面

⑩ 单击"模型"选项卡中"基准"区域的"平面"按钮 ▱,弹出"基准平面"对话框,选择 RIGHT 平面以及投影曲线两端圆弧的端点,创建两个基准平面,如图 7-235 所示。

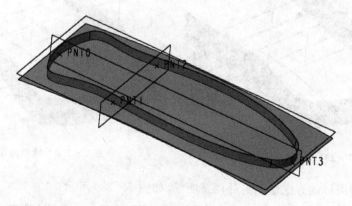

图 7-235 创建基准平面

⑪ 将步骤④创建的拉伸曲面隐藏。

⑫ 单击"模型"选项卡中"基准"区域的"平面"按钮 ▱,弹出"基准平面"对话框,选择参照点和参照平面的方法创建两个新的基准平面,如图 7-236 所示。

⑬ 单击"模型"选项卡中"曲面"区域的"造型"按钮 ⟐造型,弹出"样式"选项卡,单击"曲线"区域的"曲线"按钮 ∼,弹出"造型:曲线"选项卡,单击"创建平面曲线"按钮 ⟐,单击选项卡右侧的"设置活动平面"按钮 ▱,选择 RIGHT 平面,按住 Shift 键,捕捉活动平面上两点,单击"完成"按钮,结果如图 7-237 所示。

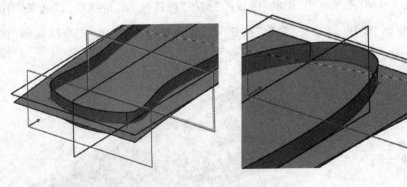

图 7 - 236　创建基准平面

⑭ 双击上一步创建的平面曲线,弹出"造型:曲线编辑"选项卡,单击曲线端点,弹出相切线,右击相切线,在弹出的快捷菜单中选择"曲面曲率"选项,选择拉伸曲面,单击"造型:曲线编辑"选项卡中的"相切"按钮,在"属性"区域选择"固定长度"选项,在"长度"文本框中输入 30。使用同样的方法编辑另一个端点的相切线,如图 7 - 238 所示。

平面曲线

图 7 - 237　创建平面曲线　　　　　　　图 7 - 238　绘制曲线

⑮ 使用同样的方法绘制另外两条曲线,如图 7 - 239 所示。

⑯ 单击"样式"选项卡中"曲面"区域的"曲面"按钮 ，弹出"造型:曲面"选项卡,在"链"选择框中选择四条曲线为曲面边界,在"内部"选择框中选择一条曲线为内部曲线。右击曲面边界条件符号,选择"曲率"选项,如图 7 - 240 所示。

⑰ 在曲面的另一侧创建三条平面曲线,注意曲线要通过捕捉三条曲线来建立,如图 7 - 241 所示。

⑱ 单击"样式"选项卡中"曲面"区域的"曲面"按钮 ，创建曲面,如图 7 - 242 所示。

⑲ 单击"样式"选项卡中的"确定"按钮,退出 ISDX 模块,隐藏扫描曲面。

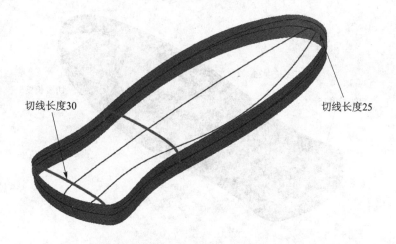

切线长度30

切线长度25

图 7 - 239　绘制另外两条曲线

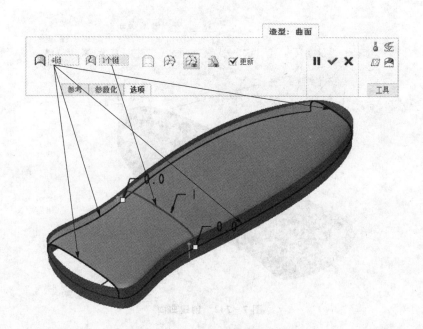

图 7 - 240　创建曲面

⑳ 选择创建的 ISDX 曲面,单击"模型"选项卡中"编辑"区域的"合并"按钮 ，将两个曲面合并,如图 7 - 243 所示。

㉑ 单击"模型"选项卡中"形状"区域的"拉伸"按钮 ，在"拉伸"选项卡中单击 "拉伸为曲面"按钮 ，单击"移除材料"按钮 ，选择"对称"拉伸方式 ，选择上一 步创建的 ISDX 曲面为修剪曲面,选择 TOP 平面为草绘平面,绘制草图,单击"草图"

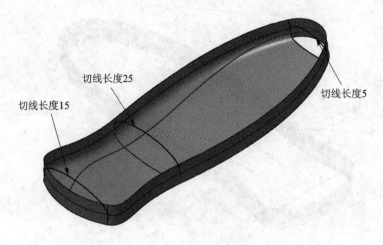

图 7 - 241　绘制曲线

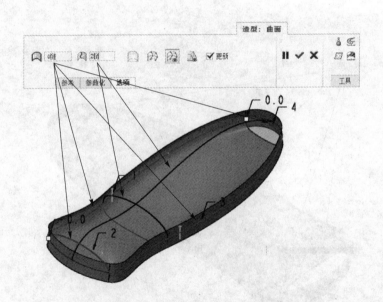

图 7 - 242　创建曲面

选项卡中的"完成"按钮 ✔，在操控板中输入拉伸高度 25，单击"完成"按钮 ✔，结果如图 7 - 244 所示。

　　㉒ 单击"模型"选项卡中"曲面"区域的"造型"按钮 ⌒造型，弹出"样式"选项卡，单击"曲线"区域的"曲线"按钮 ～，弹出"造型：曲线"选项卡，单击"创建平面曲线"按钮 ⬚，单击选项卡右侧的"设置活动平面"按钮 ▦，选择 FRONT 平面，按住 Shift 键捕捉曲面边缘以及曲线，单击"完成"按钮，结果如图 7 - 245 所示。

图 7 - 243 合并曲面

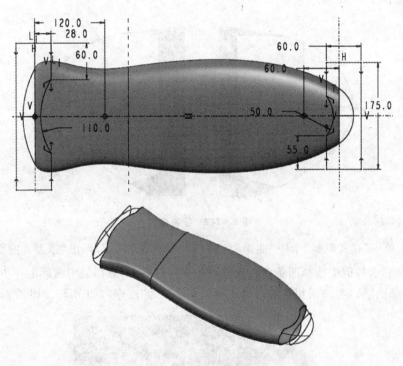

图 7 - 244 修剪曲面

㉓ 双击上一步创建的平面曲线,弹出"造型:曲线编辑"选项卡,单击曲线连接曲面的端点,弹出相切线,右击相切线,在弹出的快捷菜单中选择"曲面曲率"选项,选择拉伸曲面,单击"造型:曲线编辑"选项卡中的"相切"按钮,在"属性"区域选择"固定长度"选项,在"长度"文本框中输入 12。编辑另一个端点处的相切线,其连接关系设置为"竖直",长度为 10,如图 7 - 246 所示。

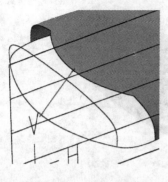

图 7 - 245　绘制曲线

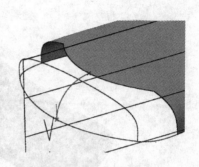

图 7 - 246　编辑曲面

㉔ 使用同样的方法绘制另外三条曲线,其中有一条曲线的一端的切线使用手动调节,如图 7 - 247 所示。

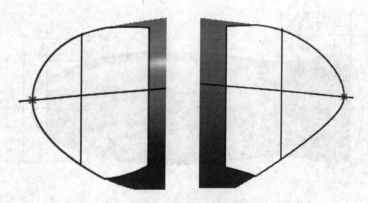

图 7 - 247　绘制曲线

㉕ 单击"样式"选项卡中"曲面"区域的"曲面"按钮 ，弹出"造型:曲面"选项卡,在"链"选择框中选择四条曲线为曲面边界,在"内部"选择框中选择上一步创建曲线为内部曲线。与曲面相连的边界连接关系设置为"曲率",如图 7 - 248 所示。

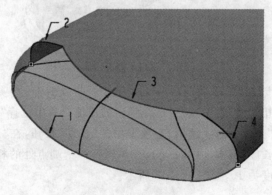

图 7 - 248　创建曲面

㉖ 使用同样的方法创建另外三个曲面,如图 7-249 所示。

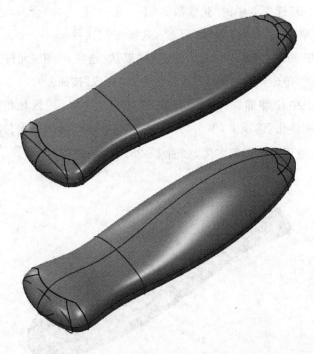

图 7-249　创建曲面

㉗ 单击"样式"选项卡中的"确定"按钮,退出 ISDX 模块。

㉘ 选择曲面,单击"模型"选项卡中"编辑"区域的"合并"按钮 合并 ,合并所有曲面。

㉙ 选择合并后的曲面,单击"模型"选项卡中"编辑"区域的"实体化"按钮 实体化 ,单击"确定"按钮 。

㉚ 将模型不需要显示的特征隐藏,只保留实体模型以及拉伸曲面的显示,如图 7-250 所示,保存并关闭文件。

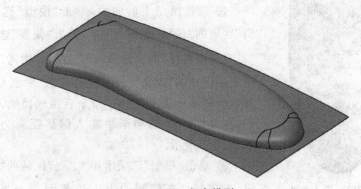

图 7-250　保存模型

㉛ 创建新的零件文件 ykq_top. prt，模板为 mmns_part_solid。

㉜ 单击"模型"选项卡中的"获取数据"下三角按钮，选择"合并/继承"选项，弹出"合并/继承"选项卡，单击"打开"按钮 📂，选择主控文件 yaokongqi. prt，弹出"元件放置"对话框，在"约束类型"下拉列表中选择"默认"选项，单击"元件放置"对话框中的"完成"按钮 ✔，单击"合并/继承"选项卡中的"完成"按钮 ✔。

㉝ 选择模型中拉伸曲面，单击"模型"选项卡中"编辑"区域的"实体化"按钮 ⬚ 实体化，弹出"实体化"选项卡，单击"去除材料"按钮 ⬜，选择去除材料的方向，单击"完成"按钮 ✔，使用曲面切割实体，如图 7-251 所示。

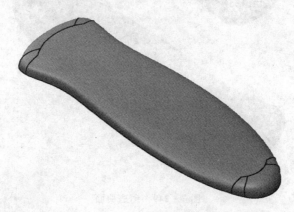

图 7-251　实体化模型

㉞ 单击"模型"选项卡中"基准"区域的"草绘"按钮 🔲，选择 TOP 平面为草绘平面，进入草绘环境，单击"草绘"选项卡中"获取数据"区域的"文件系统"按钮 📥，打开文件 anniu. sec，在"调整旋转大小"选项卡中输入比例因子 1，拖动插入草图的中心移动点捕捉模型的中心参考线，单击完成按钮，如图 7-252 所示。

㉟ 选择模型上的曲面，单击"模型"选项卡中"编辑"区域的"偏移"按钮 🔲 偏移，弹出"偏移"选项卡，选择"具有拔模特征"的偏移方式 📦，单击"参考"选项卡，单击草绘区域的"定义"按钮，选择 TOP 平面为草绘平面，在草绘环境中使用"投影"命令直接选择插入草图中的椭圆，在"偏移"选项卡中输入偏移距离为 1，结果如图 7-253 所示。

㊱ 单击"模型"选项卡中"工程"区域的"倒圆角"按钮 🔲 倒圆角 ▾，在椭圆的上下边各倒一个半径 0.5 的

图 7-252　插入草图

圆角。

㊲ 使用"偏移"命令在模型上偏移曲面,偏移距离为 3,如图 7 - 254 所示。

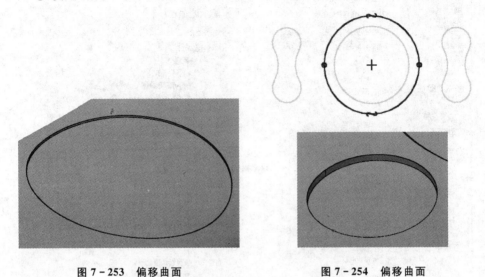

图 7 - 253　偏移曲面　　　　　　　　　　　图 7 - 254　偏移曲面

㊳ 单击"模型"选项卡中"工程"区域的"壳"按钮 壳,按住 Ctrl 键选择需要移
除的表面,在"壳"选项中输入厚度值 4,单击"确定"按钮 ✓,如图 7 - 255 所示。

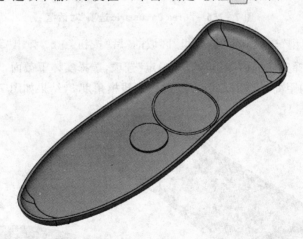

图 7 - 255　抽　壳

㊴ 选择菜单"文件"|"选项",弹出"Creo Parametric 选项"对话框,单击左侧的
"自定义功能区",在其右侧的"从下列位置选取命令"下拉列表中选择"不在功能区的
命令"选项,在下方列表中选择"唇"选项,右击右侧树状结构图中选择"模型"复选项
下的"工程"复选项,在弹出的快捷菜单中选择"添加新组"选项,树状结构图中将会出
现"新建组",选择该组,单击"添加"按钮,如图 7 - 256 所示。单击"确定"按钮。

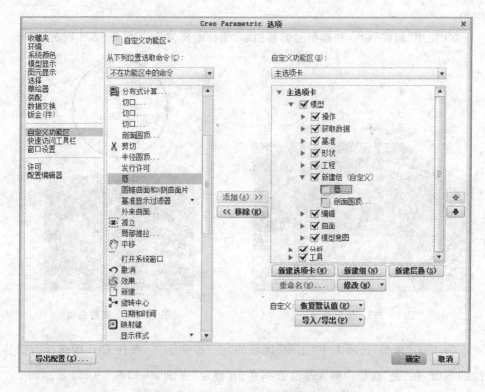

图 7 - 256 "Creo Parametric 选项"对话框

⑩ 单击"模型"选项卡中"新建组"区域的"唇"按钮 唇，弹出"菜单管理器"，选择"链"选项，选择实体的内侧边，选择"确定"选项，选择实体下截面，输入偏移值－2，输入边到曲面的距离 2，选择 TOP 平面，输入拔模角度 3，结果如图 7 - 257 所示。

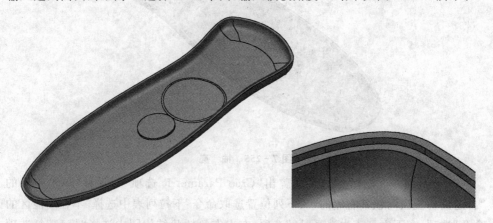

图 7 - 257 创建"唇"特征

⑪ 使用拉伸命令切割按键孔，如图 7 - 258 所示。

⑫ 创建新的零件文件 ykq_down. prt，模板为 mmns_part_solid。

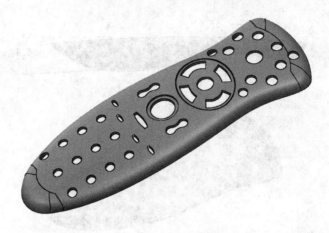

图 7 - 258　切割按键孔

㊸ 单击"模型"选项卡中的"获取数据"下三角按钮,选择"合并/继承"选项,弹出"合并/继承"选项卡,单击"打开"按钮 📇,选择主控文件 yaokongqi. prt,弹出"元件放置"对话框,在"约束类型"下拉列表中选择"默认"选项,单击"元件放置"对话框中的"完成"按钮 ✅,再单击"合并/继承"选项卡中的"完成"按钮 ✅。

㊹ 选择模型中拉伸曲面,单击"模型"选项卡中"编辑"区域的"实体化"按钮 🗂 实体化,弹出"实体化"选项卡,单击"去除材料"按钮 ☑,选择去除材料的方向,单击"完成"按钮 ✅,使用曲面切割实体,如图 7 - 259 所示。

图 7 - 259　切割实体

㊺ 使用"拉伸"命令切割实体,如图 7 - 260 所示。

㊻ 使用"圆角"命令创建一个半径为 5 的圆角,如图 7 - 261 所示。

㊼ 添加"抽壳"特征,壁厚为 4,如图 7 - 262 所示。

㊽ 单击"模型"选项卡中"新建组"区域的"唇"按钮 ⬭唇,弹出"菜单管理器",选择"链"选项,选择实体的内侧边,选择"确定"选项,选择实体下截面,输入偏移值 2,输入边到曲面的距离 2,选择 TOP 平面,输入拔模角度 3,结果如图 7 - 263 所示。

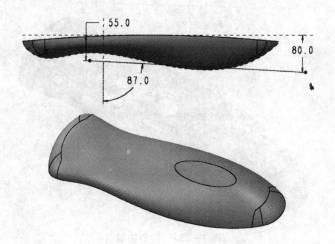

图 7 - 260   拉伸切割

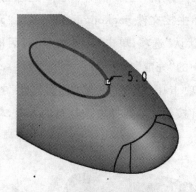

图 7 - 261   创建圆角

图 7 - 262   创建抽壳特征

㊽ 创建一个装配文件,将零件 ykq_up. prt 和 ykq_down. prt 以"默认"约束装配到环境中,如图 7 - 264 所示。

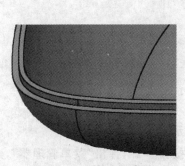

图 7 - 263   创建唇造型

图 7 - 264   装   配

第8章　自由式曲面

"自由式"建模环境提供了使用多边形控制网格快速简单地创建光滑且正确定义的 B 样条曲面的命令，可以操控和以递归方式分解控制网格的面、边或顶点来创建新的顶点和面。新顶点在控制网格中的位置基于附近的旧顶点位置来计算。此过程会生成一个比原始网格更密的控制网格。合成几何称为自由式曲面。控制网格上的面、边或顶点称为网格元素。自由式曲面及其所有参考构成了自由式特征。

　　自由式曲面具有 NURBS 和多边形曲面的特征。与 NURBS 曲面一样，自由式曲面可生成平滑几何，且使用很少的控制顶点就能确定其形状。与多边形曲面一样，可以拉伸自由式曲面的特定区域来创建细节。

　　单击"模型"选项卡中"曲面"区域的"自由式"按钮 ⬤自由式，弹出"自由式"选项卡，进入"自由式"建模环境，如图 8-1 所示。

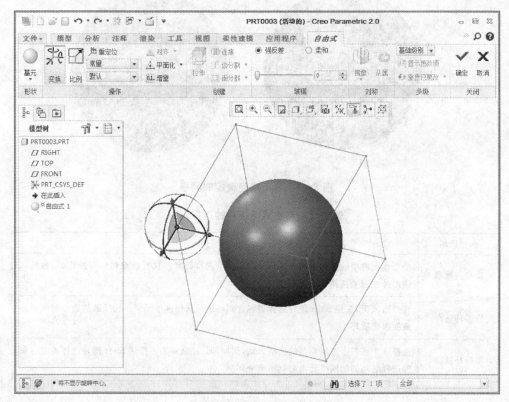

图 8-1　"自由式"建模环境

"自由式"选项卡中显示了所有创建、操作、编辑自由曲面的工具,在绘图区域右击会弹出圆形菜单,圆形菜单中集成了大部分自由曲面操作和编辑命令,通过圆形菜单可以快捷地对自由曲面进行编辑,如图 8－2 所示。

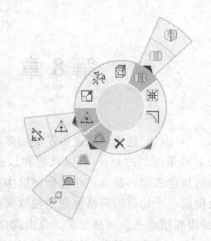

自由曲面都可以使用控制网格来编辑其形状,单击图形工具栏中的"网格显示"按钮 🔲 可以显示或隐藏控制网格,如图 8－3 所示。

表 8－1 中描述了自由式环境中的选择机制。

图 8－2　圆形菜单

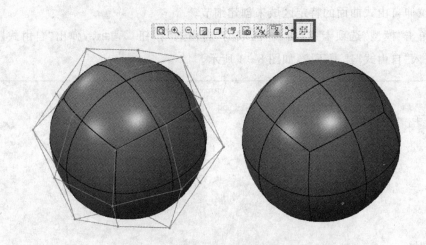

图 8－3　显示或隐藏控制网格

表 8－1　自由式环境中的选择机制

选择机制	选择
选择过滤器	使用状况栏中的选择过滤器选择一个或多个网格元素。执行镜像和对齐操作时,也可以使用过滤器来选择平面和曲面
完整环选择	选择边或面,按住 Shift 键并选择要包含到环中的其他网格元素。选择最初选择的那个边或面以完成环
部分环选择	选择一个或多个不同类型的网格元素,例如,面、顶点和边。按住 Shift 键并选择类型与先前选择的相同的网格元素来创建部分环

选择机制	选　择
多个环选择	使用完整环选择或部分环选择方法选择第一个环。按住 Ctrl 键并选择新的网格元素。然后按住 Ctrl＋Shift 键选择下一个环
区域选择	拖动指针创建一个矩形框，从而选择框中的所有网格元素。元素基于选择过滤器进行选择。按住 Ctrl 键并拖动指针创建一个新方框以添加到选择集

8.1　基　元

基元是可以使用网格控制其形状的简单基础图元。要创建自由曲面首先要从基元开始，通过调整基元的网格得到需要的造型。

单击"自由式"选项卡中"形状"区域的"基元"展开按钮，如图 8-4 所示。

一次只能选择一个基元来创建"自由式"特征。如果在建模会话期间选择一个不同的基元，只有确认从会话中删除先前模型后才会添加新基元。默认情况下，会参考默认坐标系添加选定基元。可将控制网格锁定到某一坐标系以保持控制网格与坐标系之间的关联性。

基元分为"开放基元"和"封闭基元"两种。

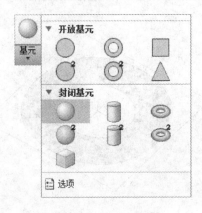

图 8-4　基　元

1. 开放基元

"开放基元"有明显边界的曲面片体，包括了圆形、环形、方形、三角形。

(1) 圆　形

圆形初始形状⬤，如图 8-5 所示。

具有 2×细分基元的圆⬤，如图 8-6 所示。

(2) 环　形

环形初始形状◎，如图 8-7 所示。

具有 2×细分基元的环◎，如图 8-8 所示。

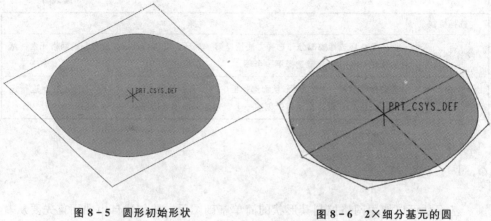

图 8-5 圆形初始形状

图 8-6 2×细分基元的圆

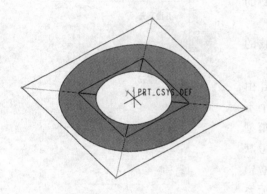

图 8-7 环形初始形状

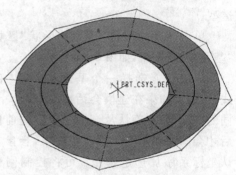

图 8-8 具有 2×细分基元的环

(3) 方 形

方形初始形状，如图 8-9 所示。

(4) 三角形

三角形初始形状，如图 8-10 所示。

图 8-9 方形初始形状

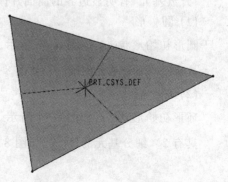

图 8-10 三角形初始形状

2. 封闭基元

"封闭基元"指的是没有明显边界的形状体，包括球形、圆柱、圆环、立方体。

(1) 球 形

球形初始形状，如图8-11所示。

具有2×细分基元的球形，如图8-12所示。

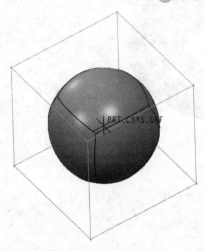

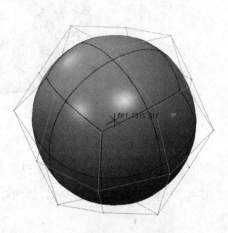

图8-11 球形初始形状

图8-12 具有2×细分基元的球形

(2) 圆 柱

圆柱初始形状，如图8-13所示。

具有2×细分基元的圆柱，如图8-14所示。

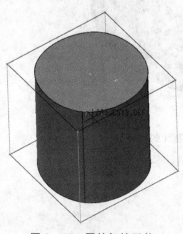

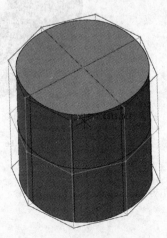

图8-13 圆柱初始形状

图8-14 具有2×细分基元的圆柱

(3) 圆　环

圆环初始形状 ，如图 8－15 所示。

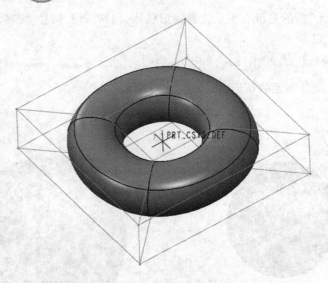

图 8－15　圆环初始形状

具有 2×细分基元的圆环 ，如图 8－16 所示。

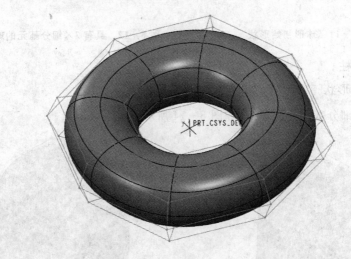

图 8－16　具有 2×细分基元的圆环

(4) 立方体

立方体初始形状 ，如图 8－17 所示：

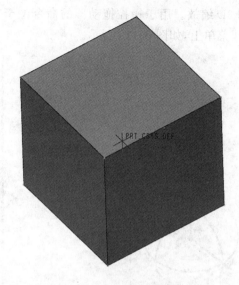

图 8-17　立方体初始形状

8.2　拖动器

拖动器是"自由式建模"环境中的一个图形工具,会在单击控制网格后出现,如图 8-18 所示。拖动器的初始放置和方向由所选网格元素的类型决定。

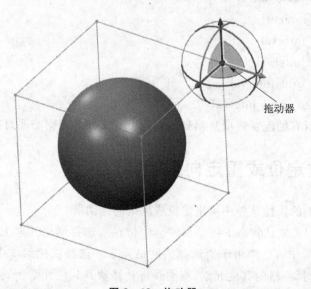

拖动器

图 8-18　拖动器

拖动器是由轴、圆环、环面、原点组成,选择网格元素拖动器将会附着在上面,轴也叫控制滑块,拖动轴所附着的网格元素将会随轴移动,拖动环将会随环转动,拖动器还支持线性、平面和 3D 缩放。用于操控拖动器的命令位于"自由式"选项卡和右击拖动器时出现的快捷菜单上，如图 8-19 所示。

图 8-19　快捷菜单

"选项"对话框中的增量捕捉值及其显示的线性和角度移动与线性（1D、2D 和 3D）和平面缩放都是由下列配置选项决定的：

angle_grid_interval

centimeter_ grid_interval

foot_ grid_interval

inch_ grid_interval

meter_grid_interval

millimeter_grid_interval

user_defined_ grid_interval

可将上面所有的配置选项复制到 config. pro 文件并根据需要对其值进行更新。

8.2.1　重定位或重定向拖动器

在拖动器上的快捷菜单中可重定位或重定向拖动器。

➢ "重定位"：默认状态下拖动器将会定位在所选择网格元素上，并且拖动器上的所有操作将会作用于所选择的网格元素。选择快捷菜单中的"重定位"选项后，选择网格的其他元素，拖动器将会移动到其他元素上，但是拖动器的操作将会作用于没有重定位的元素上，如图 8-20 所示。

➢ "重定向"：相对于选定参考重新调整拖动器的方向。如果已经选择"重定位"选项，可以拉动拖动器的任意一个环来改变拖动器的方向。

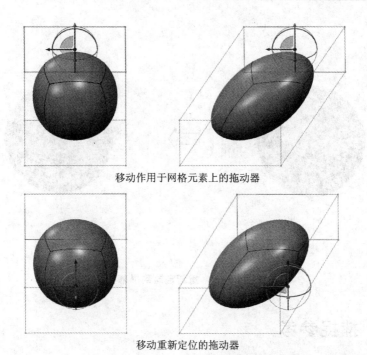

移动作用于网格元素上的拖动器

移动重新定位的拖动器

图 8 - 20　重定位拖动器

➢ "重定向至参考坐标系"：根据选定坐标系重定向拖动器，如图 8 - 21 所示。

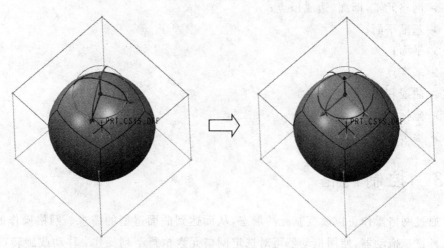

图 8 - 21　重定向至参考坐标系

➢ "重新定向到屏幕"：根据视图平面重定向拖动器，如图 8 - 22 所示。

➢ "重置"：将拖动器重置为默认位置和方向。

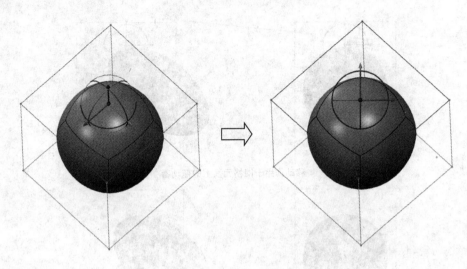

图 8-22   重新定向到屏幕

8.2.2 捕捉参考

用户可以在沿轴平移拖动器的同时,将拖动器捕捉至参考,即可予以重定位。要捕捉拖动器的控制滑块,请按住 Shift 键并选择下列一种几何类型:
- ➢ 网格元素,即面、边或顶点;
- ➢ 基准平面;
- ➢ 平面;
- ➢ 基准点;
- ➢ 曲线和边点;
- ➢ 坐标系;
- ➢ 参考轴。

8.3 控制网格

通过网格操作可以改变基元的形态,从而达到曲面造型的需求。网格操作的主要工具就是拖动器,使用拖动器可对选定网格元素执行下列操作:移动或旋转,1D、2D 或 3D 缩放。另外,参考外部平面或平曲面可以对齐选定网格元素。默认情况下,可以保持合成的"自由式"几何与其参考之间的关联性。参考平曲面或基准平面定向选定网格元素。

在"自由式"建模环境中添加一个基元,并且以网格的形式显示它。单击要细分的控制网格的某个区域,拖动器将出现在选择内容中。默认情况下,"自由式"选项卡中"操作"区域的"变换"按钮 将被选中,并且激活其他命令。

8.3.1 移动和旋转

使用拖动器的控制滑块和环来移动或旋转控制网格,如图 8 - 23 所示。

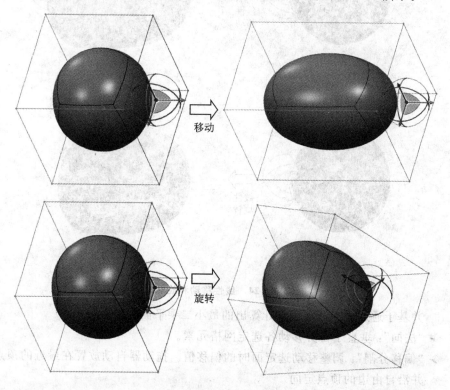

图 8 - 23 移动和旋转

按住 Alt 键,同时拖动环可在线性方向上移动或旋转控制网格,如图 8 - 24 所示。

如果已选择多个网格元素,可以使用"自由式"选项卡中"操作"区域的选项来控制网格元素彼此之间的相对移动:

➤ "常量":将所有选定网格元素移动相同的距离。

➤ "线性":使用线性内插移动所有选定的网格元素。

➤ "平滑":使用平滑内插移动所有选定的网格元素。

移动或旋转控制网格时,右击拖动器,使用快捷菜单命令可控制网格元素的移动。

➤ "默认":在拖动器的移动方向上移动选定网格元素的顶点。

➤ "沿边":沿着边移动选定网格元素的顶点。拖动器自动放置在最近的顶点上

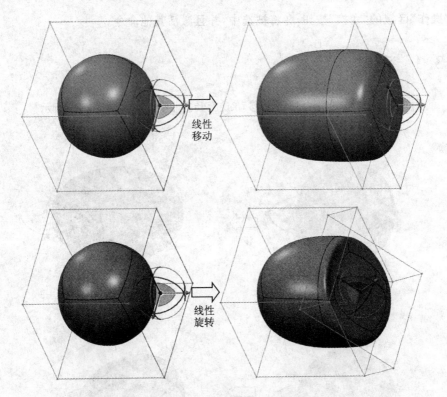

图 8 - 24 线性移动和旋转

并基于通过所有选定顶点计算出的最小二乘平面的法向定向。

➤ "法向"：垂直于自身移动各选定网格元素。

➤ "偏移分割"：调整移动选定面时的偏移值。拖动器自动放置在最近的顶点上并沿自由边的顶点定向。

对于上述选项，必须已选择至少具有一条自由边（不是选定网格元素的一部分）的顶点。

8.3.2 缩 放

单击圆形菜单中的□按钮，或者单击"自由式"选项卡中"操作"区域的"缩放"按钮□。拖动器会变为 3D 缩放拖动器，并且在选择内容周围会出现一个边界框。如有必要，用户可将 3D 缩放拖动器重定位到边界框的侧面上。

请执行下列操作之一来缩放控制网格：

➤ 1D 缩放——拖动缩放拖动器，如图 8 - 25 所示。

➤ 2D 缩放——拖动缩放拖动器的平面，如图 8 - 26 所示。

➤ 3D 缩放——按住 Ctrl 键并拖动缩放拖动器，如图 8 - 27 所示。

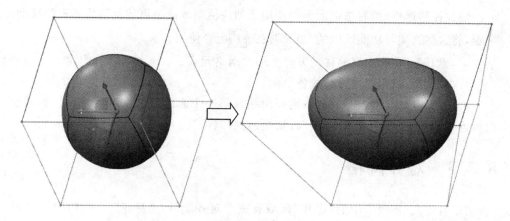

图 8 - 25　1D 缩放

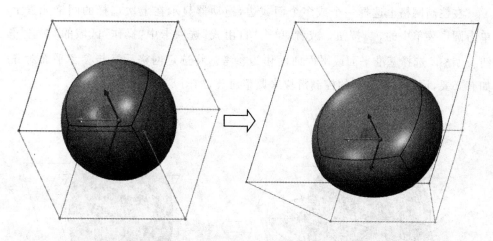

图 8 - 26　2D 缩放

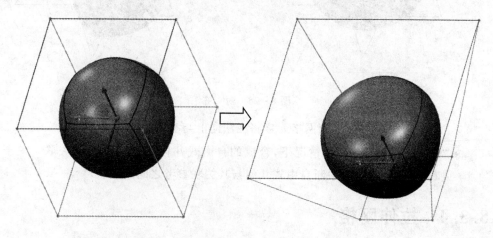

图 8 - 27　3D 缩放

缩放控制网格时,右击拖动器并使用下列快捷菜单命令可控制网格元素的移动。或者,将这些选项与功能区中的"缩放"按钮 ▦ 配合使用:

➤ "默认":在拖动器的移动方向上缩放网格元素。

➤ "相同":以相同方式缩放各个面。

如果已选择多个未连接的面,则采用缩放第一个面的方法缩放所有面。如果已选择连接的面,则缩放选项"相同"将切换回到"默认"。

8.3.3 对齐网格

在"自由式"选项卡中的"操作"区域有三个对齐工具:"对齐"、"对齐法线"、"断开链接"。

在控制网格上选择一个或多个面或边,拖动器显示在上次选择的网格元素上。单击圆形菜单中的 ▲ 按钮。或者,单击"自由式"选项卡中"操作"区域的"对齐"按钮 ▲对齐。选择基准平面或平面曲面作为参考。将选定网格元素与参考平面对齐。如有必要,请拉动拖动器的控制滑块来调整对齐,如图 8-28 所示。

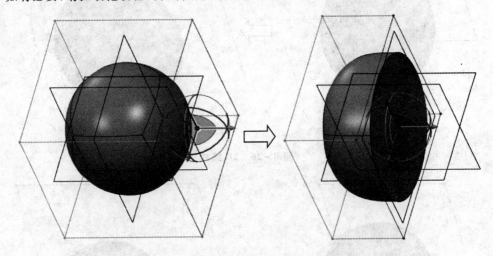

图 8-28 对 齐

➤ "对齐法线" ▣ :选定网格元素将在法向上与参考平面对齐。

➤ "断开链接" ⟡ :默认情况下,合成的自由式几何与参考平面相关联。单击"断开链接"按钮可中断自由式几何与其关联参考之间的关联。

8.3.4 拉伸网格

拉伸命令可以拉伸控制网格上的面和边以便向该控制网格上添加新面。通过复

制选定面并用平行边将复制面与原始面连接起来可以创建新的面。拉伸长度为选定
网格元素最短边的长度。可以选择多个面或多条边进行拉伸。如果同时选择边和面
进行拉伸,则会保留第一个选择类型。也就是说,如果先选择面再选择边,则会放弃
所有的边,会自动忽略选中的所有顶点。

　　在控制网格上选择一个或多个面或边。拖动器显示在您上次选择的网格元素
上。单击圆形菜单中的 █ 按钮,或者单击"自由式"选项卡中"操作"区域的"拉伸"按
钮 █,选定的网格元素即会被拉伸。可以在图形窗口中预览拉伸的几何,如图 8 - 29
所示。

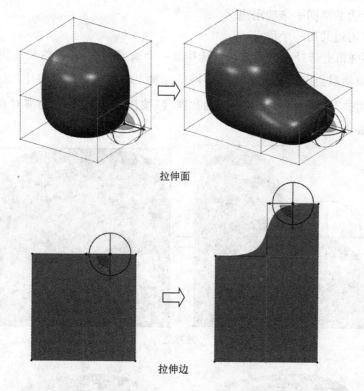

拉伸面

拉伸边

图 8 - 29　拉　伸

　　按住 Alt 键并拖动拖动器的控制滑块,将会在控制滑块移动的方向上拉伸选定
表面或边。

8.3.5　连接网格

　　要创建新面,可以将下列类型的网格元素连接起来:
　　➢ 将至少两个面或边连接起来,以向控制网格的某个区域添加新面。用平行边

连接选定的面或边,这样可以创建出新面。

➤ 具有不止一个面组的网格元素。也就是说,可以在控制网格的一侧选择两个面,在另一侧选择两个对应面并将其连接。

➤ 具有三个相连面的网格元素。

➤ 连接多于四条边或四个面的网格元素。控制网格是用四边形面创建的。只有选择偶数个(条)面或边后,连接操作才能进行。

在下列情况下无法连接网格元素:

➤ 选定的面共享某个未选定面的一条边。

➤ 选定边共享同一未选定面。

➤ 选定边共享同一未选定边。

➤ 选定的边共用一个顶点。

在控制网格上选择一对面或边。选择第一个面或第一条边,然后按住 Ctrl 键选择下一个,拖动器会出现在最后选择的网格元素上。单击圆形菜单中的 ▥ 按钮,或者单击"自由式"选项卡中"操作"区域的"连接"按钮 ▥连接 ,所选的那对面或边将连接到一起,如图 8-30 所示。

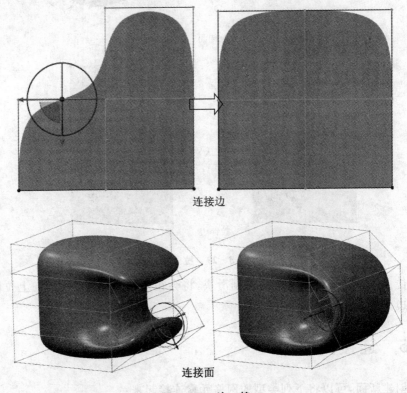

连接边

连接面

图 8-30 连 接

8.3.6 分割网格

网格的分割功能可将控制网格上的至少一个面或边分割成多个面,从而可以创建新的"自由式"曲面。该功能只能分割可以形成四边形面的面。分割面时会执行偏移分割,因而能够从 1 个四边形面创建出 5 个四边形面。分割边时,分割边是一直沿着模型传播的,这样可以确保只创建四边形面。

1. 分割边

选择边,单击"自由式"选项卡中"操作"区域的"边分割"按钮 边分割 的下三角按钮,单击下拉列表中的某个按钮以指定要添加的分割数目,如图 8 - 31 所示。

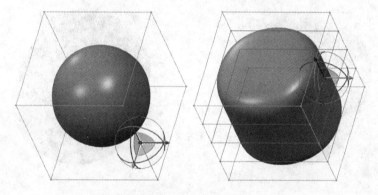

图 8 - 31 分割边

2. 分割面

选择面,单击"自由式"选项卡中"操作"区域的"面分割"按钮 面分割 的下三角按钮,单击下拉列表中的某个按钮以指定分割的偏移百分比,如图 8 - 32 所示。

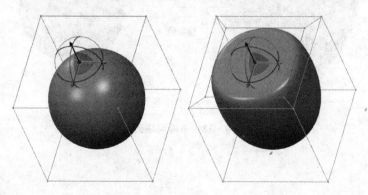

图 8 - 32 分割面

8.3.7　删除网格

在自由式曲面环境中可以删除控制网格上的面或边。如果删除的是面,则会在该曲面上创建一个孔。如果删除的是边,则可以删除在 4 条连接边上有顶点的那些边。如果删除边,则会删除相邻的面,也会删除包含该边的整个环。也可以删除整个控制网格,这是选择新基元创建"自由式"特征的另一种方法。如果被删除的面创建了断开几何,则无法删除网格元素。

在控制网格上选择一个或多个面或边并按 Delete 键,选定网格元素即会删除。也可单击圆形菜单中的"删除"按钮 ✗,如图 8-33 所示。

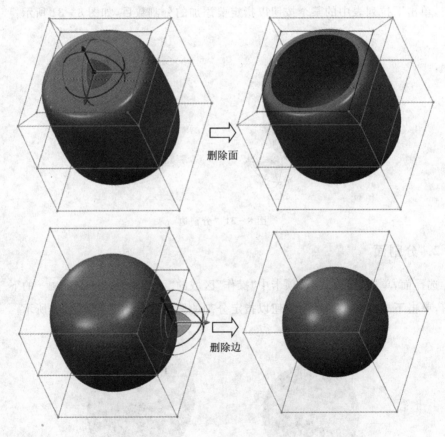

图 8-33　删除网格元素

8.4 对称自由几何

　　选择控制网格的面元素或边元素,并将其投影到镜像平面可以镜像该控制网格。镜像会帮助用户创建对称的"自由式"几何。镜像平面可以是基准平面或平曲面。默认情况下,镜像控制网格不会显示在图形窗口中,而是依赖于原始网格。对原始几何的更改会自动反映到镜像几何中。可以中断和重新激活此相关性。在这种情况下,可使部分保持不变的网格从属于原始网格。由于部分已更改网格已经独立,无法使其再次从属于原始网格。只能为一个控制网格创建一个镜像"自由式"特征。

　　在下列情况下无法镜像网格元素:
➢ 选择整个网格进行镜像。
➢ 选定面共享某个未选定面的边。
➢ 选定边共享同一未选定面。
➢ 选定边共享同一未选定边。
➢ 选定边或面的顶点与另一个平面对齐。

　　在控制网格上选择一个面或一条边,拖动器将出现在选定网格元素上。单击"自由式"选项卡中"对称"区域的"镜像"按钮,选择一个基准平面来镜像网格元素,如图 8 - 34 所示。

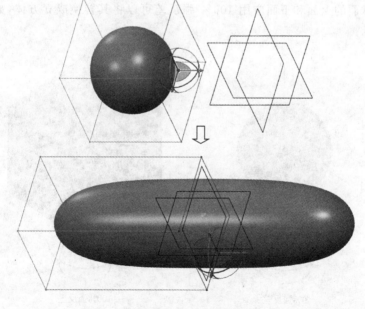

图 8 - 34 镜 像

单击"镜像"按钮的下三角按钮,可显示其他的操作:

> ➤ <kbd>连接镜像</kbd>：将选定的平面链接到镜像网格。

> ➤ <kbd>删除镜像</kbd>：删除镜像的控制网格。

> ➤ <kbd>更改平面</kbd>：选择一个新的镜像平面。之前镜像平面上的边或顶点会投影到新的平面上。

单击仅在创建镜像几何时才可用的"从属"(Dependent)按钮，用它来保持或中断镜像控制网格与原始网格之间的关联性。中断关联性时，会显示镜像几何的控制网格，可根据需要修改此网格。

对某个从属或独立的镜像控制网格进行拓扑更改时，会表现出下列行为：

> ➤ 对于独立镜像网格，镜像网格的更多部分会变得独立。

> ➤ 对于从属镜像网格，如果拓扑更改导致从属几何发生改变，则操作会失败。

8.5 皱褶

通过将硬皱褶或软皱褶应用到选定边或顶点，可以修改"自由式"曲面的形状。皱褶会调整应用于边和顶点的权重，使控制网格中的关联曲面完全合适。在控制网格上选择一个或多个网格元素，在"自由式"选项卡中的"皱褶"区域选择"强反差"或"柔和"选项，使用滑块或旋转框调整皱褶值。

> ➤ "强反差"：锐化边并在曲面之间生成硬边。例如，如果已选择球面作为基元，对球面的上面和下面应用 100% 强反差可以将其转换成立方体，如图 8-35 所示。

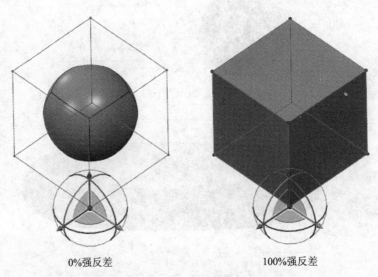

0%强反差   100%强反差

图 8-35　强反差

> ➢ "柔和"：在曲面之间创建平滑紧密过渡。例如,应用于球面的 100％ 柔和会产生圆角的效果,如图 8－36 所示。

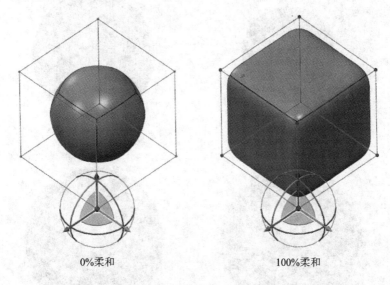

0%柔和　　　　　　　　　　100%柔和

图 8－36　柔　和

也可使用圆形菜单应用 100％ 强反差。如果使用圆形菜单将皱褶应用于已经皱褶的网格元素,则将移除该皱褶。

8.6　多级细分

自由式曲面环境中的多级细分功能是使用明确的细分级别来改变形状,以获得更精细的细节和控制。在这一过程中,用户不需要手动细分模型和改变拓扑。通常,用户只能在基础级别上创建细分曲面,但可以将细分级别从基础级别增加至级别 3。

执行多级细分之前,请记住以下几点:

> ➢ 只能在基础级别上使用"拉伸"、"面分割"、"边分割"、"连接"和"对齐"命令来创建几何。
> ➢ 只能在基础级别上应用皱褶。
> ➢ 如果在更高细分级别中网格元素已经更改,则可以在删除相关多级别更改之后只对网格元素进行拓扑更改。

在自由式曲面环境中添加一个基元,从"自由式"选项卡中"多级"区域的"基础级别"列表中选择"基础级别"以外的级别,如图 8－37 所示。

> ➢ 显示更改项：查看因多级细分而发生更改的所有顶点。
> ➢ 重置已更改：重置在该细分级别对网格元素进行的更改。

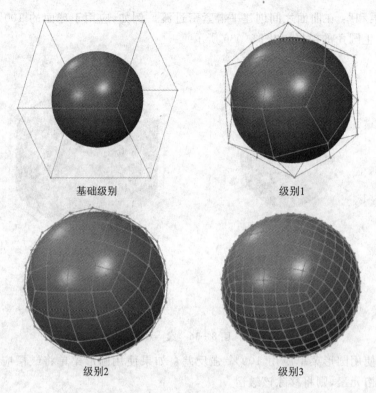

基础级别   级别1

级别2   级别3

图 8 - 37　多级细分

8.7　应用案例

下面的案例说明了如何在自由式建模环境中创建油壶,如图 8 - 38 所示。操作步骤中涉及操控基元和使用自由式命令("拉伸"、"分割"、"删除"、"皱褶"、"缩放"和"对齐")。

① 单击"模型"选项卡中"形状"区域的"拉伸"按钮 ▣,在"拉伸"选项卡中单击"曲面"按钮 ▢,创建直径为 40、高度为 60 的圆柱曲面,如图 8 - 39 所示。

② 单击"模型"选项卡中"曲面"区域的"自由式"按钮 ◯自由式,进入自由式曲面创建环境。

③ 单击"自由式"选项卡中"形状"区域的"基元"下三角按钮选择封闭基元中的球形初始图元 ◯,如图 8 - 40 所示。

④ 框选球形初始图元所有网格图素,右击图形窗口,单击圆形菜单中的"缩放"按钮 ▣,拖动器会更改为 3D 缩放控制滑块,并且在选择内容周围出现一个边界框。按住 Ctrl 键并拖动缩放控制滑块来对球面执行 3D 缩放。一直拖动,直到该球面的

大小约为圆柱大小的 2 倍为止，如图 8-41 所示。

图 8-38　油　壶

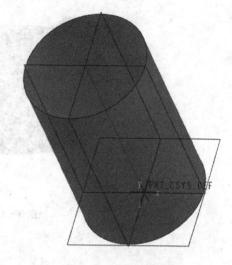

图 8-39　创建拉伸曲面

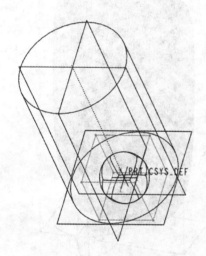

图 8-40　创建球形初始图元

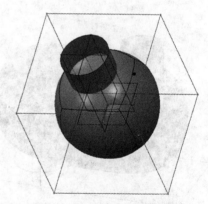

图 8-41　缩放球形初始图元

⑤ 选择控制网格的背面，然后在圆形菜单中单击"拉伸"按钮 ⬚ 拉伸该面，如图 8-42 所示。

⑥ 按住 Ctrl 键的同时选择两个面。单击鼠标中键重复"拉伸"命令，拖动拖动器的控制滑块来拉伸形状，如图 8-43 所示。

⑦ 再次单击鼠标中键重复"拉伸"命令，如图 8-44 所示。

⑧ 选择右上方边，将方向更改为"右"视图，并拖动拖动器的平面控制滑块以定位边，如图 8-45 所示。

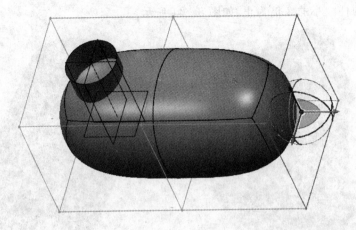

图 8 - 42 拉 伸

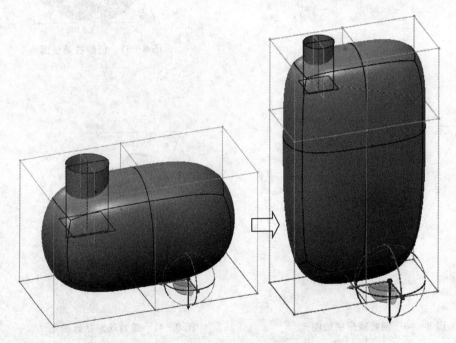

图 8 - 43 拉 伸

⑨ 选择图 8 - 46 所示的面,在圆形菜单中单击 ⬚ 按钮以拉伸该面,并创建手柄的上部。

⑩ 按图 8 - 47 所示选择右下方的面,在圆形菜单中单击 ⬚ 按钮以拉伸该面,并创建手柄的下部。

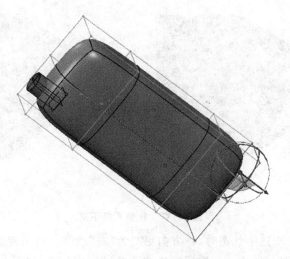

图 8 - 44　再次拉伸

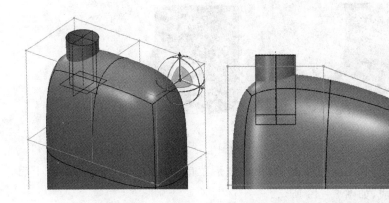

图 8 - 45　定位边

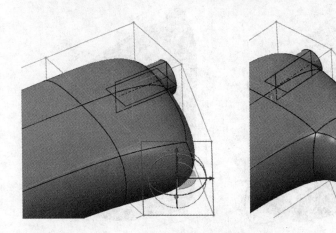

图 8 - 46　拉伸手柄上部

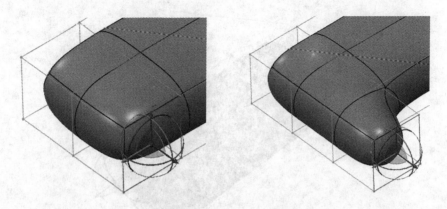

图 8 - 47　拉伸手柄下部

⑪ 该面仍处于选中状态时,将方向更改为"右"视图。使用旋转控制滑块旋转该面。然后使用拖动器的中心球在屏幕上自由拖动以定位面,如图 8 - 48 所示。

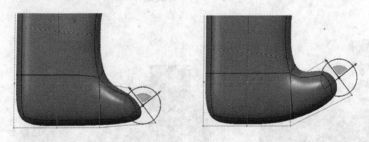

图 8 - 48　旋转定位

⑫ 按住 Ctrl 键,选择两个把手端面,单击圆形菜单中的"连接"按钮▥,两个面已连接,手柄创建完成,如图 8 - 49 所示。

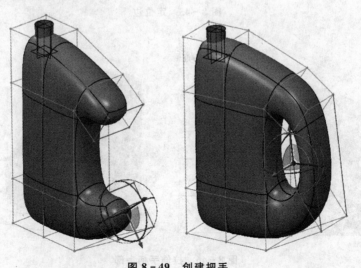

图 8 - 49　创建把手

⑬ 选择图 8-50 所示的三个面,然后单击圆形菜单中的"缩放"按钮 ,缩放控制滑块显示在选定面边界框的中心,拖动缩放器中的指向平面进行 2D 缩放。

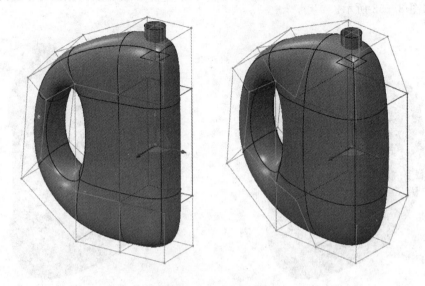

图 8-50　2D 缩放

⑭ 单击圆形菜单中的"分割"按钮 ,对所选择的的三个面进行分割,如图 8-51 所示。

⑮ 单击圆形菜单中的"缩放"按钮 ,拖动缩放器中的指向平面进行 2D 缩放,如图 8-52 所示。

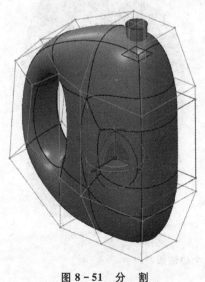

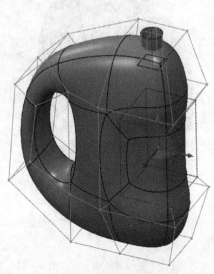

图 8-51　分　割　　　　　　　图 8-52　2D 缩放

⑯ 选择边,按住 Shift 键并再次选择同一条边以完成环选择。从"自由式"选项卡中"皱褶"区域选择"强反差"选项,在其文本框中输入 100 以将硬皱褶应用于选定边,如图 8-53 所示。

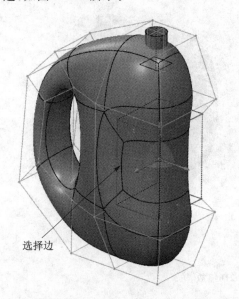
选择边

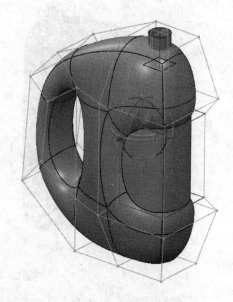

图 8-53 添加边皱褶

⑰ 使用同样的方法添加另一个边皱褶,如图 8-54 所示。

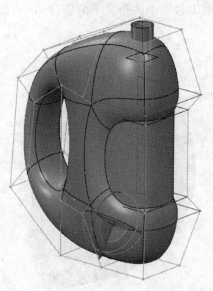

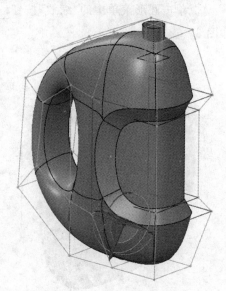

图 8-54 添加另一个边皱褶

⑱ 选择手柄区域的边线,如图 8-55 所示。

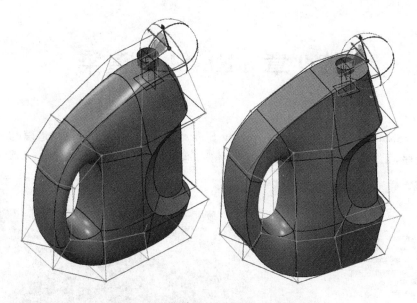

图 8 - 55　将皱褶效果应用于手柄区域

⑲ 单击"自由式"选项中"关闭"区域的"确定"按钮 ✔。

⑳ 对皱褶边进行倒圆角，如图 8 - 56 所示。

㉑ 将拉伸曲面和自由曲面合并，并在连接处倒圆角，如图 8 - 57 所示。

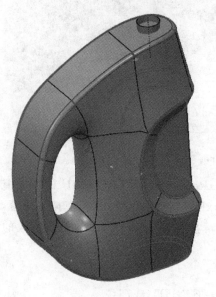

图 8 - 56　倒圆角

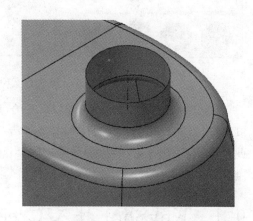

图 8 - 57　合并曲面

第 9 章　KeyShot 渲染

KeyShot 意为 The Key to Amazing Shots，是一个互动性的光线追踪与全域光渲染程序，无需复杂的设定即可产生照片般真实的 3D 渲染影像，如图 9-1 所示。

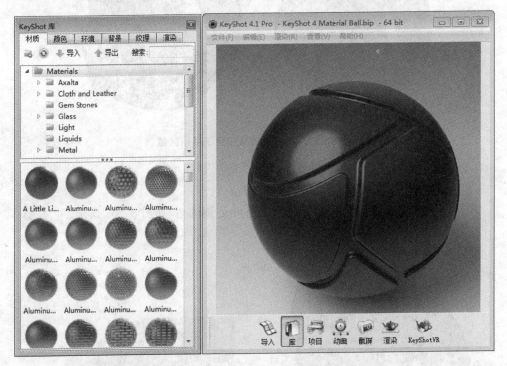

图 9-1　KeyShot 软件

KeyShot 是基于 LuxRender 开发的，LuxRender 是一种基于 CPU 的独立渲染 3D 数据引擎。基于先进的技术水平算法，LuxRender 根据物理方程模拟光线流，因此产生逼真的图像和照片的品质。KeyShot 可挂在各种 3D 软件中，方便广大的三维软件建模用户对实体进行渲染操作。

9.1　KeyShot 挂入 Creo Parametric

KeyShot 软件挂入 Creo Parametric 的过程包括：KeyShot 软件的安装、KeyShot for Creo Parametric 插件的安装和 Creo Parametric 中调用 KeyShot 三部分。

9.1.1　KeyShot 的安装

运行 KeyShot4 4.1 安装程序,弹出 KeyShot4 4.1 64 bit Setup 对话框,如图 9 - 2 所示。

图 9 - 2　KeyShot4 4.1 64 bit Setup 对话框

在 KeyShot4 4.1 64 bit Setup 对话框中单击 Next 按钮,弹出第二个界面,如图 9 - 3 所示,单击 I Agree 按钮。

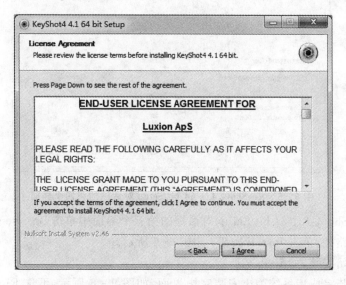

图 9 - 3　KeyShot4 4.1 64 bit Setup 对话框的第二个界面

在第三个界面中选择 Install just for me,如图 9 - 4 所示,单击 Next 按钮。

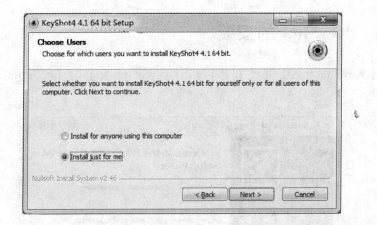

图 9 - 4　KeyShot4 4.1 64 bit Setup 对话框的第三个界面

在 KeyShot4 4.1 64 bit Setup 对话框的第四个界面中单击 Browse 按钮,选择软件程序安装路径,单击 Next 按钮,如图 9 - 5 所示。

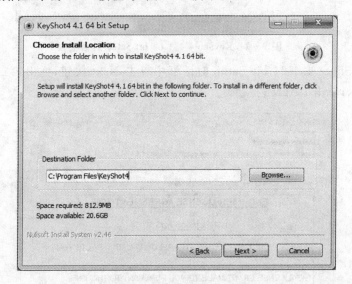

图 9 - 5　KeyShot4 4.1 64 bit Setup 对话框的第四个界面

在 KeyShot4 4.1 64 bit Setup 对话框的第五个界面中单击 Browse 按钮,选择资源文件安装路径,单击 Install 按钮,如图 9 - 6 所示。

软件开始安装,如图 9 - 7 所示。

软件安装完成后系统弹出安装完毕界面,如图 9 - 8 所示,不选 Run KeyShot 4 选项,单击 Finish 按钮。

解压补丁 KeyShot 4.1.35_Crack_Only,复制 keyshot4.exe(注意分 32 位和 64 位)到软件程序安装目录下的 bin 文件夹,覆盖原文件。启动注册机 keygen.exe,单

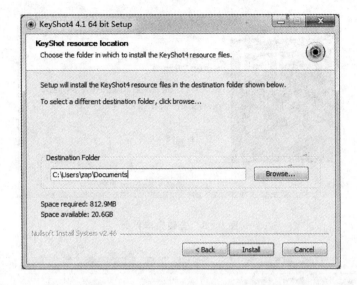

图 9 - 6　KeyShot4 4.1 64 bit Setup 对话框的第五个界面

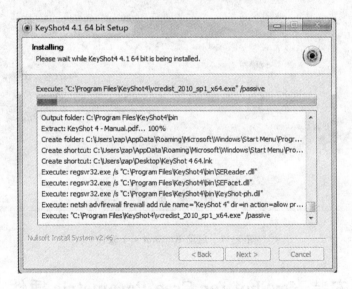

图 9 - 7　软件安装

击 Generate 生成许可证文件 keyshot4. lic,把许可证文件 keyshot4. lic 放到资源文
件安装文件夹中。如果不知道在哪,可以打开桌面上的 KeyShot 4 Resources 快捷
文件夹,这就是用户资源文件安装文件夹。

　　双击桌面 KeyShot 4.1 图标,启动软件,如图 9 - 9 所示。

图 9 - 8　安装完毕界面

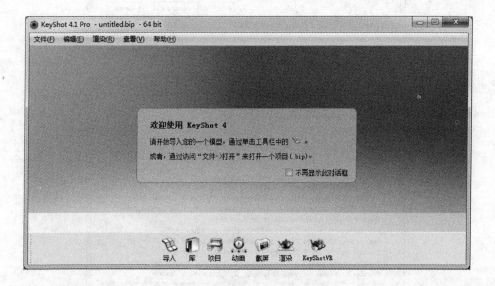

图 9 - 9　启动 KeyShot 4.1 软件

9.1.2　安装 KeyShot for Creo Parametric 插件

运行 keyshot4_creo_plugin_2.1 安装程序，弹出 Keyshot 4 plugin for Creo 64bit 2.1 Setup 对话框，如图 9 - 10 所示。

在 Keyshot 4 plugin for Creo 64bit 2.1 Setup 对话框中单击 Next 按钮，在弹出的对话框中单击 I Agree 按钮，如图 9 - 11 所示。

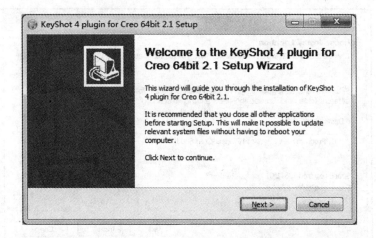

图 9 - 10　Keyshot 4 plugin for Creo 64bit 2.1 Setup 对话框

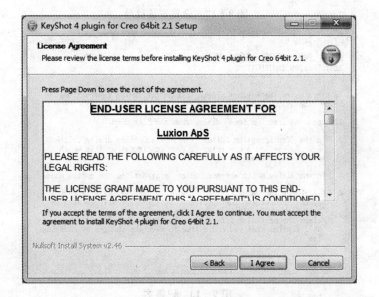

图 9 - 11　用户须知

　　设置安装目录,最好使用默认的不要修改,记下该目录,在设置 config. pro 文件时需要用到,如图 9 - 12 所示,单击 Install 按钮开始安装。

　　安装完成后会弹出一个记事本文件,如图 9 - 13 所示,其中记录了 KeyShot 挂上 Creo 的方法上。

　　单击 Finish 按钮完成安装,如图 9 - 14 所示。

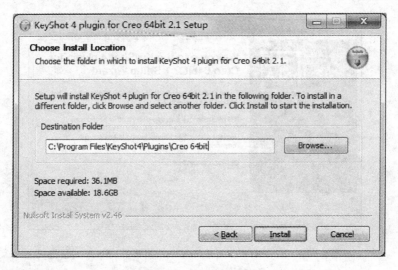

图 9-12　设置安装目录

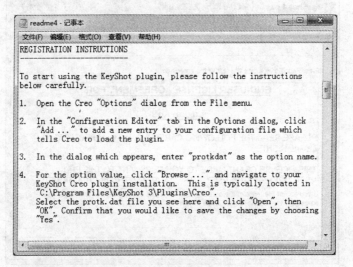

图 9-13　记事本

图 9-14　完成安装

9.1.3　Creo Parametric 中加载 KeyShot

打开 Creo Parametric 软件，选择菜单"文件"选项，弹出"Creo Parametric 选项"对话框，如图 9 - 15 所示。

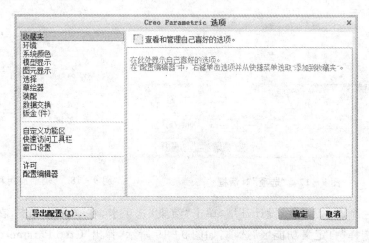

图 9 - 15　"Creo Parametric 选项"对话框

在"Creo Parametric 选项"对话框左侧项目列表中选择"配置编辑器"选项，如图 9 - 16 所示。

图 9 - 16　配置编辑器

单击"添加"按钮,弹出"选项"对话框,在"选项名称"文本框中输入 protkdat,在"选项值"文本框中输入 9.1.2 节中记录的安装路径,并且在其后加上\protk.dat,如图 9-17 所示,单击"确定"按钮,并保存为 config.pro 到启动目录。

重启 Creo Parametric,单击"主页"选项卡中的"使用工具"下三角按钮,选择"辅助应用程序"选项,弹出"辅助应用程序"对话框,查看 KeyShot 4 是否正常运行,如图 9-18 所示。

图 9-17 "选项"对话框   图 9-18 "辅助应用程序"对话框

创建一个新的"零件"设计环境,单击"渲染"选项卡,在空白处右击,在弹出的快捷菜单中选择"自定义功能区"选项,如图 9-19 所示,弹出"Creo Parametric 选项"对话框,右侧列表中会直接显示"自定义功能区"。

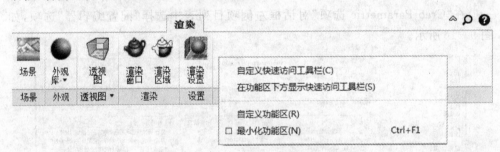

图 9-19 快捷菜单

在"Creo Parametric 选项"对话框中的"从下列位置选取命令"下拉列表中选择"TOOLKIT 命令",下方的列表中将显示"Render(渲染)"、"Update(更新)"、"Mechanisms(输出动画)"和"Settings(设置)"四个 KeyShot 命令。在右侧"自定义功能区"列表中,选择"渲染"下的"设置",单击"新建组"按钮,连续单击"添加"按钮,依次将 KeyShot 命令添加到新建组中,如图 9-20 所示。

在"新建组"上右击,在弹出的快捷菜单中选择"重命名"选项,弹出"重命名"对话框,在"显示名称"文本框中输入 KeyShot,单击"确定"按钮,如图 9-21 所示。

单击"Creo Parametric 选项"对话框中的"确定"按钮,此时的"渲染"选项卡如图 9-22 所示。

在"装配"模块中使用同样的方法可以添加 KeyShot 按钮。

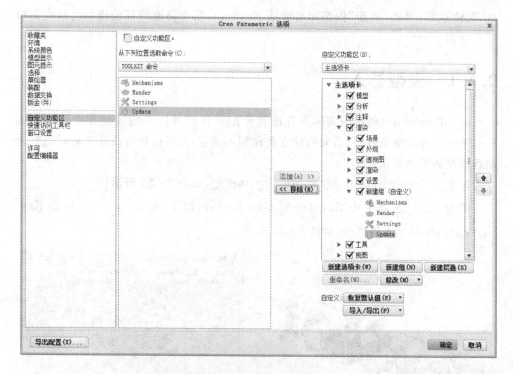

图 9 - 20　创建"新建组"

图 9 - 21　"重命名"对话框

图 9 - 22　"渲染"选项卡

9.2　模型导入与文件保存

KeyShot 无缝链接功能用于建模软件和 KeyShot 之间的模型更新,无需重新分配或者更新任何预设,可以直接从 Creo 软件中连接到 KeyShot 中。指定材质和动画,继续建模,单击"更新"按钮即可激活 KeyShot,所有修改的部分保持已指定的材质和动画。

9.2.1　模型导入

CreoParametric 创建的实体零件或者装配组件都可以在创建过程中随时导入 KeyShot 中查看渲染效果,若对所建立的模型不满意,还可以进行改动并随时观察改动后模型的渲染效果。

首先在 Creo Parametric 软件中创建实体模型,如图 9-23 所示。

单击"渲染"选项卡中 KeyShot 区域的 Render(渲染)按钮 Render,启动 Key-Shot 软件,模型导入软件中,如图 9-24 所示。

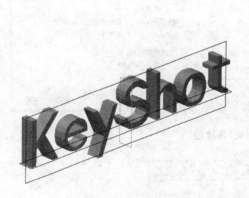

图 9-23　创建模型　　　　　　　　图 9-24　模型导入

在 CreoParametric 软件中更改模型,如图 9-25 所示。

单击"渲染"选项卡中 KeyShot 区域的 Update(更新)按钮 Update,KeyShot 软件将更新导入模型,如图 9-26 所示。

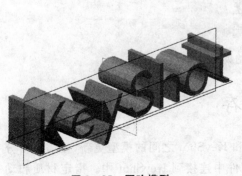

图 9-25　更改模型　　　　　　　　图 9-26　更新渲染

对于已经完成并保存的 CreoParametric 模型文件可以单独使用 KeyShot 软件直接导入。

首先双击桌面 KeyShot 图标 ，启动 KeyShot 软件，单击下方工具栏中的"导入"按钮 ，弹出"导入文件"对话框，选择已保存的 CreoParametric 模型文件，单击"打开"按钮，弹出"KeyShot 导入"对话框，单击"导入"按钮，如图 9 - 27 所示。

图 9 - 27　"KeyShot 导入"对话框

导入后的模型和之前在 CreoParametric 环境中导入的模型摆放方向不一致，如果想让其一致，则在"KeyShot 导入"对话框中"向上"区域的下拉列表中选择 Y，再导入模型就一致了。

9.2.2　文件保存

选择 KeyShot 软件中的菜单"文件"|"保存"选项或者选择菜单"文件"|"另存为"选项，就可保存一个 *.bip 的文件，如图 9 - 28 所示。该文件包含了模型以及材质、灯光、反射等渲染环境元素。

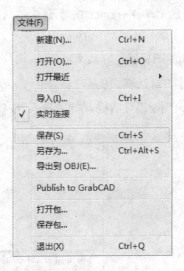

图 9-28 文件保存

9.3 移动操作

模型导入后可以根据用户的需要进行移动、旋转等操作,也可以使用鼠标对视角也就是软件中的相机进行操作。

在需要操作的模型上右击,在弹出的快捷菜单中选择"移动组件"选项,软件模型操作区域将会出现操作工具栏,工具栏中包括"翻译"、"旋转"、"缩放"、"贴合地面"四个动作命令,如图 9-29 所示。

图 9-29 操作工具栏

> "翻译":按钮的名称汉化错误,应该叫做"移动",其作用就是移动模型。单击该按钮后,拖动手柄变为三个方向上的箭头,拖动箭头即可使贴图按照箭头的方向移动,拖动箭头交点处可以使模型任意移动,如图 9-30 所示。

> "旋转":单击该按钮可以旋转模型,其拖动手柄为三个方向的圆环,拖动圆环即可按照方向旋转模型,如图 9-31 所示。

> "缩放":单击该按钮可以缩放模型,拖动手柄即可按照手柄方向缩放模型,拖动手柄中心处可对贴图 2D 缩放,如图 9-32 所示。

> "贴合地面":单击该按钮可以使模型直接贴合地面。

当模型位置调整完毕后,单击完成操作按钮 ✓ 即可保存所做的操作,单击取消操作按钮 ✗ ,将取消所有操作。

图 9 - 30　移　动

图 9 - 31　旋　转

　　移动视角可以更好的观察到模型在渲染环境中的效果,在绘图区域拖动可以旋转视角,如图 9 - 33 所示。

图 9 - 32　缩　放

图 9 - 33　旋转模型

滚动鼠标滚轮可以自由放大、缩小模型,如图 9 - 34 所示。

按住鼠标中键并拖动,可以平移视角,如图 9 - 35 所示。

图 9 - 34 缩放模型

图 9 - 35 平移视角

9.4 模型材质的赋予与调整

"材质"简单地说,就是物体看起来是什么质地的。材质可以看成是材料和质感的结合。在渲染过程中,它是表面各可视属性的结合,这些可视属性是指表面的色彩、纹理、光滑度、透明度、反射率、折射率及发光度等。正是有了这些属性,才能让渲染的模型更逼真更贴合实际。

9.4.1　材质库的调用

单击工具栏中的"库"按钮 ，弹出"KeyShot 库"窗口。其中，"材质"选项卡中包含了"材质"、"颜色"、"环境"、"背景"、"纹理"和"渲染"六个选项卡，所有图形渲染的元素都集成在这个库中，如图 9 - 36 所示。

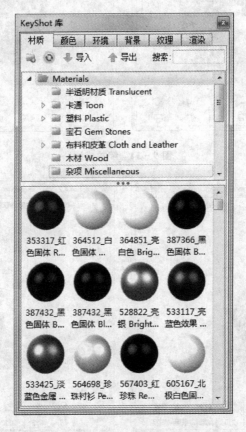

图 9 - 36　"KeyShot 库"对话框

"材质"选项卡中部分显示了软件中所自带材质的目录树，下方是所选择类型的材质的列表，材质文件存在于"我的文档"│KeyShot 4│Materials 文件夹下，如图 9 - 37 所示。

选择菜单"编辑"│"首选项"，弹出"首选项"对话框，单击左侧的"文件夹"按钮，可以看到其他渲染元素库所在的位置，如图 9 - 38 所示。

将"KeyShot 库"对话框中下方的材质拖动到模型上即可给模型添加上材质，如图 9 - 39 所示。

图 9 - 37 Materials 文件

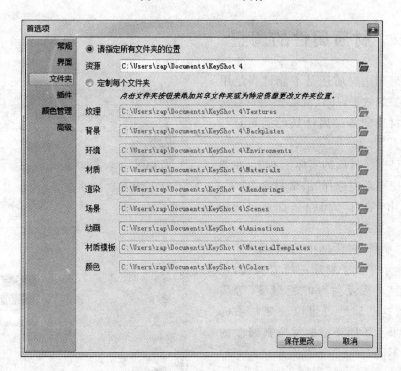

图 9 - 38 "首选项"对话框

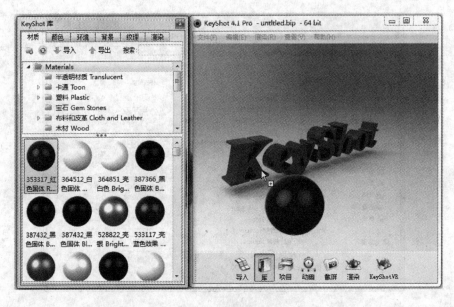

图 9 - 39　添加材质

9.4.2　材质属性的调整

　　如果库中材质还是不能过满足用户所需要的效果,那么就需要用户自己来调整材质的各种属性从而满足自己的需求。

　　在已赋予材质的实体上右击,在弹出的快捷菜单中选择"编辑材质"选项,系统弹出"项目"对话框,如图 9 - 40 所示。

　　在"项目"对话框中的"材质"选项卡中,显示了赋予材质的所有属性,包括"类型"、"漫反射"和"粗糙度"等属性,更改这些属性就可以改变材质的渲染效果。不同类型的材质其修改的属性也不同。

图 9 - 40　"项目"对话框

9.4.3　材质的链接与赋予规则

在 Creo Parametric 实体建模环境中使用"拉伸"命令创建模型，调用 KeyShot 软件进行实时渲染，如图 9 - 41 所示。

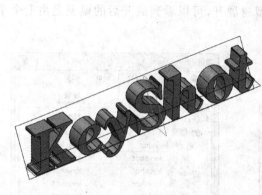

图 9 - 41　实时渲染

单击 KeyShot 软件工具栏中"库"按钮，将"KeyShot 库"对话框中的材质拖动到模型上。该实体模型由七个字母组成，每个字母都可以看成一个独立的模型，理论上可以给每个字母添加上不同的材质，但是直接拖动材质到模型上时，所有的模型都会添加上材质，如图 9 - 42 所示。

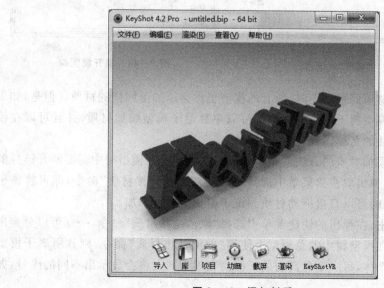

图 9 - 42　添加材质

单击"项目"按钮，弹出"项目"对话框。在"组件"区域存在一个模型树，模型树中显示模型文件的名称 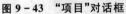 keyshot，单击其左侧的 ⊢ 号，可以将其展开，可以看到包含的子模型 keyshot，如图 9-43 所示。该主模型下只包含了一个子模型，所以添加材质时软件将所有字母识别为一个子模型一起添加材质。

如果将 Creo Parametric 模型文件保存，再将该文件导入 KeyShot 软件中，单击"项目"按钮，弹出"项目"对话框，将模型树展开，可以看到展开后的模型是由七个子模型组成，如图 9-44 所示。

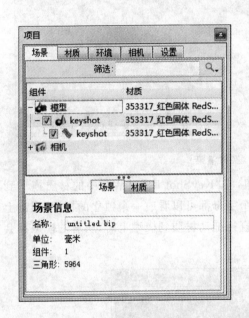

图 9-43 "项目"对话框

图 9-44 展开模型树

当直接拖动材质到模型上时，所有的模型仍然会添加上同样的材质。但是，如果拖动材质添加到模型树下的子模型中就可以单独给子模型添加材质，并且可以在模型树中显示出材质的名称，如图 9-45 所示。

另一种单独添加材质的方法就是断开其材质链接。在模型树中需要断开链接的子模型上右击，在弹出的快捷菜单中选择"材质"|"取消链接材质"命令，即可将该子模型分离出来，此时可以直接拖动材质到该子模型上进行添加。

在模型上右击，在弹出的快捷菜单中选择"取消链接材质"命令，一样可以分离出该子模型。如果在模型树中的总模型上使用"取消链接材质"命令，则其所属子模型将会全部分离成个体，每一个分离出的子模型在模型树上将会显示出不同的序号，如图 9-46 所示。

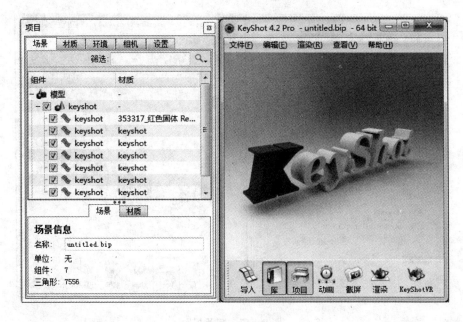

图 9 - 45　添加材质

图 9 - 46　分离所有子模型

上面所讲到的案例中，KeyShot 模型树中的子模型代表的是独立的实体模型，其实该子模型代表的是可独立添加材质的子元素。Key-Shot 软件有自己识别子元素的规则：按照材质识别。

如果在 Creo Parametric 软件建模环境中给模型某个面添加颜色，再调用 KeyShot 软件进行实时渲染，可以观察到模型上添加的颜色也会导入到 KeyShot 中，打开它的模型树，就可看到模型添加相同颜色的部分会成为一个子元素，并且该部分可以单独添加材质，如图 9 - 47 所示。

385

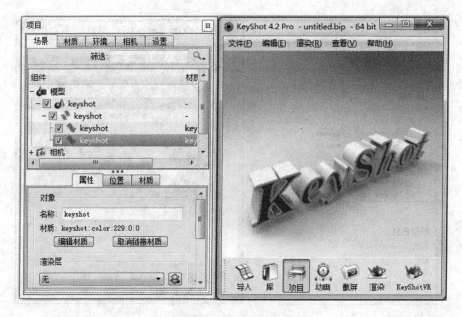

图 9 - 47 赋予规则

9.4.4 材质的复制与粘贴

KeyShot 软件在渲染的过程中可以将模型上已添加上的材质直接复制到其他模型上,如图 9 - 48 左图所示的 K 模型上已经添加上了材质,在其模型上右击,在弹出的快捷菜单中选择"选择材质"选项,在 S 模型上右击选择"应用选定材质"或者"应用复制材质"选项,都可以将选择的 K 模型材质添加到 S 模型上,如图 9 - 48 右图所示。

图 9 - 48 材质的复制与粘贴

9.5 贴图的应用

材质表面的各种纹理效果都是通过贴图产生的,不仅可以像贴图案一样进行简单的纹理涂绘,还可以按照不同的材质属性进行贴图。

KeyShot 软件中自带了纹理库,单击工具栏中的"库"按钮,弹出"KeyShot 库"对话框,该对话框"纹理"选项卡中包含了一些常用的纹理贴图,如图 9-49 所示。

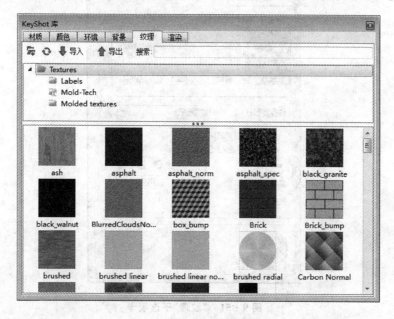

图 9-49 "纹理"选项卡

拖动库中材质到模型上,弹出"纹理贴图类型"对话框,如图 9-50 所示。该对话框中显示了纹理贴图通道类型,选择相应的类型,贴图添加在了通道上也添加在模型上。

图 9-50 "纹理贴图类型"对话框

单击"项目"按钮或者双击模型,弹出"项目"对话框,在"材质"选项卡中单击"纹理"子选项卡,如图 9-51 所示,纹理类型中显示了所添加的纹理。如果用户需要添加自定义的纹理,可双击纹理类型图标,弹出"打开纹理"对话框,选择纹理图片即可。

自定义纹理图片格式包括：＊.jpg、＊.jpeg、＊.tif、＊.tiff、＊.dds、＊.bmp、＊.png、＊.gif、＊.dds、＊.hdr、＊.lidz、＊.exr、＊.tga、＊.ppm。

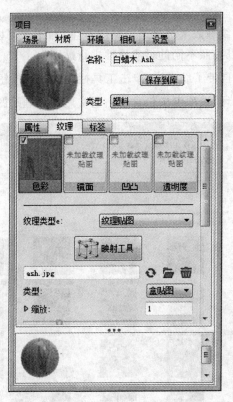

图 9-51 "纹理"子选项卡

纹理库中的纹理也可以直接拖动到纹理类型图标上进行添加。

9.5.1 纹理贴图类型

在添加纹理的过程中可以知道纹理通道类型包括"色彩"、"凹凸"、"镜面"、"透明度"和"标签"五种。这些类型的贴图可以单独使用,也可以组合使用,材质库中的材质有很多其实都是组合贴图。另外,贴图类型也是根据材质的不同而不同,例如有的材质添加后,其"纹理"子选项卡中只有两种纹理通道类型。

> "色彩":该通道贴图可以取代材质,可以将图片内容完整显示在模型上,如图 9-52 所示。
>
> "凹凸":该通道贴图可以让模型显示出凹凸的效果,如图 9-53 所示。材质库中有些布料材质都是通过"色彩"通道贴图和"凹凸"通道贴图组合而成的。

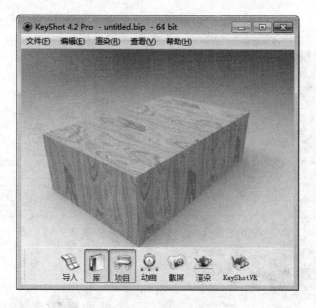

图 9 - 52　"色彩"通道

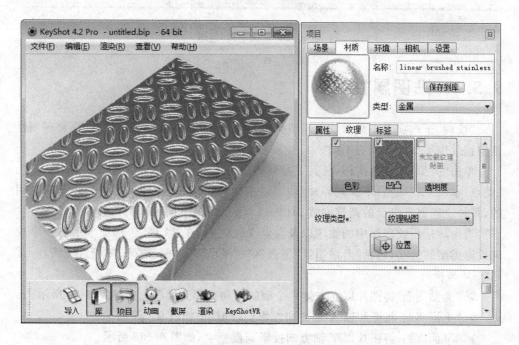

图 9 - 53　"凹凸"通道

➢"透明度"：该通道贴图可以产生透明效果，适用于制作一些网格效果，如图 9 - 54 所示。

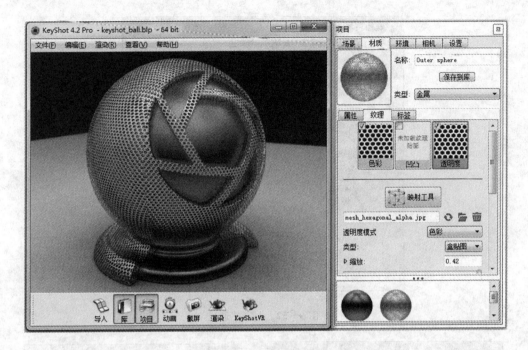

图 9-54 "透明度"通道

9.5.2 贴图属性编辑

"纹理"子选项卡中显示纹理通道类型,还显示了各种纹理调整属性,而纹理属性是根据纹理类型的不同而不同。

单击"类型"下三角按钮,从其下拉列表中可以看到"花岗岩"、"皮革"、"大理石"、"噪点(木质)"、"噪点(不规则碎片形)"和"木材"六种纹理类型。这些都是比较常用的,每种纹理都有自己的调整参数,图 9-55 所示的是不同纹理类型的调整参数。

当用户使用纹理库中的纹理以及自定义纹理时,在"纹理"子选项卡中有一个纹理投影类型的选项,包括"盒贴图"、"平面 X"、"平面 Y"、"平面 Z"、"球形"、"圆柱形"和"UV 坐标"。

> "盒贴图":将图片以立方体六个面的方向投影到模型上,如图 9-56 所示。
> "平面 X":将图片以 X 轴方向投影到模型上,如图 9-57 所示。
> "平面 Y":将图片以 Y 轴方向投影到模型上,如图 9-58 所示。
> "平面 Z":将图片以 Z 轴方向投影到模型上,如图 9-59 所示。
> "球形":将图片以球形包裹并投影到模型上,如图 9-60 所示。

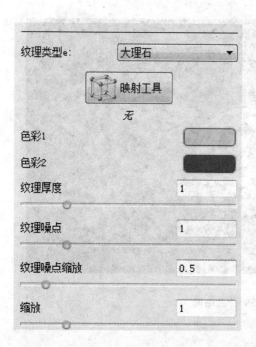

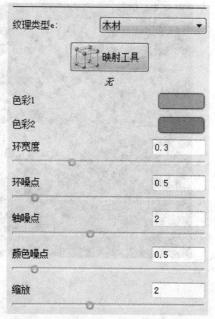

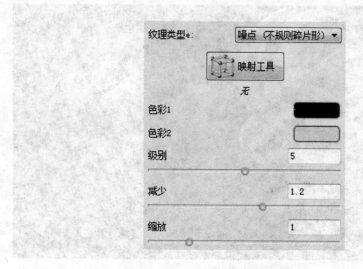

图 9-55　纹理调整参数

图 9 - 56 "盒贴图"

图 9 - 57 "平面 X"

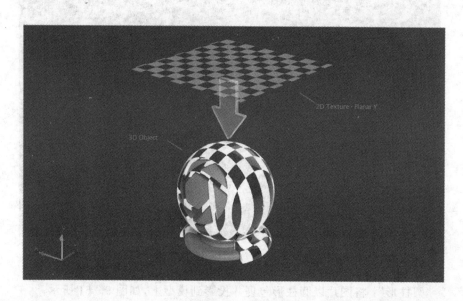

图 9-58 "平面 Y"

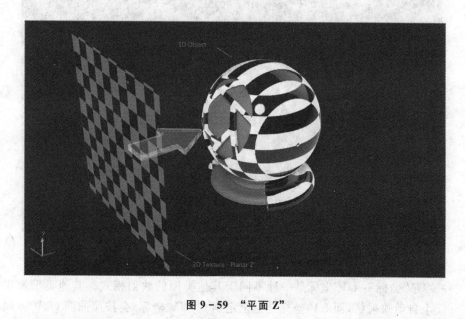

图 9-59 "平面 Z"

图 9 – 60 "球形"

➢ "圆柱形"：将图片以圆柱形包裹并投影到模型上，如图 9–61 所示。

图 9 – 61 "圆柱形"

➢ "UV 坐标"：UV 坐标是一种不同于其他类型的映射模式。其他类型提供一个自动映射解，而 UV 坐标是完全定制。"UV 坐标"会按照曲面 U、V 方向在模型上展开图片，如图 9–62 所示。

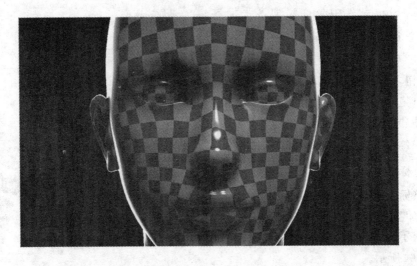

图 9 - 62 "UV 坐标"

9.5.3 标签贴图

标签贴图功能主要用于在产品的渲染过程中,在其表面上需要添加一些图片形式的 Logo,如图 9 - 63 所示。

图 9 - 63 标签贴图

KeyShot 软件中允许添加多张标签图片，单击"添加标签"按钮 ![], 弹出"加载标签"对话框，选择图片文件，单击"打开"按钮，将图片添加到"标签"选项卡中。也可以拖动库中材质到模型上，弹出"纹理贴图类型"对话框，选择"标签"选项。选中标签贴图，单击"删除标签"按钮 ![] 即可将标签删除，单击上、下按钮 ![]![] 可以调整标签贴图的叠加关系。

"标签"子选项卡下方"标签属性"区域显示了标签属性调整的几种参数，如图 9-64 所示。

图 9-64 "标签属性"区域

> "强度"：拖动滑块或者输入数值调整贴图的亮度，如图 9-65 所示。

图 9-65 "强度"

> "对比度"：拖动滑块或者输入数值调整贴图的对比度，如图 9-66 所示。
> "深度"：其值表示了标签投影深度，如图 9-67 所示。该选项只有选中"双面"复选项时才可用。
> "折射指数"：调整标签贴图的折射率。如果"镜面"选项中的颜色为黑色，则影响不大，如图 9-68 所示。
> "镜面"：其颜色主要用计算标签贴图的反射。当颜色为黑色，标签将没有反射率。当颜色设置为白色，反射率最高。
> "双面"：该复选项可以确定标签贴图是否可以从背面看到，图 9-69 所示的

图 9 – 66　"对比度"

图 9 – 67　"深度"

渲染环境中模型被赋予了两个标签即文字标签和图形标签,其中文字标签没有选中"双面"选项,而图形标签选择了"双面"选项,所以模型的背面显示了透过模型看到图形标签的效果,而文字标签没有显示出来。

图 9 - 68 "折射指数"

图 9 - 69 "双面"

9.5.4 标签映射工具

标签映射工具用于调整贴图在模型上的位置以及方向。在纹理中插入贴图后，单击"纹理"子选项卡中的"映射工具"按钮 ，在模型显示区将会弹出映射工具，如图 9－70 所示。映射工具包括一个动作指示工具栏、拖动手柄及投影类型线框。

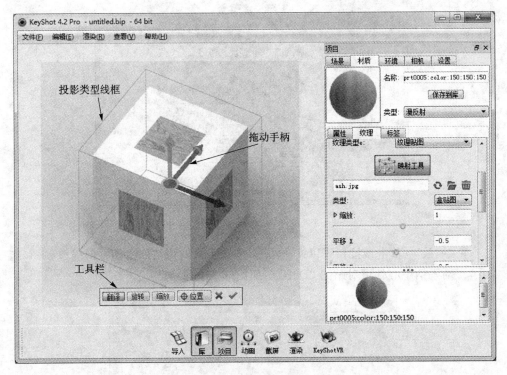

图 9－70 映射工具

工具栏中包括"翻译"、"旋转"、"缩放"和"位置"四个动作按钮，以及取消操作 和完成操作 两个按钮，如图 9－71 所示。

图 9－71 工具栏

➤ "翻译"：该按钮的名称汉化错误，应该叫做"移动"，其作用就是移动贴图，单击该按钮后，其拖动手柄为三个方向上的箭头，拖动箭头即可使贴图按照箭头的方向移动，拖动箭头交点处可以使贴图任意移动。

➤ "旋转"：单击该按钮可以旋转贴图，其拖动手柄为三个方向的圆环，拖动圆环
即可按照方向旋转贴图，如图 9-72 所示。

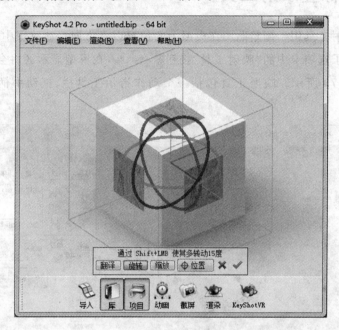

图 9-72 "旋转"

➤ "缩放"：单击该按钮可以缩放贴图，拖动手柄即可按照手柄方向缩放贴图，拖
动手柄中心处可对贴图 2D 缩放，如图 9-73 所示。

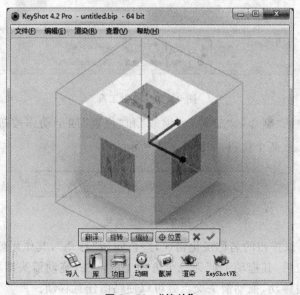

图 9-73 "缩放"

➤ "位置"：单击该按钮可以
直接指定贴图中心点位置。
单击该按钮后，可直接在模
型上单击选择贴图位置。

当贴图位置调整完后，单击完
成操作按钮  即可对所用操作保
存，单击取消操作按钮 ，将取消
所有操作。

映射工具可以调整贴图在模
型上位置以及方向，在"项目"对话
框中，"材质"选项卡中的"纹理"子
选项卡同样可以调整标签图片位
置以及方向，如图 9 - 74 所示，但
是两种方法并不关联。

图 9 - 74　"纹理"子选项卡

9.6　相机的应用

"相机"功能其实就是 KeyShot 渲染窗口中的视角，改变相机的位置就是改变用
户的观察视角。软件中"相机"的功能与现实中的相机有些类似，同样可以调整出各
种效果，使得模型渲染更加真实，更加艺术。

单击"项目"按钮或者双击模型，弹出"项目"对话框，单击"相机"选项卡，如
图 9 - 75 所示。

"相机"选项卡最上方的"相机"下拉列表中显示了当前作用的相机名称。该相机
中保存了一个视角，在"名称"文本框中可以输入一个新的名称，按 Enter 键即可。单
击 按钮，选择"添加相机"选项即可创建一个新的相机，软件中可以根据视角创建
多个相机，在"相机"下拉列表中选择相应相机即可切换到该相机所保存的视角。同
样可以单击 按钮，选择"删除相机"选项即可删除当前相机。

单击"锁定"按钮 可以锁定当前相机，该相机所有参数不可以编辑，同时该按
钮变为"解锁"按钮 ，单击即可解除相机的锁定。

单击"编辑模式"按钮 ，即可编辑当前相机，包括位置和参数，编辑完成后单击
该按钮，取消该按钮的选择，即可取消相机的编辑状态。

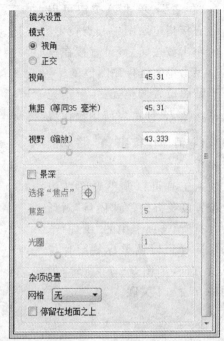

图 9-75 "相机"选项卡

9.6.1 位置和方向的调整

"相机"选项卡中的"位置和方向"区域用于设置相机的位置和方向。

➤ "查看方向"：该选项用于设置相机的方向，包括"前"、"后"、"左"、"右"、"顶部"和"底部"。

➤ "距离"：该滑块用于控制相机与拍摄中心点的距离，使用时拖动滑块或者在文本框中输入参数即可调整距离，也可以直接滚动鼠标滚轮，以及按住 Alt 键拖动鼠标右键都可以调整距离参数，如图 9-76 所示。

➤ "方位角"：该滑块用于调整相机围绕拍摄中心点的角度，取值范围从 −180°～180°，如图 9-77 所示。

➤ "倾角"：该滑块用于调整相机高度。取值的范围是 89.9～89.9，如图 9-78 所示。

➤ "扭曲角"：该滑块用于在相机的原位置上转动相机，取值范围从 −180°～180°，如图 9-79 所示。

➤ "选择查看点"：单击"选择查看点"按钮 ⊕，选择模型，即可定义相机拍摄中心点。

图 9 - 76　"距离"调整

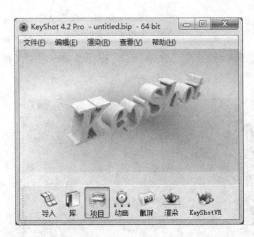
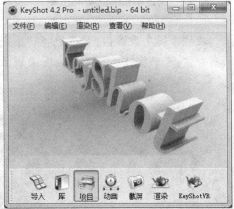

图 9 - 77　"方位角"调整

图 9 - 78　"倾角"调整

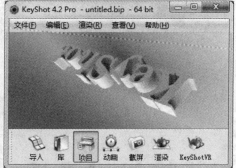

图9-79 "扭曲角"调整

9.6.2 相机镜头设置

软件中镜头设置包括"视角"和"正交"两种模式。"视角"模式将基于参数精确显示模型,"正交"模式将从实时视图中删除所有的视角,如图9-80所示。

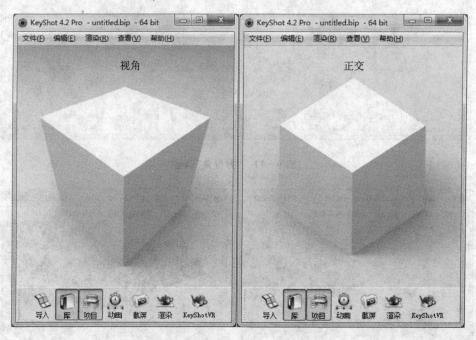

图9-80 "视角"和"正交"模式

选择"视角"模式后,将显示"视角"模式用的参数设置,如图9-81所示。

➢ "视角":拖动该滑块可以增加或减小透视效果,如图9-82所示。

➢ "焦距":调整该参数可以像真实相机一样调整镜头。广角镜头可以通过使用

图 9 - 81　"视角"模式参数设置

图 9 - 82　"视角"调整

一个低焦距模拟。变焦镜头可以通过使用更高的焦距模拟。当使用较高的焦距时好像照相机推位,但它却仍然在原来的位置。

➢ "视野":是从相机里可看到的范围。广角镜头可以有 180°的视野,而变焦镜头可以有 20°的视野。

9.6.3　景　深

"景深"是一种专业的拍摄技术,它能决定是把背景模糊化来突出拍摄对象,还是拍出清晰的背景。

选择"景深"单选项,"景深"区域的调整参数将被激活,如图 9-83 所示。

单击"选择焦点"按钮 ⊕,在模型上单击可以确定清晰影像的中心点。"焦距"和"光圈"是景深效果的关键参数:

① 光圈越大("光圈"值越小),景深越浅;光圈越小("光圈"值越大),景深越深。

② 镜头焦距越长("焦距"值越大),景深越浅;反之,景深越深。

图 9-83　"景深"区域

③ 离焦点越近,景深越浅;离焦点越远,景深越深。

如图 9-84 所示为景深效果,焦点在最前方的模型上,所以显示比较清楚,后面的三个模型则逐渐模糊,这就是景深效果。

图 9-84　景深效果

9.7　环境设置

KeyShot 软件渲染环境其实是一个球体,所有的渲染元素都分布在这个球体中,相机在其中指向任何一个方向看到的都是一个封闭的环境,使得渲染更加真实,如图 9 - 85 所示。

图 9 - 85　渲染环境

环境包括"照明"、"背景"和"地面"三个元素,单击"项目"对话框中的"环境"选项卡,如图 9 - 86 所示。

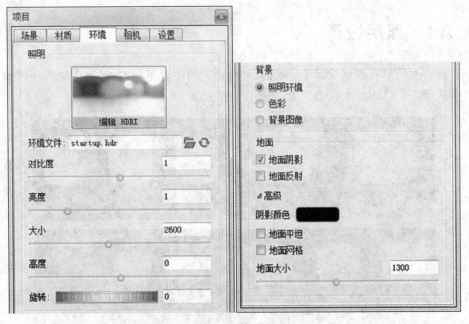

图 9 - 86　"项目"对话框

KeyShot 环境库存在于"KeyShot 库"对话框中的"环境"选项卡中,如图 9 – 87 所示。双击相应的环境即可加载。

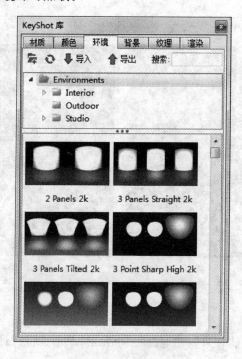

图 9 – 87　环境库

9.7.1　照明设置

渲染中的照明都是根据环境来的,环境不同照明也不同,在环境库中的环境预览图中就可以看到环境中照明类型,如图 9 – 88 所示。

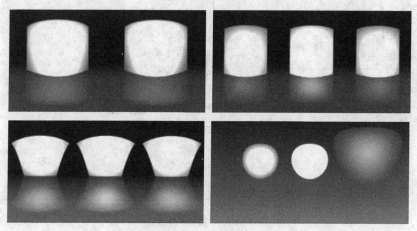

图 9 – 88　照明类型

在"项目"对话框中，"环境"选项卡中的
"照明"区域用于调整设置照明，如图 9-89
所示。其中"对比度"、"亮度"选项用于调整
照明效果，"大小"、"高度"和"旋转"选项用于
调整照明的方向。

➤ "对比度"：拖动该选项滑块可以调整
环境照明光的对比度，如图 9-90 所
示。该选项可以改变环境照明光和
暗区之间的对比。调小该选项值会
软化阴影效果，调高该选项值可以强
化阴影效果，但是调整该值太多会让
渲染效果失真。

➤ "亮度"：拖动该选项滑块即可调整场
景内的照明亮度。按键盘上的上键
和下键可以增加或减少环境中的亮
度，按左键和右键，可以微调亮度值，
如图 9-91 所示。

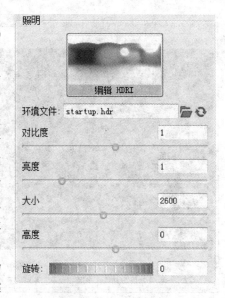

图 9-89　照明设置

图 9-90　对比度的调整

➤ "大小"：该选项用于调节环境球体的大小，如图 9-92 所示。
➤ "高度"：如果模型包含在环境球体之中，拖动该选项滑块将会改变环境中光
源的高度；如果模型在环境球体之外，拖动滑块将会改变环境球体的高度。

图 9-91　亮度调节

图 9-92　调节环境大小

➢ "旋转"：拖动该选项旋钮可以旋转环境球体，从而改变渲染光源方向，模型阴影也会发生变化，如图 9-93 所示。

图 9 - 93 旋转调整

9.7.2 背景设置

KeyShot 软件背景库存在于"KeyShot 库"对话框中的"背景"选项卡中，如图 9 - 94 所示。

拖动"背景"库中的背景文件到渲染窗口中，即可在渲染环境中加载背景，如图 9 - 95 所示。

图 9 - 94 "背景"库

图 9 - 95 加载背景

在"项目"对话框中,"环境"选项卡中的"背景"区域用于设置渲染背景的类型,如图 9-96 所示。

➢ "照明环境":默认选项,使用有照明的环境为背景,如图 9-97 所示。

图 9-96 "背景"区域　　　　　　图 9-97 "照明环境"背景

➢ "色彩":选择该选项后渲染背景将设置为纯色,默认颜色为白色。单击该选项下方的颜色标示,弹出"选择颜色"对话框,如图 9-98 所示,选择颜色,单击"确定"按钮即可。

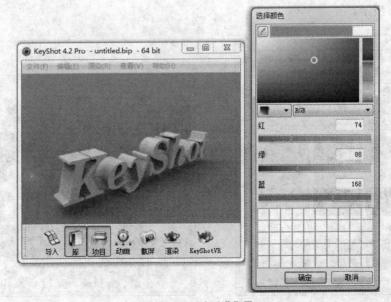

图 9-98 "色彩"背景

> "背景图像"：使用"背景"库中的图片或者用户自定义的图像作为背景。

9.7.3　地面设置

在"项目"对话框中，"环境"选项卡中的"地面"区域用于设置地面的阴影和反射，如图 9-99 所示。

> "地面阴影"：选择该复选项后，显示模型地面阴影，如图 9-100 所示。

> "地面反射"：选择该复选项后，地面上将会显示出模型的倒影，如图 9-101 所示。

> "阴影颜色"：设置阴影的颜色，默认为黑色。

> "地面平坦"：默认环境下，用户所看到的地面是环境球体的底面，是凹形的，只不过视觉上看不出来，如图 9-102 左图所示。选择"地面平坦"选项后地面将会变成平面，如图 9-102 右图所示。

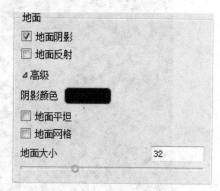

图 9-99　"地面"区域

图 9-100　"地面阴影"选项

> "地面网格"：使用网格标示出地面所在的平面，利用网格可以更好地摆放模型在环境中的位置，使模型更自然的融入到环境中。当"相机"选项卡中的"焦距"参数改变，网格也会改变，如图 9-103 所示。

图 9 - 101　地面反射

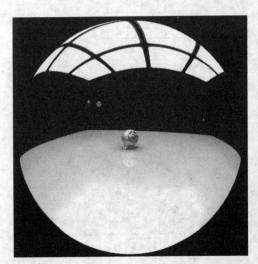

图 9 - 102　"地面平坦"选项

> "地面大小"：拖动滑块可以调整地面的大小，某些情况下调整地面的大小可
> 以提高阴影质量，当地面设置为最小时，便可以通过阴影观察到一个模糊地
> 面的边界，如图 9 - 104 所示。

图 9 - 103　地面网格

图 9 - 104　地面大小

9.8　实时渲染参数设置

实时渲染设置在"项目"对话框中的"设置"选项卡中,如图 9 - 105 所示。这里的参数设置将会影响渲染的过程和结果。

图 9 - 105　"设置"选项卡

"设置"选项卡中包含了"分辨率"、"调整"、"质量"和"特效"四个部分。

9.8.1 分辨率

在"分辨率"区域的文本框可以直接输入渲染窗口中的分辨率,如图9-106所示,单击右侧的"预设"按钮 预设 ,可以选择已有的分辨率格式。

> "锁定幅面":选择"锁定幅面"复选项后,无论如何拖动渲染窗口边框,改变渲染窗口大小,其分辨率比值都不变。

图9-106 "分辨率"区域

> "锁定分辨率":选择"锁定幅面"复选项后,无论如何拖动渲染窗口边框,改变渲染窗口大小,其分辨率都不变。

9.8.2 调 整

"调整"区域包含"亮度"和"伽马值"两个选项,这两个选项都是后处理图片的方法,所以不需要重新计算,推荐使用默认数值,如图9-107所示。

图9-107 "调整"区域

> "亮度":调整渲染环境整体亮度。
> "伽马值":一种对比度的调节方式,值越低对比度越高,反之对比度降低。

9.8.3 质 量

"质量"区域用于设置渲染效果,如图9-108所示。
> "性能"模式:该选项通常用于模型复杂,而用户又需要快速渲染的情况。按下Alt+P组合键也可进入该模式,进入该模式后渲染窗口右上方会出现 ⊙ 标志。在该模式下进行渲染将自动降低渲染质量,但是可以提高渲染速度,如图9-109左图所示。
> "质量"模式:该模式是默认设置选项。该模式下渲染质量为最高,但是渲染

图 9-108　"质量"区域

速度较慢,如图 9-109 右图所示。

图 9-109　"性能"与"质量"模式

➤ "光线反射":该选项用于设置光线反射次数,如图 9-110 所示。

➤ "阴影质量":该选项用于调节阴影质量。此设置会增加或减少阴影在地面的细分值,如果阴影出现齿状,增加这个值可以得到改善,建议不要使用通过减小地面尺寸的方法来提高阴影质量,如图 9-111 所示。

➤ "细化阴影":选择该复选项可以显示所有模型细节上的阴影,关闭该选项可以提高渲染运算速度。

➤ "细化间接照明":该复选项允许模型和模型之间进行光的反射,图 9-112 左图中模型的侧面均为黑色的阴影,而右图选择"细化间接照明"复选项后,其阴影出现了阴暗的过渡,更自然,更接近真实。

➤ "地面间接照明":该复选项可以将照明延伸到地面,如图 9-113 所示。

光线反射：1

光线反射：3

光线反射：6

光线反射：11

光线反射：32

图 9 - 110　光线反射

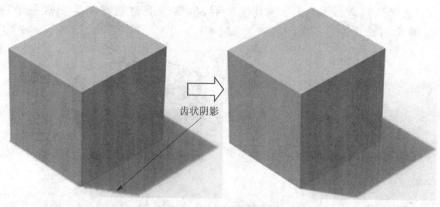

齿状阴影

图 9 - 111　阴影质量

未选择"细化间接照明"　　　　　　　　　　选择"细化间接照明"

图 9 - 112　间接照明

未选择"地面间接照明"　　　　　　　　　　选择"地面间接照明"

图 9 - 113　地面间接照明

➢ "已聚焦焦散线"：选择该复选项后，渲染透明材质时将会出现焦散线，如图 9 - 114 所示。

焦散线

图 9 - 114　已聚焦焦散线

9.8.4　特　效

"特效"区域的参数设置主要针对添加自发光材质的模型，如图 9 - 115 所示。

➢ "光晕强度"：该选项用于设置发光体光晕的亮度。

➢ "光晕半径"：该选项可以设置光晕的厚度，当"光晕半径"值为最小时，"光晕强度"参数不起作用。

➢ "渐晕强度"：该选项可以使图像的边缘出现渐变的效果，使得视觉重点趋近于中心。

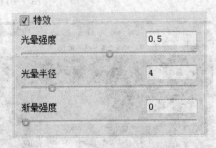

图 9 - 115　"特效"区域

9.9　渲染出图设置

渲染的结果通常是以图片的形式存在的，KeyShot 软件可以输出不同格式的图片，包括：JPEG、TIFF、PNG、TIFF 32 BIT、EXR。

图片格式的不同其特点也不相同：

➤ JPEG：该格式最为常见，图片有压缩，并且不带通道。

➤ TIFF：该格式质量最好，推荐使用，带有通道并且不压缩。

➤ PNG：该格式文件比较小，并且带通道。

➤ TIFF 32 BIT：该格式属于高动态范围图片，记录信息比较多，文件比较大。

➤ EXR：该格式也属于高动态范围图片，初学者难以编辑，不建议使用。

单击 KeyShot 软件中的"渲染"按钮 ，弹出"渲染选项"对话框，如图 9 - 116 所示。

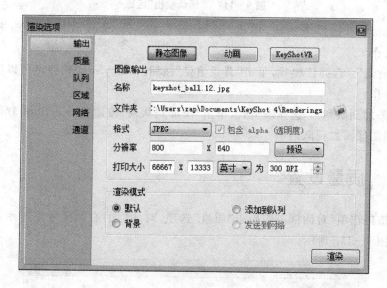

图 9 - 116　"渲染选项"对话框

9.9.1　输出设置

在"渲染选项"对话框左侧单击"输出"选项，对话框的右侧区域将显示出相应的设置。首先选择渲染输出类型，包括"静态图像"、"动画"和 KeyShotVR。

➤ "静态图像"：选择该项，渲染输出不同格式的图片，图片中显示的是当前 KeyShot 软件渲染窗口中所显示的图像。

➤ "动画"：选择该项可以输出简单动画，当然需要设置一些相关的动画参数。

➤ KeyShotVR：选择该选项渲染后的模型可以直接在网页中浏览，不需要其他插件。

"图像输出"区域设置渲染输入文件的基本属性，比如"名称"、"文件夹"、"格式"和"分辨率"等，如图 9 - 117 所示。

渲染模式包括"默认"、"背景"、"添加到队列"和"发送到网络"四种，其中"发送到网络"不常用，本书将不做讲解。

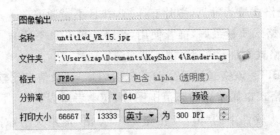

图 9 - 117 "图像输出"区域

➢ "默认"：选择该模式，单击"渲染"按钮后，KeyShot 软件将不能进行其他
  操作。
➢ "背景"：选择该模式，单击"背景渲染"按钮后，KeyShot 软件将可以进行其他
  操作。
➢ "添加到队列"：选择该模式，单击"添加到队列"按钮后，KeyShot 软件会将当
  前图像添加到队列中。

9.9.2 质量设置

在"渲染选项"对话框左侧单击"质量"选项，对话框的右侧区域将显示出相应的
设置，如图 9 - 118 所示。

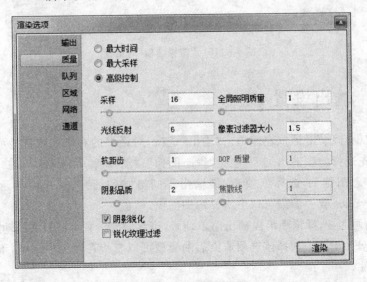

图 9 - 118 "质量"设置

根据渲染计算方式的不同需要选择最合适的当前需求的方式，即"最大时间"、
"最大采样"和"高级控制"。

- "最大时间"：该模式以时间为计算条件,渲染计算将按照时间来细化图像,时间越长渲染越细致,如图 9-119 所示。
- "最大采样"：该模式以渲染精度为计算条件,精度越大渲染时间越长,渲染质量越好,如图 9-120 所示。

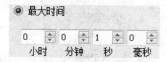

图 9-119　"最大时间"模式　　　　　图 9-120　最大采样

- "高级控制"：该模式是最常用的渲染模式,以各种参数为计算条件进行渲染,如图 9-121 所示。

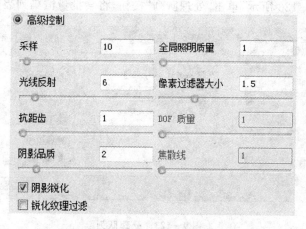

图 9-121　"高级控制"模式

下面是各参数的建议参考值：

"采样"：8～16;　　　　　　　　"全局照明质量"：1～1.2;

"光线反射"：6～12;　　　　　　"像素过滤器大小"：1.5;

"抗锯齿"：2～4;　　　　　　　"DOF 质量"(景深效果质量)：3～5;

"阴影品质"：2～4;　　　　　　"焦散线"：1。

9.9.3　队列设置

在"渲染选项"对话框左侧单击"队列"选项,对话框的右侧区域将显示出以"类型"、"名称"为项目的列表。该列表用于批量渲染精致图像以及动画,如图 9-122 所示。

单击"添加任务"按钮,即可将当前模型渲染环境保存添加到列表中。改变模型渲染环境后,单击"添加任务"按钮,即可再次保存添加到列表中,列表中可以添加多

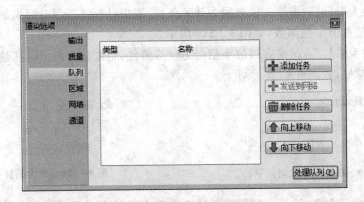

图 9 - 122　"渲染选项"对话框

个任务,如图 9 - 123 所示,单击"处理队列"按钮,将会批量渲染列表中的渲染信息。

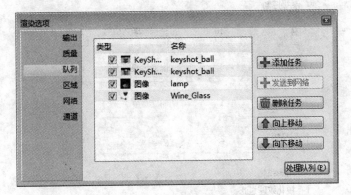

图 9 - 123　处理队列

9.9.4　区域设置

在"渲染选项"对话框左侧单击"区域"选项,对话框的右侧区域将显示出"启用区域渲染"选项,如图 9 - 124 所示。

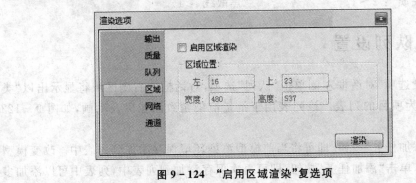

图 9 - 124　"启用区域渲染"复选项

选择"启用区域渲染"复选项，模型窗口中出现渲染区域识别框，如图 9－125 所示，拖动框边可以改变其大小以及位置，单击"渲染选项"对话框中的"渲染"按钮后，将只渲染识别框中的图形。

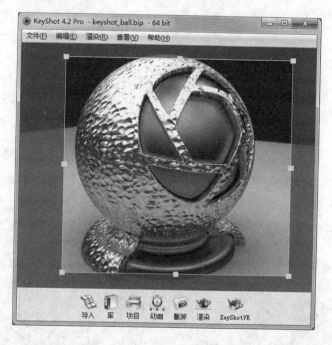

图 9－125　区　域